W0263308

Peter Ochsenschläger
Rainer Prinoth

Modellierung
verteilter Systeme

Programm Angewandte Informatik

hrsg. von Paul Schmitz und Norber Szyperski

Die Reihe hat es sich zum Ziel gesetzt, Studenten, Ingenieure und DV-Praktiker mit zentralen Fragestellungen der Angewandten Informatik vertraut zu machen. Auch wenn in Werken dieser Reihe theoretische Grundlagen vermittelt werden, so stehen sie doch stets in Zusammenhang mit konkreten Anwendungen.

Die Reihe umfaßt sowohl grundlegende Einführungen, die den State-of-the-Art eines aktuellen Fachgebietes zur Darstellung bringen, wie auch speziellere Monographien, sofern sie der o.g. Zielsetzung entsprechen.

Unter anderem sind bisher folgende Titel erschienen:

Agentensysteme
Verteiltes Problemlösen mit Expertensystemen
von M. v. Bechtolsheim

Petri-Netze
Eine anwendungsorientierte Einführung
von B. Rosenstengel und U. Winand

Wissensbasiertes CASE
Theoretische Analyse – Empirische Untersuchung – Prototyp
von G. Herzwurm

Methoden verteilter Simulation
von H. Mehl

Echtzeitsysteme und Fuzzy Control
Konzepte, Werkzeuge, Anwendungen
von H. Rzehak (Hrsg.)

Software-Wiederverwendung
Konzeption einer domänenorientierten Architektur
von K. Küffmann

Modellierung verteilter Systeme
Konzeption, formale Spezifikation und Verifikation mit Produktnetzen
von P. Ochsenschläger und R. Prinoth

Vieweg

Peter Ochsenschläger
Rainer Prinoth

Modellierung verteilter Systeme

Konzeption, Formale Spezifikation
und Verifikation mit Produktnetzen

Mit einem Geleitwort
von Eckart Raubold

Der Verlag Vieweg ist ein Unternehmen der Bertelsmann Fachinformation GmbH.

Gedruckt auf säurefreiem Papier

ISBN 978-3-528-05433-5   ISBN 978-3-322-88841-9 (eBook)
DOI 10.1007/978-3-322-88841-9

Zum Geleit

Der Entwurf komplexer Systeme erfordert Kreativität und Phantasie und gleichzeitig Disziplin und Akribie. Dieser Gegensatz ist nicht aufzulösen, aber er kann - mit Hilfe des Computers - zumindest abgemildert werden. Voraussetzung für den Computereinsatz sind Systemmodellierungs-Verfahren, die eine formale Repräsentation des gewünschten Systems in einer abstrakten Sprache erlauben, und Analyse-Verfahren für diese formale Repräsentation, deren Ergebnisse sich auf Eigenschaften des intendierten realen Systems beziehen lassen. Viele Wege sind beschritten worden, um diese Voraussetzungen zu erfüllen: Algebraische Spezifikation, temporale Logik, gekoppelte Zustandsmaschinen und eben Petri-Netze sind Beispiele hierfür und haben sich in vielen Dialekten ausgeprägt. Inzwischen hat der resultierende Religionenstreit der nüchternen Erkenntnis Platz gemacht, daß die verschiedenen Modellierungsansätze bei der Analyse letztlich auf einen gemeinsamen mathematischen Kern - nämlich Transitionssysteme - führen, und daß die Auswahl der Sprachmittel eher von Mnemotechnik und Darstellungsergonomie für das Anwendungsfeld gesteuert werden sollte.

Die Autoren dieses Buches dokumentieren den Angang, den wir im Institut für Telekooperationstechnik für die Modellierung und Untersuchung von Kommunikationsprotokollen und Telekooperationsanwendungen gemacht haben: Den Einsatz einer spezifischen Form von Petri-Netzen. Wir glauben, daß die bildhafte Darstellung eines Netzes mit Zuständen und Zustandsübergängen der Vorstellungswelt eines konstruierenden Ingenieurs sehr entgegenkommt und daß die Zahl der umlaufenden Token als Sinnbild für Nebenläufigkeit und die Zahl der in einer Stelle liegenden Token als Maß für Betriebsmittelverbrauch wichtige reale Systemeigenschaften direkt symbolisieren. Wir sind bereit, angesichts dieser Vorteile die bekannten Nachteile von Netzmodellen wie fehlende Rekursivität und starre Topologie in Kauf zu nehmen. Die Beschreibungsstärke für Tokenstrukturen, Kantenlabel und Transitionsregeln wurde von uns so eingeschränkt, daß das Aktiviertsein einer Transition beim Einhalten der Syntax stets entscheidbar ist, andererseits aber die Netze Turingmächtig bleiben. Das Ergebnis ist eine mathematisch gut beherrschbare Modellierungstechnologie, die wir durch massiven Rechnereinsatz instrumentiert haben und die sich inzwischen beim Einsatz für Forschungsaufgaben, in der Studentenausbildung und für die Modellierung und Analyse realer Systemkomponenten hervorragend bewährt hat.

Den Autoren ist es bei der Darstellung dieser Methode gelungen, den Bogen von der theoretischen Fundierung bis hin zur praktischen Anwendung zu spannen. Darin liegt auch der Nutzen dieses Buches sowohl für den Bereich der universitären Ausbildung als auch für den Bereich industrieller Innovation. Gerade im Umfeld der vielerorts sich in Arbeit befindlichen komplexen Vorhaben auf dem Gebiet der Telekooperation zeichnet sich zunehmend die Notwendigkeit eines durch Methoden gestützten Entwurfs zuverlässiger und korrekter Software ab.

Prof. Dr. Eckart Raubold   Darmstadt, im Februar 1995

Inhaltsverzeichnis

1 Einleitung

Hinter dem Begriff "Verteilte Systeme" verbergen sich heutzutage so unterschiedliche Konzepte wie Parallelrechner, Rechnernetze, Telekooperation und Multimediaanwendungen. Hauptanwendungsfeld in diesem Buch ist die Telekooperation.

Der Begriff "*Verteiltes System*", so wie er in diesem Buch verwendet wird, läßt sich informell - und in der Sprechweise der Telekooperation - charakterisieren durch:

- Kooperationspartner (Menschen und/oder Maschinen, allgemein *autonome Systeme* genannt),

- *Kooperationsziele*, deren Erreichen gemeinsames Handeln der beteiligten Kooperationspartner erfordert (beispielsweise Abschluß eines Vertrags, Erarbeitung einer Spezifikation für ein technisches System, Fernwartung eines Systems,...) und

- *Kommunikationsmedien*, die Kooperationspartner miteinander verbinden (z. B. zum Transport von Sprach-, Bild-, oder Textinformation).

Der Transport von Information aus Sicht eines Kommunikationsmediums ist gekennzeichnet durch die Funktionen Senden, Übertragen, Vermitteln und Empfangen. Aus Sicht der Kooperationspartner sind die Produktion der zu sendenden und die Konsumtion der empfangenen Information wichtige Begriffe. Kommunikationsmedien erbringen Kommunikationsdienstleistungen, die von den Kooperationspartnern in Anspruch genommen werden können.

Zu den Eigenschaften verteilter Systeme gehören

- Unsicherheit eines autonomen Systems über den Zustand der anderen an der Kooperation beteiligten autonomen Systeme,

- Nebenläufigkeit und Nichtdeterminismus der Aktionen der autonomen Systeme als Ausfluß ihrer Unabhängigkeit,

- Synchronisation ihrer Aktionen als Anforderung aus dem festgelegten Kooperationsziel,

- aufeinander abgestimmte Betriebsmittelverwaltung (z. B. Pufferverwaltung von Sender und Empfänger),

- aufeinander abgestimmte Mechanismen zur Fehlererkennung und Fehlerbehebung, u. s. w.

Die Autonomie der verteilten Systeme wird durch das gemeinsame Kooperationsziel eingeschränkt. Die Aktionsfolgen der Partner, die zur Erreichung des Ziels gewählt werden, sind jedoch im allgemeinen nicht eindeutig festgelegt (vgl. Kap. 10). Darüber hinaus kann die Autonomie der Systeme Kollisionen (etwa beim Aufbau einer Kommunikationsverbindung) und Konflikte verursachen [Pr2], die das Erreichen des Kooperationsziels behindern oder sogar in Frage stellen können. Fehler der Kommunikationsmedien oder der Kooperationspartner selbst können ähnlich ungünstige Wirkungen auf den Fortschritt einer Kooperation haben (vgl. Kap. 3). Wie in [Pr2,Pr4] diskutiert wurde, wird es in derartigen Fällen wichtig sein, daß Fortsetzungen immer möglich sind (Vermeidung von Deadlocks, vgl. auch Kap. 13, [Oc1]) und daß immer wieder Teilfolgen von Aktionen ausgeführt werden, die die Kooperation dem (oder einem) definierten Ziel näherbringen und es letztendlich auch erreichen (vgl. auch Kap. 15, [Oc5]).

In vielen Fällen wird es jedoch nicht einfach zu überblicken sein, ob das gesteckte Kooperationsziel tatsächlich erreicht wird. Zwar lassen sich oft Spezifikationen verteilter Systeme finden, in denen die lokalen Aktionen eines beteiligten autonomen Systems angemessen durch endliche Automaten beschrieben werden, es fehlt jedoch im allgemeinen die Möglichkeit, das gesamte Modell formal einheitlich darstellen und damit einer formal handhabbaren Analyse zuführen zu können.

Die von C.A. Petri im Jahre 1962 eingeführten *Petrinetze* (kurz: Netze) überwinden die Unterschiede in der Spezifikation lokaler und nicht-lokaler Aspekte verteilter Systeme: sie erlauben es, sowohl das lokale Verhalten eines autonomen Systems als auch dessen Kommunikationserfordernisse einheitlich darzustellen. Insbesondere gestatten sie, Nebenläufigkeit und Nichtdeterminismus von Aktionen explizit auszudrücken.

Die Elemente der Petrinetze sind Stellen, Transitionen und (gerichtete) Kanten, die Stellen mit Transitionen oder Transitionen mit Stellen verbinden. Netze werden oft graphisch dargestellt, wobei Stellen durch Kreise, Transitionen durch Rechtecke und gerichtete Kanten durch Pfeile repräsentiert werden.

Die Unterscheidung zwischen Stellen und Transitionen zielt auf eine Separierung von "zustandsorientierter Information" von "Beschreibungen des Übergangs zwischen Zuständen (Aktionen)" ab. Es sind jedoch nicht die Stellen selbst, die Zustände repräsentieren, sondern Marken, die in Stellen abgelegt sind. Marken werden graphisch oft durch kleine Kreise innerhalb einer Stelle dargestellt. Der Übergang von einer Markenkonstellation (Markierung) zu einer daraus folgenden (Nachfolgemarkierung) wird durch das Schalten von Transitionen bewirkt. Durch die Schaltregel wird die Dynamik eines markierten Netzes formalisiert.

Für viele Problemstellungen wird die Individualität einer Marke in einem Netz eine Rolle spielen. Beispiele sind der Vergleich von Adressen (stimmt etwa die Adresse eines Briefes mit dem Briefkasten am Zielort überein?) oder das Hochzählen eines Zählers. Weiterhin lassen sich durch die Unterscheidung von Marken Teilnetze gleicher Struktur "aufeinanderfalten", was nicht nur die Netzdarstellung kompakter macht, sondern auch die Anzahl entsprechender Abläufe dynamisch veränderlich zu gestalten erlaubt.

Solche Überlegungen führten dazu, daß verschiedene Klassen beschrifteter Petrinetze in den letzten fünfzehn Jahren eingeführt wurden [GL2,Je,Re]. Die hier vorgestellten *Produktnetze* gehören zu ihnen [EP4,BOP4]. Sie wurden speziell vor dem Hintergrund der Spezifikation und Analyse komplexer realer verteilter Systeme eingeführt und fortgeschrieben.

Produktnetze (Kap. 5) sind beschriftete Petrinetze mit individuellen Marken und zusätzlichen Kantentypen. Für jede Stelle des Netzes wird ein Definitionsbereich nach formal gefaßten Regeln konstruiert, der die Struktur der möglichen Marken der betreffenden Stelle definiert. Um die Individualität der Marken beim Schalten von Transitionen ansprechen zu können, tragen alle Kanten Anschriften und Transitionen - eventuell - Inschriften.

Die Einführung der Produktnetze erwies sich als Gratwanderung: einerseits erforderten Spezifikationen im Anwendungsbereich (Kommunikationsprotokolle, Telekooperation) eine angemessene Ausdrucksstärke, andererseits mußte die Dynamik einer Produktnetzspezifikation algorithmisch analysierbar sein, um derart umfangreiche Analysen automatisch stützen und damit überhaupt praktisch durchführen zu können.

Wie andere rein mathematische Modelle auch drücken Netzmodelle räumliche Beziehungen zwischen autonomen Systemen und ihren Aktionen nur implizit aus. Der Modellentwerfer entwickelt das gesamte (verteilte!) System im allgemeinen an einem Ort und verfügt in diesem Fall über das gesamte Wissen. Er sieht in diesem Modell ganz genau, welche Aktionen (Schaltvorgänge) alle beteiligten Partner ausführen (*globale Sichtweise*). Im Gegensatz zu dieser Sichtweise kennt ein Partner nur seine eigenen Aktionen; außerdem erfährt er durch Nachrichtenaustausch von vorangegangenen Aktionen anderer Partner (*lokale Sichtweise*).

Der Systementwerfer muß die lokale Sichtweise einnehmen, wenn er die Aktionen der Partner beschreibt, weil er die räumliche Trennung mitmodellieren muß. Zu Analysezwecken profitiert er jedoch von der globalen Sichtweise.

Wie können räumliche Beziehungen in einem Netz, das eine Kooperation spezifiziert, explizit gemacht werden? Das kann dadurch geschehen, daß Aktionen jeweils eines Partners - also lokale Aktionen - durch die zugehörige Transitionsmenge gekennzeichnet werden (*Partition der Transitionsmenge* eines Netzes, vgl. Kap. 2). Partitionen gestatten es auch, eine Spezifikation unter geeigneten vergröbernden Sichtweisen zu betrachten.

Für die Analyse eines Netzes lassen sich "statische" Eigenschaften (z. B. ein Netz ist ein Synchronisationsgraph (vgl. Kap.2)) und/oder "dynamische" Eigenschaften heranziehen [Ha1,Ha2,Kr]. Im zweiten Fall wird ausgehend von einer geeigneten Anfangsmarkierung das dynamische Verhalten des Netzes durch (sukzessive) Anwendung der Schaltregel ermittelt. Das Ergebnis dieses formalen Schritts wird als *Erreichbarkeitsgraph* dargestellt (Kap. 2) und ist weiteren Analysen zugänglich (z. B. Anwendung von Homomorphismen, vgl. Kap. 11 - 15).

Aus Sicht des Erreichbarkeitsgraphen liefern Partitionen der Transitionsmenge des zugehörigen Netzes Information zur Auswahl geeigneter Homomorphismen [EP3,Pr5]: einer Partition entspricht eine vergröbernde Sichtweise auf die Dynamik, was letztendlich die Grundlage für die Verifikation der Systemeigenschaften liefert.

Der auf dem Erreichbarkeitsgraphen beruhende Ansatz zur *Verifikation* besteht darin, die Dynamik von Spezifikationen unterschiedlichen Abstraktionsniveaus unter einer vergröbernden Sichtweise miteinander zu vergleichen oder an einer Spezifikation unter einer vergröbernden Sichtweise gewisse Eigenschaften nachzuweisen. Solche Abstraktionen können formal durch *Sprachhomomorphismen auf den Schaltfolgen* (Pfade im Erreichbarkeitsgraphen) beschrieben werden. Mit diesen homomorphen Bildern werden zunächst die sogenannten *Sicherheitseigenschaften* der Spezifikation erfaßt; das sind Eigenschaften, die sich auf "abgelaufene" Schaltfolgen beziehen.

Neben den Sicherheitseigenschaften sind für die Verifikation noch die sogenannten *Lebendigkeitseigenschaften* wichtig, die sich auf mögliche "Fortsetzungen" von Schaltfolgen beziehen. Diese werden teilweise durch die *Deadlocksprachen* (Kap.13) erfaßt, welche die Existenz von Fortsetzungen beschreiben. Zur vollständigen Untersuchung der Lebendigkeitseigenschaften wurde der Begriff der *Schlichtheit von Homomorphismen* (Kap. 15) eingeführt, der die "Art" der möglichen Fortsetzungen von Schaltfolgen betrachtet.

Es läßt sich zeigen, daß für diese Verifikationsmethode keine vollständigen Erreichbarkeitsgraphen berechnet werden müssen, vielmehr genügen sogenannte *reduzierte Erreichbarkeitsgraphen*, die unter gewissen Voraussetzungen wesentlich kleiner sind.

Unverzichtbar für die praktische Nutzung einer formalen Methode ist eine Werkzeugunterstützung. Die *Produktnetzmaschine* [Oc3] ist ein solches Werkzeug. Sie unterstützt den Entwurf von Produktnetzen durch einen graphischen Editor, der auch die syntaktische Korrektheit gewährleistet. Zur Analyse des dynamischen Verhaltens einer Spezifikation kann sowohl der vollständige als auch der reduzierte Erreichbarkeitsgraph berechnet werden. Ausgehend vom Erreichbarkeitsgraphen werden die Minimalautomaten der Trace- und Deadlocksprachen bestimmt und die Schlichtheit der Homomorphismen untersucht.

Das Buch entstand aus Vorlesungen und Praktika, die die Autoren regelmäßig seit 1989 im Fachbereich Informatik der Universität Frankfurt hielten.

Die Autoren möchten an dieser Stelle Herrn Prof. Dr. E. Raubold danken, der als Leiter des Instituts für Telekooperationstechnik der GMD die Entwicklung und Instrumentalisierung formaler

Methoden zur Spezifikation und Verifikation verteilter Systeme besonders gefördert und freundlicherweise ein Geleitwort zu diesem Buch verfaßt hat. Darüber hinaus möchten wir all denen unseren Dank aussprechen, die durch Diskussion, Anregung und Kritik zu diesem Buch beigetragen haben.

2 Unbeschriftete Netze

In der Informatik gibt es einen abgesicherten Bereich, der die Modellbildung betrifft und der sich im Kern an dem Begriff des sequentiellen Automaten orientiert. Mit sequentiellen Automaten lassen sich u. a. Zustände modellierter Systeme beschreiben, Zustandsübergänge (Aktionen) und Folgen von Zustandsübergängen. Eine Modellbildung, die nicht von *einem* Automaten, sondern von mehreren Automaten, die miteinander kommunizieren, ausgeht, entspricht eher der Sichtweise verteilter Systeme. Die Zustandsübergänge der einzelnen Automaten können hier unabhängig voneinander sein. Derartige Aktionen werden auch nebenläufig genannt. Nebenläufige Aktionen werden durch sequentielle Automaten nicht direkt erfaßt [Pe].

2.1 Netze ohne Verbots- und Abräumkanten

Das nachfolgende Beispiel zeigt ein verteiltes System, das aus miteinander kommunizierenden Automaten besteht. Die einheitliche Modellierung der Automaten und der Kommunikationsaspekte läßt sich mit Netzen - die in diesem Kapitel eingeführt werden - in angemessener Weise bewerkstelligen.

In Abb. 2.1 ist ein System dargestellt, das aus zwei räumlich getrennten Teilen A und B besteht, die jeweils durch einen sequentiellen Automaten beschrieben sind. Ihre Anfangszustände sind durch einen Doppelkreis gekennzeichnet.

Die Automaten A und B sollen jetzt ihre Aktionen insoweit "synchronisieren", daß A erst dann in den Anfangszustand zurückkehrt, wenn in B mindestens die Aktion d stattgefunden hat; umgekehrt soll B erst dann in den Anfangszustand zurückkehren, wenn in A mindestens die Aktionen a und b stattgefunden haben.

Abb. 2.1   A   B

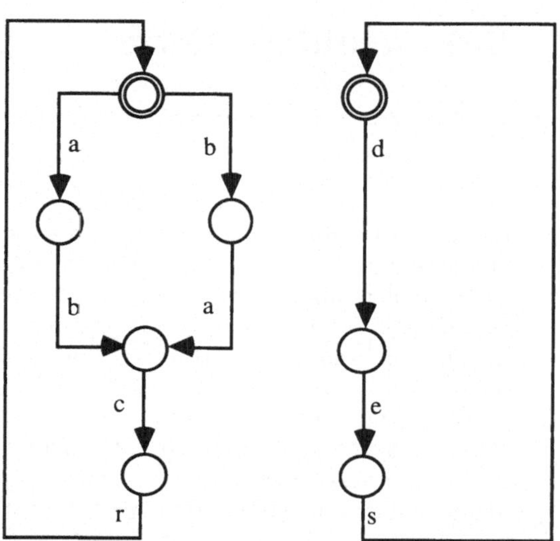

Dieses Synchronisationsproblem läßt sich durch Nachrichtenaustausch lösen, wie das folgende informelle Modell (Abb. 2.2) zeigt.

Im Gegensatz zu Modellen, die durch einen sequentiellen Automaten beschrieben werden, ist in diesem Modell zu beobachten, daß es Aktionen gibt, die nur dann stattfinden können, wenn ein geeigneter Zustand vorliegt und eine Nachricht empfangen wird. Eine Aktion verändert nicht nur den Zustand, sondern kann auch das Aussenden einer Nachricht einschließen. Diese Phänomene lassen sich mit Netzen adäquat fassen.

Die formale Fassung von Abb. 2.2 als Petrinetz (nachfolgend auch kürzer Netz genannt) führt zu Abb. 2.3. Auf Beschriftungen der Stellen im Sinne der nachfolgenden Definition 2.1 wurde verzichtet. Aus Gründen der eindeutigen Benennung der Transitionen treten a und a´ und ebenso b und b´ im Netz auf.

Abb. 2.2

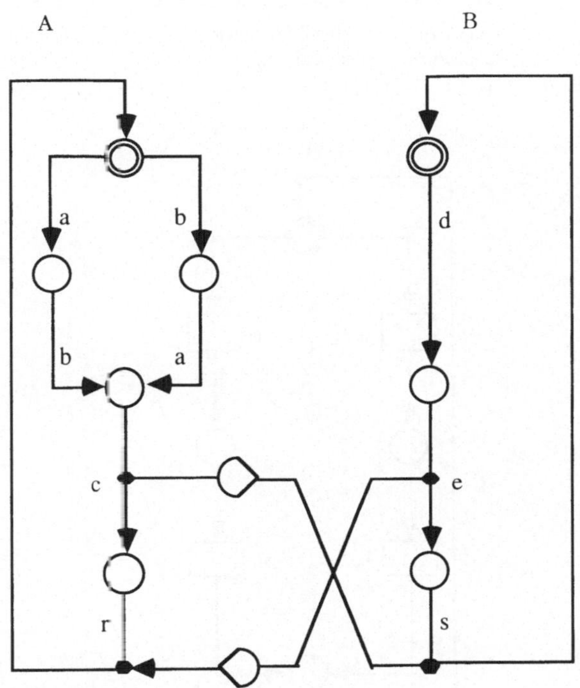

Def. 2.1 Ein *Petrinetz* $N = (\mathbb{S}, \mathbb{T}, \mathbb{F})$ besteht aus:

- einer endlichen Menge $\mathbb{S}$ von *Stellen*

(graphisches Symbol : ◯)

- einer zu $\mathbb{S}$ disjunkten endlichen Menge $\mathbb{T}$ von *Transitionen*

(graphisches Symbol: ▭)

- einer *Flußrelation* $\mathbb{F} \subset (\mathbb{S} \times \mathbb{T}) \cup (\mathbb{T} \times \mathbb{S})$.

Die Elemente von $\mathbb{F}$ heißen Kanten

(graphisches Symbol: ⟶) ◆

Die Bedingung $\mathbb{F} \subset (\mathbb{S} \times \mathbb{T}) \cup (\mathbb{T} \times \mathbb{S})$ bedeutet

- Kanten führen von Stellen zu Transitionen (*Eingangskanten*) oder von Transitionen zu Stellen (*Ausgangskanten*); und

- von einer Stelle (Transition) zu einer Transition (Stelle) führt höchstens eine Kante.

Abb. 2.3

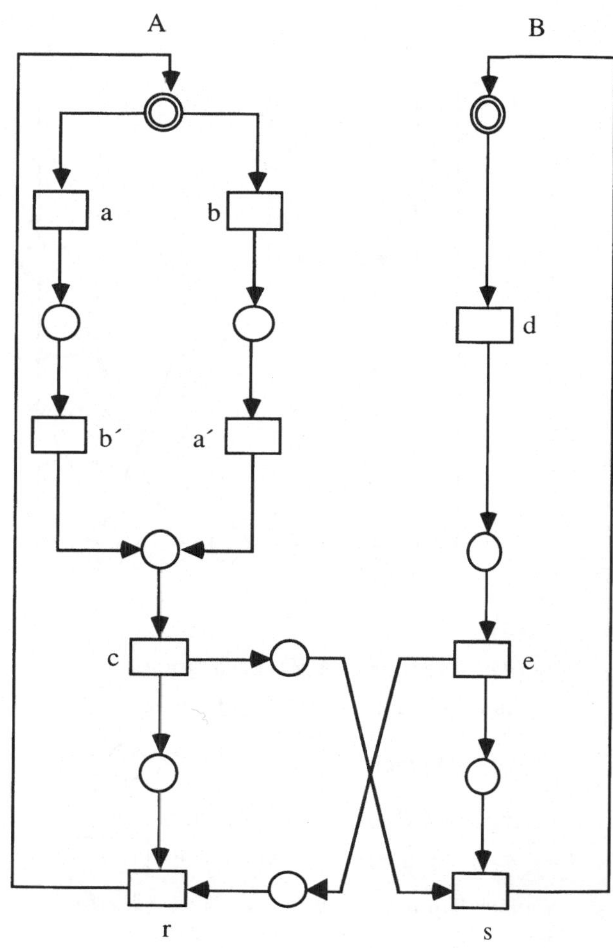

Eine erste Definition von Netzen wurde von C.A. Petri in seiner Dissertation bereits 1962 gegeben [Pe]. Eine umfassende Darstellung der Netzthematik ist in [Br] zu finden. Aus der umfangreichen Literatur seien [Ba,Re,St] erwähnt.

An einem Netzbeispiel werden in Abb. 2.4 die bisher eingeführten Begriffe erläutert:

Abb. 2.4

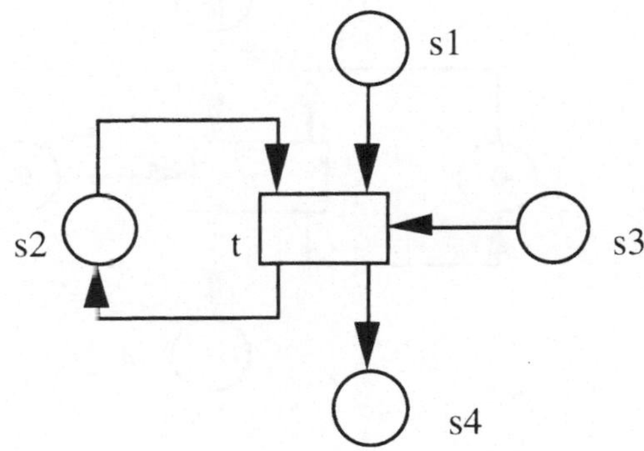

$\mathbb{S} = \{s1, s2, s3, s4\}$

$\mathbb{T} = \{t\}$

$\mathbb{F} = \{(s1,t), (s2,t), (s3,t), (t,s2), (t,s4)\}$

Die Stellen, von denen Eingangskanten zu einer Transition t führen, heißen die *Eingangsstellen von t*. Die Menge dieser Stellen wird mit $^\bullet t$ bezeichnet:

$$^\bullet t = \{x \in \mathbb{S} \mid (x,t) \in \mathbb{F} \}.$$

Entsprechend ist die Menge $t^\bullet$ aller *Ausgangsstellen von t* definiert:

$$t^\bullet = \{y \in \mathbb{S} \mid (t,y) \in \mathbb{F}\}.$$

Im betrachteten Beispiel gilt:

$$^\bullet t = \{s1, s2, s3\} \text{ und } t^\bullet = \{s2, s4\}.$$

In einem Netz werden Zustände durch Markierungen der Stellen und "Dynamik" durch die Veränderung der Markierungen beschrieben.

Def. 2.2   Eine *Markierung* eines Netzes ist eine Abbildung

$$M : \mathbb{S} \to NAT_0$$

d. h. jede Stelle wird mit einer bestimmten Anzahl von Marken versehen (NAT_0 ist die Menge der natürlichen Zahlen unter Einschluß der 0). ♦

In Abb. 2.5 hat das in Abb. 2.4 definierte Netz eine Markierung M erhalten. Diese Markenkonstellation beschreibt den aktuellen Zustand des Netzes.

Abb. 2.5

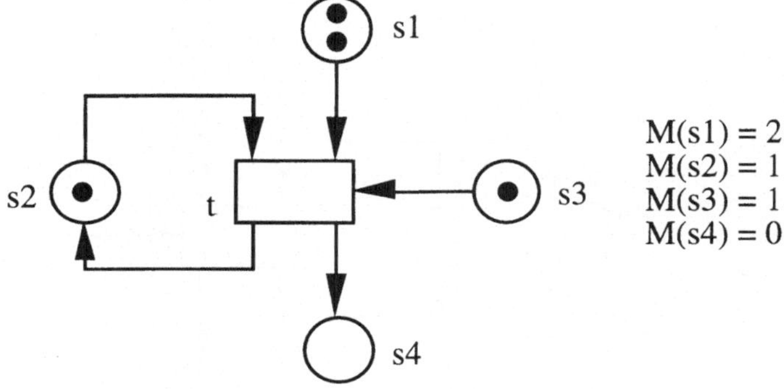

Das Verändern von Markierungen wird durch das "Schalten" von Transitionen bewirkt.

Def. 2.3   Eine Transition t ist unter einer Markierung M *aktiviert*, wenn jede ihrer Eingangsstellen mindestens eine Marke trägt, wenn also

$M(x) \geq 1$ für alle $x \in {}^\bullet t$. ♦

Die Transition t des betrachteten Beispiels ist also aktiviert. Eine aktivierte Transiton kann *schalten*.

Wenn eine unter der Markierung M aktivierte Transition schaltet, so überführt sie die Markierung M in eine *Nachfolgemarkierung M'*. Dabei wird die Markierung der Eingangsstellen der Transition um eins vermindert, die Markierung der Ausgangsstellen um eins erhöht und die Markierung der übrigen Stellen des Netzes nicht verändert.

Es gilt also:

Def. 2.4 $M'(x) = M(x)\text{-}1$ für $x \in {}^\bullet t \setminus t^\bullet$,

$M'(x) = M(x) + 1$ für $x \in t^\bullet \setminus {}^\bullet t$ und

$M'(x) = M(x)$ für alle anderen $x \in \mathbb{S}$. ♦

Wenn die im Beispiel der Abb. 2.5 aktivierte Transition schaltet, dann entsteht die in Abb. 2.6 gezeigte Markierung.

Wie am Beispiel von s2 in Abb. 2.6 ersichtlich tragen Stellen, die sowohl Eingangsstellen als auch Ausgangsstellen einer Transition t sind, zwar zur Aktivierungsbedingung bei, verändern ihre Markierung durch das Schalten der Transition jedoch nicht.

Abb. 2.6

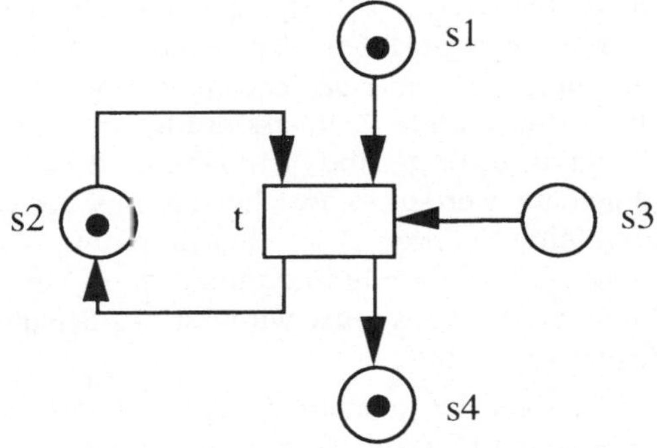

Unter der in Abb. 2.6 angegebenen Markierung ist die Transition t nicht aktiviert, denn die Stelle s3 trägt keine Marke.

Für jede Transition gibt es eine minimale Markierung M^t unter der t aktiviert ist. M^t heißt die *Schwellenmarkierung* oder *charakteristische Markierung* der Transition t.

M^t ist definiert durch

$\qquad M^t(x) = 1$ für $x \in {}^\bullet t$ und

$\qquad M^t(x) = 0$ für $x \in \mathbb{S} \setminus {}^\bullet t$.

Für jede Markierung M unter der t aktiviert ist, gilt $M \geq M^t$.

("$\geq$" für Markierungen ist dabei wie üblich für numerische Funktionen definiert. Es ist $M \geq M^t$ genau dann, wenn $M(x) \geq M^t(x)$ für alle $x \in \mathbb{S}$).

Das Tripel (M,t,M') mit der in Definition 2.4 gegebenen Deutung von t, M und M' heißt *Schaltschritt*.

Eine Folge von Schaltschritten heißt *Schaltfolge*, wenn für je zwei benachbarte Schaltschritte (die linker und rechter Schaltschritt genannt sein sollen) die dritte Komponente des linken Schaltschritts mit der ersten Komponente des rechten Schaltschritts übereinstimmt. In einer derartigen Schaltfolge heißt die erste

Komponente des ersten Schaltschritts *Startmarkierung* und die dritte Komponente des letzten Schaltschritts *Zielmarkierung*. Ist M Startmarkierung einer Schaltfolge und Mp Zielmarkierung, dann heißt Mp von M aus *erreichbar*.

Eine Schaltfolge $(M,t_{i1},M1)(M1,t_{i2},M2)...(Mp-1,t_{ip},Mp)$ mit $t_i \in \mathbb{T}$ läßt sich wegen der Eindeutigkeit der Nachfolgemarkierung (für Produktnetze siehe jedoch Kap. 5!) für jeden Schaltschritt auch kürzer $M\,[t_{i1},t_{i2},...,t_{ip}]\,Mp$ schreiben. Die Kette $[t_{i1},t_{i2},...,t_{ip}]$ mit $t_i \in \mathbb{T}$ wird *Transitionsfolge* genannt. Aus einer Transitionsfolge zusammen mit einer geeigneten Startmarkierung läßt sich eindeutig die resultierende Zielmarkierung erzeugen; ohne Angabe der Startmarkierung sind Aussagen, die aus Transitionsfolgen abgeleitet werden, schwächer als Aussagen, die aus Schaltfolgen abgeleitet werden. Die Einschränkung von Markierungen auf ausgewählte Stellenmengen, wie sie beispielsweise bei Projektionen verwendet wird, ist aus Schaltfolgen direkt ableitbar (siehe Kap. 11).

Im Beispiel der kommunizierenden Automaten (Abb. 2.3) sei eine Anfangsmarkierung eingeführt, die jeder der beiden mit dem Doppelkreis versehenen Stellen jeweils eine Marke zuordnet und alle anderen Stellen unmarkiert läßt. Dann sind die drei mit a, b und d benannten "Transitionen" aktiviert.

Dabei stehen aber a und b in einem anderen Verhältnis zueinander als a zu d oder b zu d. Die Transitionen a und d können "nebenläufig" schalten, d.h. das Schalten der einen Transition deaktiviert nicht die andere. Auch b und d können nebenläufig schalten. Die Transitionen a und b hingegen stehen "in Konflikt" zueinander: das Schalten einer der beiden Transitionen deaktiviert die andere Transition. Allgemein gilt:

Seien t_i, $t_j \in \mathbb{T}$ zwei unter einer Markierung M aktivierte Transitionen. Dann können t_i, t_j *nebenläufig* schalten, falls gilt:

(M,t_i,M') und t_j ist aktiviert unter M´.

Seien t_i, $t_j \in \mathbb{T}$ zwei unter einer Markierung M aktivierte Transitionen. Dann stehen t_i, t_j in *Konflikt* zueinander, falls gilt:

aus (M,t_i,M') folgt: t_j ist nicht aktiviert unter M´ oder (gleichbedeutend)

aus (M,t_j,M'') folgt: t_i ist nicht aktiviert unter M´´.

Abb. 2.7

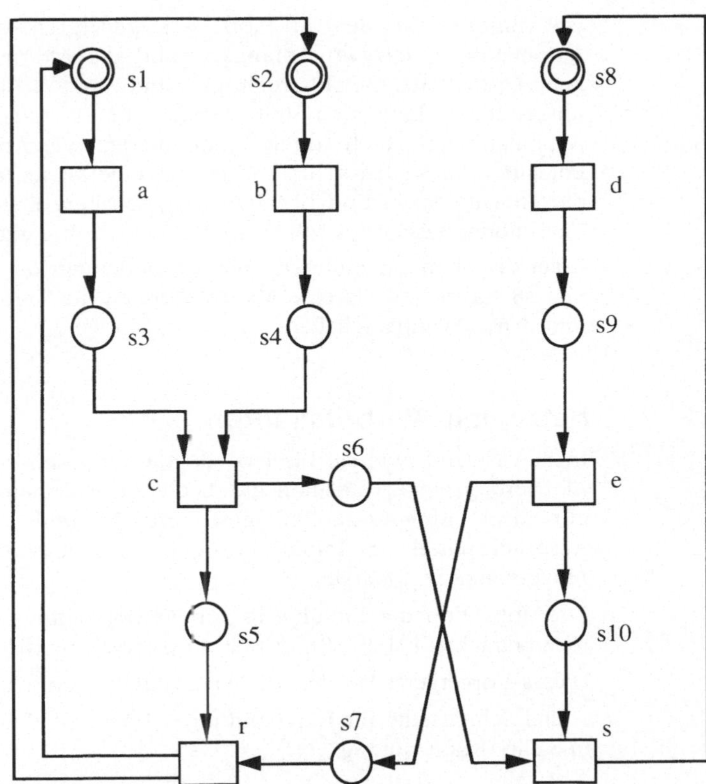

Zwei unter einer Markierung aktivierte Transitionen stehen
entweder in Konflikt zueinander oder sie können nebenläufig
schalten.

Wie aus der Definition des Konflikts ersichtlich, können
höchstens solche Transitionen miteinander in Konflikt stehen, die
über gemeinsame Eingangsstellen verfügen: ein Konflikt kommt
zustande, wenn die Markierung derartiger Stellen nicht ausreicht,
um nach dem Schalten der einen Transition auch noch das
Schalten der anderen Transition zu ermöglichen. Demnach ist eine
Konfliktsituation nicht allein eine Frage der "Topologie" (d. h. der
durch die Flußrelation definierten Nachbarschaftsbeziehungen

zwischen Stellen und Transitionen), sondern auch der Markierung des Netzes.

Die Eigenschaft des in Abb. 2.1 gezeigten sequentiellen Automaten A, daß im Anfangszustand die Aktionen a und b gewissermaßen "gleichberechtigt" sind (erst a dann b oder umgekehrt), läßt sich mit Netzen unter Ausnutzung der Nebenläufigkeit auch "direkt" modellieren, wie Abb. 2.7 zeigt. Enthalten die Stellen s1 und s2 jeweils eine Marke, dann können die Transitionen a und b nebenläufig schalten. Erst wenn beide Transitionen geschaltet haben, ist die Transition c aktiviert.

Unter der oben eingeführten Anfangsmarkierung (die Stellen s1, s2 und s8 tragen jeweils eine Marke) können die Transitionen a, b und d nebenläufig schalten.

2.2   Netze mit Verbotskanten

In den Netzen, wie sie bis jetzt definiert worden sind, wird die Aktivierung einer Transition durch die Anwesenheit von Marken auf ihren Eingangsstellen gesteuert. Es fehlt ein direktes Ausdrucksmittel zur Initialisierung eines Schaltvorgangs durch Abwesenheit von Marken.

Zur Motivation der Einführung von Verbotskanten wird jetzt ein Netz betrachtet (Abb. 2.8), das ein Kopiergerät modelliert [BOP4].

Dieses Kopiergerät hat drei Bedienerschnittstellen, nämlich

- eine Schnittstelle für Kopieraufträge (1 Kopierauftrag = 1 Marke in Stelle "Kopierauftrag"),

- eine Schnittstelle für Kopien (1 Kopie = 1 Marke in Stelle "Kopien") und

- eine Schnittstelle für Leerblätter (1 Leerblatt = 1 Marke in Stelle "Papiermagazin").

Das Gerät befindet sich jeweils in einem der drei folgenden inneren Zustände

- kopierbereit (Marke in Stelle "kopierbereit"),

- kopierend   (Marke in Stelle "kopierend"),

- keine Leerblätter (Marke in Stelle "Papier nachlegen").

Der aktuelle innere Zustand wird dem Bediener angezeigt, er kann jedoch nur über die Bedienerschnittstellen "Kopierauftrag" und "Papiermagazin" beeinflußt werden.

Im Zustand "kopierbereit" und bei Vorliegen von n>0 Leerblättern im Papiermagazin bewirkt das Schalten der Transition t1 die Entnahme des Kopierauftrags und eines Leerblattes aus dem Papiermagazin und den Übergang in den Zustand "kopierend".

Im Zustand "kopierend" bewirkt das Schalten der Transition t2 die Ausgabe einer angefertigten Kopie und den Übergang in den Zustand "kopierbereit".

Abb. 2.8

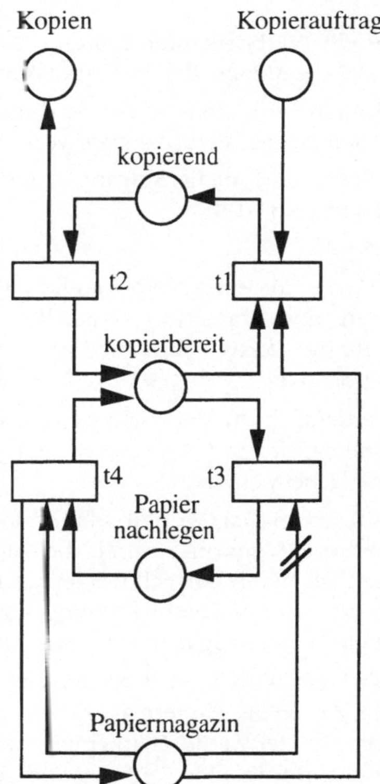

Wird im Zustand "kopierbereit" kein Leerblatt im Papiermagazin (keine Marke in Stelle "Papiermagazin") vorgefunden (z. B. weil das letzte Leerblatt beim vorangegangenen Schalten von t1 entnommen wurde), bewirkt Schalten der Transition t3 den Übergang in den Zustand "Papier nachlegen".

Im Zustand "Papier nachlegen" aktiviert ein Nachlegen von n>0 Leerblättern ins Papiermagazin die Transition t4. Nach dem Schalten von t4 wird der Zustand "kopierbereit" angenommen.

Als neues Ausdrucksmittel wurde in diesem Beispiel eine Verbotskante benutzt.

Verbotskanten sind durch das graphische Symbol

dargestellt. Verbotskanten führen von Stellen zu Transitionen, d. h. für die Menge $\mathbb{V}$ aller Verbotskanten gilt $\mathbb{V} \subset \mathbb{S} \times \mathbb{T}$.

Die Stellen, von denen eine Verbotskante zu einer Transition t führt, heißen die *Verbotsstellen* von t.

Eine Stelle darf nicht Eingangs- und Verbotsstelle der gleichen Transition sein, d. h.

$$\mathbb{V} \cap \mathbb{F} = \varnothing \, .$$

Eine Marke auf einer Verbotsstelle einer Transition verhindert das Schalten der Transition. Eine Verbotskante stellt somit eine zusätzliche Aktivierungsbedingung für die entsprechende Transition dar.

Zur Verdeutlichung der Wirkung von Verbotskanten sei in Abb. 2.9 die Transition t3 des Beispiels mit ihren benachbarten Stellen nochmals betrachtet.

Transition t3 ist genau dann aktiviert, wenn die Stelle "kopierbereit" markiert und die Stelle "Papiermagazin" nicht markiert ist. Wann der Fall des leeren Papiermagazins eintritt hängt davon ab, wieviel Leerblätter eingelegt wurden (Anfangsbelegung der Stelle "Papiermagazin") und wie oft seitdem kopiert wurde.

In der Regel wird kein Bediener des Kopiergeräts die Leerblätter zählen, die er ins Papiermagazin einlegt. Dem entspricht, daß die Markenzahl der Stelle "Papiermagazin" nicht bekannt sein wird. Ohne Kenntnis der anfangs in einer Stelle vorhandenen Markenzahl läßt sich in Netzen ohne Verbotskanten der Sachverhalt, daß eine vormals markierte Stelle nach einer (nicht vorhersehbaren) Anzahl von Schaltvorgängen entsprechender Transitionen nicht mehr markiert ist und deswegen eine Aktion ausgeführt werden soll, nicht ausdrücken.

Hinweis Verbotskanten stellen eine echte Erweiterung der Netze dar. Es läßt sich beweisen, daß erst Netze mit Verbotskanten in ihrer Ausdrucksstärke äquivalent zu Turingmaschinen sind, d. h. den vollständigen Berechenbarkeitsbegriff abdecken [Ko].

Abb. 2.9

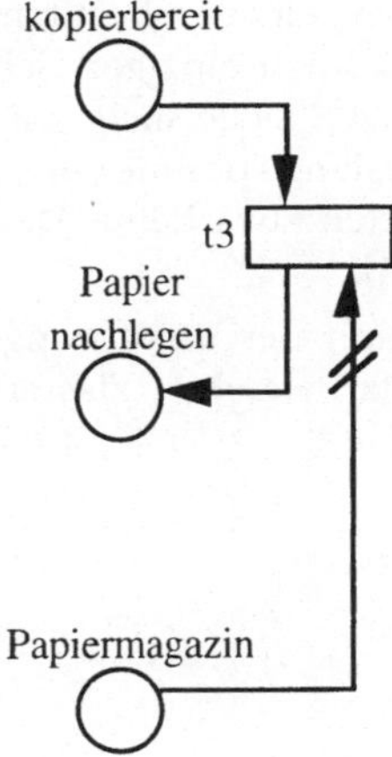

Man beachte, daß Transition t3 mit der Verbotskante als einziger Eingangskante im Falle einer unmarkierten Stelle "Papiermagazin" ständig aktiviert ist und somit beliebig oft schalten kann (siehe Abb. 2.10).

Abb. 2.10

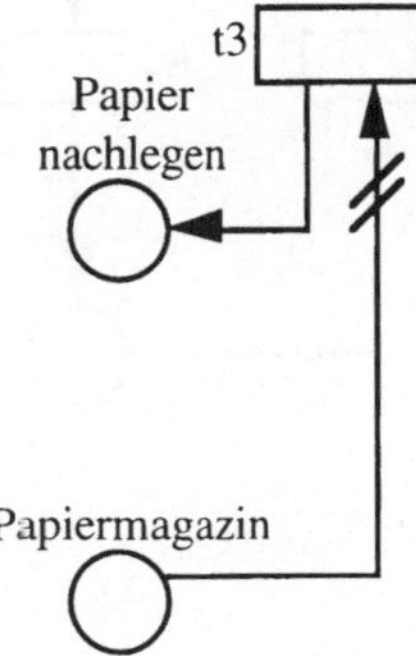

Das führt zu einer beliebigen Anhäufung von Marken auf der Stelle "Papier nachlegen" und stellt damit eine unsinnige Modellierung dar.

2.3   Netze mit Abräumkanten

Das Entfernen einer unbestimmten Anzahl von Marken aus einer Stelle durch einen einzigen Schaltvorgang, wobei die Markenzahl einer derartigen Stelle nicht zur Aktivierungsbedingung beiträgt, ist mit den bislang definierten Netzen nicht möglich. Derartige Aktionen treten etwa beim "Deaktivieren" ganzer Teile von Netzen auf [EP4,BE1].

Zur Motivation der Einführung von Abräumkanten wird in Abb. 2.11 ein Netz betrachtet, das aus zwei voneinander unabhängigen Teilen besteht.

Abb. 2.11

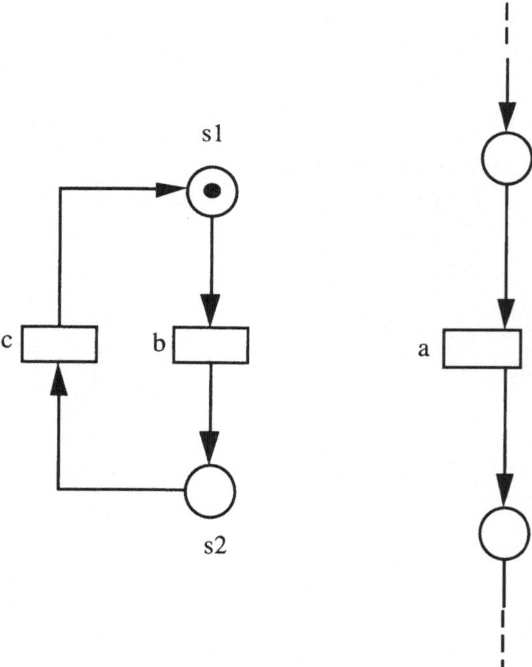

Unter der angegebenen Anfangsmarkierung können im linken Teil des Netzes abwechselnd die Transitionen b und c schalten.

Es wird nun verlangt, daß das Schalten der Transition a den linken Teil des Netzes "deaktiviert", d. h. die Marke abzieht, die sich entweder auf der Stelle s1 oder s2 befindet. Dies ist nicht einfach mit zwei Eingangskanten von den Stellen s1 und s2 zur Transition a zu modellieren, da immer nur eine der beiden Stellen eine Marke trägt und somit die Transition a nie aktiviert wäre. Eine einfache Modellierung ist jedoch mit *Abräumkanten* möglich.

Abb. 2.12

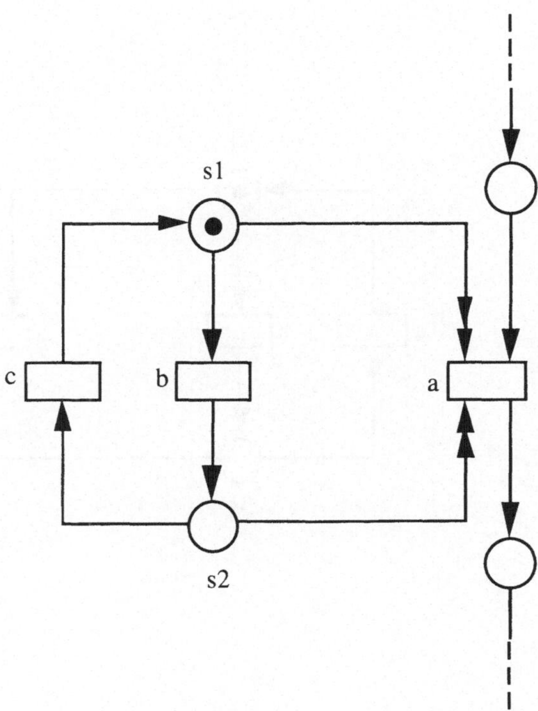

Abräumkanten sind durch das graphische Symbol

dargestellt. Abräumkanten führen von Stellen zu Transitionen, d. h. für die Menge $\mathbb{A}$ aller Abräumkanten gilt $\mathbb{A} \subset \mathbb{S} \times \mathbb{T}$. Die Stellen, von denen eine Abräumkante zu einer Transition t führt, heißen die *Abräumstellen* von t.

Abb. 2.13

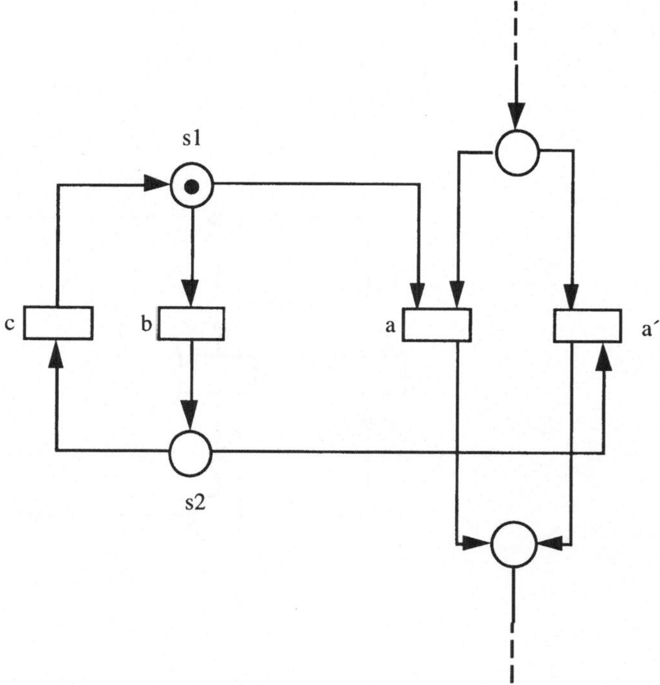

Eine Stelle darf nicht Eingangs- und Abräumstelle und auch nicht Verbots- und Abräumstelle der gleichen Transition sein, d. h.

$$\mathbb{A} \cap \mathbb{F} = \varnothing = \mathbb{A} \cap \mathbb{V}.$$

Insgesamt führt also von einer Stelle zu einer Transition höchstens eine Kante. Das ist dann entweder eine Eingangs- oder eine Verbots- oder eine Abräumkante.

Beim Schalten der Transition werden alle Marken der Abräumstellen entfernt. Abräumkanten stellen keine Aktivierungsbedingung der zugehörigen Transition dar. Abb. 2.12 zeigt die Modellierung des gewünschten Sachverhalts mit Abräumkanten.

Hinweis

Die Wirkung von Abräumkanten kann immer auch in Netzen mit Verbotskanten modelliert werden. Dies stellt aber im allgemeinen eine unnötige Komplikation der Modellierung dar und setzt eine Vorabanalyse voraus. Im betrachteten Beispiel kann durch Vorabanalyse festgestellt werden, daß bei jeder erreichbaren Markierung auf den Stellen s1 und s2 zusammen genau eine Marke liegt. Mit diesem Wissen ist die in Abb. 2.13 gezeigte Modellierung - sogar ohne Verbotskanten - möglich.

Bezeichnet man die *Menge der Verbotsstellen einer Transition t* mit ^{V}t und die *Menge der Abräumstellen einer Transition t* mit ^{A}t, dann gilt für Netze mit Verbots- und Abräumkanten folgende *Schaltregel*:

Def. 2.5

Eine Transition t ist unter einer Markierung M *aktiviert*, wenn

$M(x) \geq 1$ für alle $x \in {}^{\bullet}t$; und

$M(x) = 0$ für alle $x \in {}^{V}t$.

Die Nachfolgemarkierung M' ist dann gegeben durch:

1) $M'(x) = M(x) - 1$ für $x \in {}^{\bullet}t \setminus t^{\bullet}$

2) $M'(x) = 0$ für $x \in {}^{A}t \setminus t^{\bullet}$

3) $M'(x) = 1$ für $x \in {}^{A}t \cap t^{\bullet}$

4) $M'(x) = M(x) + 1$ für $x \in t^{\bullet} \setminus ({}^{\bullet}t \cup {}^{A}t)$

5) $M'(x) = M(x)$ für alle anderen Stellen. ♦

Diese Fallunterscheidung wird mit Hilfe des in Abb. 2.14 angegebenen Diagramms veranschaulicht:

Abb. 2.14

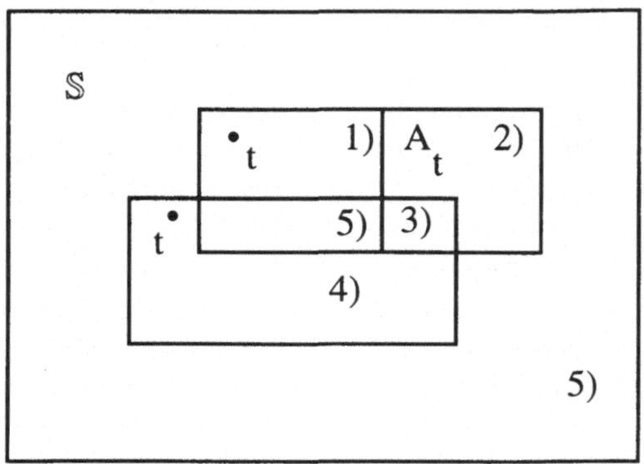

Die Schaltregel läßt sich gut durch folgende Sequentialisierung beschreiben:

Zuerst wird für eine Transition die Aktivierungsbedingung überprüft. Ist diese Bedingung erfüllt, dann werden von jeder Eingangsstelle der Transition eine Marke und von jeder Abräumstelle alle Marken entfernt. Zuletzt wird auf jede Ausgangsstelle der Transition eine Marke abgelegt. Hierbei ist zu beachten, daß der gesamte Vorgang als "atomar" angesehen werden muß.

Abb. 2.15

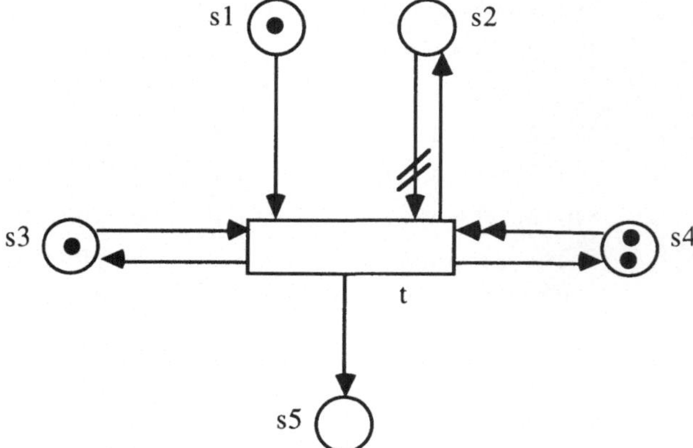

In Abb. 2.15 ist ein Netz N = $(\mathbb{S},\mathbb{T},\mathbb{F},\mathbb{V},\mathbb{A})$ gegeben und eine Markierung M. Die entsprechenden Mengen sind nachfolgend aufgelistet:

$\mathbb{S}$ = {s1,s2,s3,s4,s5} $\mathbb{T}$ = {t}

$\mathbb{F}$ = {(s1,t),(t,s2),(s3,t),(t,s3),(t,s4),(t,s5)}

$\mathbb{V}$ = {(s2,t)} $\mathbb{A}$ = {(s4,t)}

M(s1) = M(s3) = 1, M(s4) = 2, M(s2) = M(s5) = 0

Die Transition t ist unter der angegebenen Markierung aktiviert, denn alle Eingangsstellen (hier also s1 und s3) tragen mindestens eine Marke und alle Verbotsstellen der Transition t (hier also s2) sind unmarkiert.

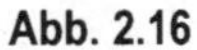

Abb. 2.16

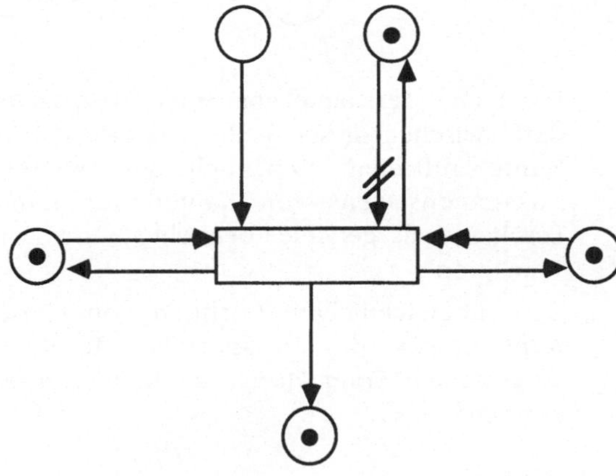

Nach dem Schalten von t ergibt sich die in Abb. 2.16 gezeigte Nachfolgemarkierung.

2.4   Graphische Darstellung von Netzen

Jede Stelle hat einen netzweit eindeutigen Namen, der in oder an dem entsprechenden Stellensymbol steht. Falls an verschiedenen Stellensymbolen der gleiche Name steht, so handelt es sich um die gleiche Stelle. Zur Darstellung eines "gerichteten Datenflusses" können als Stellensymbole auch Dreiecke, wie in Abb. 2.17 dargestellt, benutzt werden. Sie haben keine andere Bedeutung als die kreisförmigen Stellensymbole, sie sind lediglich eine andere graphische Darstellung von Stellen.

Abb. 2.17

Als graphische Kurzdarstellung für eine Eingangskante von einer Stelle zu einer Transition und einer Ausgangskante von dieser Transition zurück zur Stelle gibt es die *Lesekante* mit einer Darstellung wie in Abb. 2.18.

Abb. 2.18

Führt eine Lesekante von einer Stelle zu einer Transition, dann darf zwischen dieser Stelle und dieser Transition keine weitere Kante auftreten. Bezüglich des (weiter unten definierten) Zusammensetzens von Kanten aus Kantenstücken wird die Lesekante als gerichtet betrachtet, und zwar von der Stelle zur Transition.

Zum übersichtlichen Zeichnen von (Produkt-)Netzen gibt es *Kantenstücke*, die an speziellen Knoten, den in Abb. 2.19 dargestellten *Konnektoren*, zu Kanten zusammengesetzt werden können.

Abb. 2.19

Es gibt drei Typen von Kantenstücken, nämlich *Anfangsstücke*, *Zwischenstücke* und *Endstücke*.

Anfangsstücke sind gerichtet und führen von Stellen oder Transitionen zu Konnektoren. Sie werden graphisch durch einen Pfeil von der Stelle bzw. Transition zum Konnektor dargestellt.

Zwischenstücke sind gerichtet oder ungerichtet und führen von Konnektoren zu Konnektoren. Die Randkonnektoren eines

Zwischenstücks sind verschieden. Gerichtete Zwischenstücke werden graphisch durch einen Pfeil entsprechend der Richtung von Konnektor zu Konnektor dargestellt. Ungerichtete Zwischenstücke werden durch eine Verbindungslinie zwischen den Randkonnektoren dargestellt.

Endstücke sind gerichtet und führen von Konnektoren zu Stellen oder Transitionen. Sie werden durch die verschiedenen bereits definierten Kantensymbole graphisch dargestellt.

Zwischen je zwei Knoten (Stellen, Transitionen, Konnektoren) gibt es höchstens ein Kantenstück.

Kantenstücke und Konnektoren sind so zu benutzen, daß die folgenden Bedingungen (1) - (4) erfüllt sind:

(1) Jeder gerichtete Weg aus Kantenstücken, der mit einem Anfangsstück beginnt und mit einer ggf. leeren Folge von Zwischenstücken fortgesetzt ist, besitzt eine gerichtete Verlängerung mit einem Zwischen- oder Endstück. Gerichtet bedeutet in diesem Zusammenhang, daß kein gerichtetes Kantenstück entgegen seiner Richtung durchlaufen wird und daß kein ungerichtetes Zwischenstück unmittelbar hintereinander in entgegengesetzten Richtungen durchlaufen wird.

Abb. 2.20

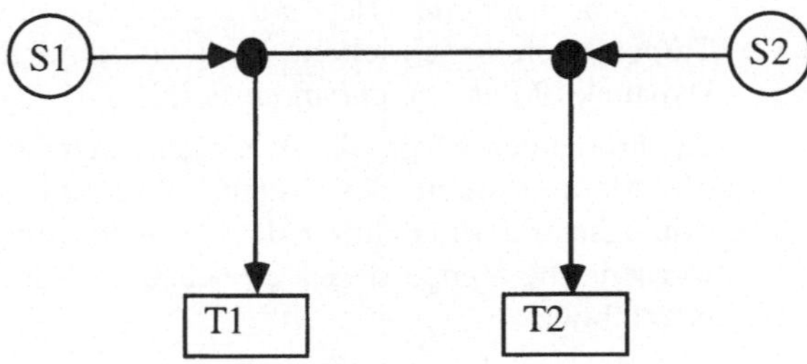

(2) Es gibt keinen gerichteten Weg aus Kantenstücken, der mit einem Anfangsstück beginnt und mit einer Folge von Zwischenstücken fortgesetzt ist, in dem ein Kantenstück mehrfach durchlaufen wird. Jeder gerichtete Weg aus Kantenstücken, der mit einem Anfangsstück beginnt, mit einer ggf. leeren Folge von Zwischenstücken fortgesetzt ist und mit einem Endstück endet, stellt eine Produktnetzkante dar. Dabei ist der Kantentyp durch das entsprechende Endstück festgelegt.

(3) Durch die obige Konstruktion dürfen nur korrekte Produktnetzkanten erzeugt werden. D. h. es darf dabei z. B. keine Kante von einer Stelle zu einer Stelle erzeugt werden, nicht mehr als eine Kante von einer Stelle zu einer Transition führen e. t. c.

(4) Jeder Konnektor muß in mindestens einer Produktnetzkantendarstellung vorkommen.

Abb. 2.20 und Abb. 2.21 sind in diesem Sinne zwei äquivalente Darstellungen eines Produktnetzes.

Abb. 2.21

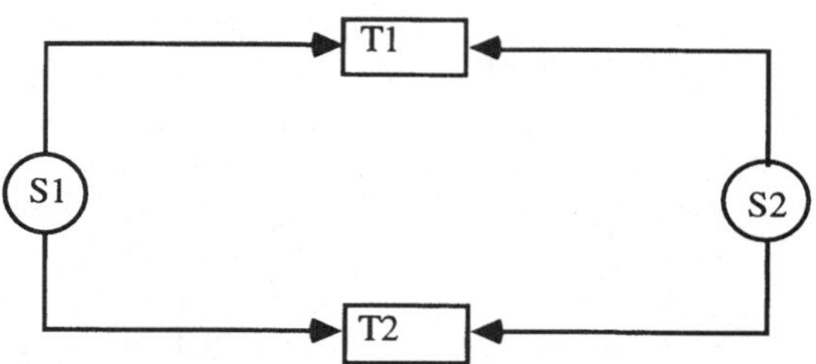

2.5　　Erreichbarkeitsgraphen

In einem markierten Netz wird "Dynamik" durch das Schalten von Transitionen beschrieben. Eine vollständige Darstellung dieser Dynamik ist der *Erreichbarkeitsgraph*.

Ein Erreichbarkeitsgraph ist ein gerichteter Graph, dessen Knoten die Markierungen des Netzes sind, die ausgehend von der Anfangsmarkierung durch das Schalten von Transitionen erzeugt werden. Die Menge dieser erreichbaren Markierungen wird mit $\mathbb{M}$ bezeichnet.

Von einer Markierung $M \in \mathbb{M}$ führt genau dann eine Kante zu einer Markierung $M' \in \mathbb{M}$ und ist mit $t \in \mathbb{T}$ beschriftet, wenn die Transition t unter M aktiviert ist und das Schalten von t die Nachfolgemarkierung M' erzeugt. $\mathbb{T}$ bezeichnet dabei die Menge der Transitionen des Netzes.

Markierungen, unter denen keine Transition aktiviert ist, heißen *tote Markierungen*.

Die Ermittlung des Erreichbarkeitsgraphen nennt man *Erreichbarkeitsanalyse*. Ist der Erreichbarkeitsgraph endlich, dann kann er wegen der Berechenbarkeit der Schaltregel (endliche Stellenmenge und endlich viele Marken pro Stelle) automatisch erzeugt werden.

Nachfolgend wird an zwei Netzbeispielen die Erreichbarkeitsanalyse demonstriert.

Das in Abb. 2.22 spezifizierte Netz modelliert einen "verlustbehafteten Kanal mit sendeseitiger Flußkontrolle" [Ec]. An dieser Stelle wird das Netz als rein syntaktisches Beispiel zur Ermittlung des Erreichbarkeitsgraphen verwendet. In Kapitel 8 wird es in einem geeigneten Anwendungszusammenhang noch einmal aufgegriffen.

Abb. 2.22

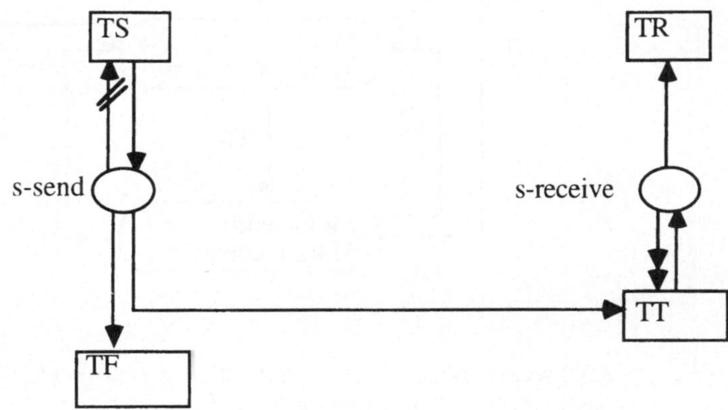

Sei die leere Markierung M1 als Anfangsmarkierung gewählt, also M1(s-send) = M1(s-receive) = 0. In Abb. 2.23 ist der Erreichbarkeitsgraph für das in Abb. 2.22 gegebene Beispiel unter dieser Anfangsmarkierung angegeben.

Der Erreichbarkeitsgraph enthält keine toten Markierungen, also sind in jedem Zustand Transitionen aktiviert, die dann auch schalten können. Er ist sogar stark zusammenhängend, weswegen die Anfangsmarkierung M1 aus jeder Markierung erreichbar ist.

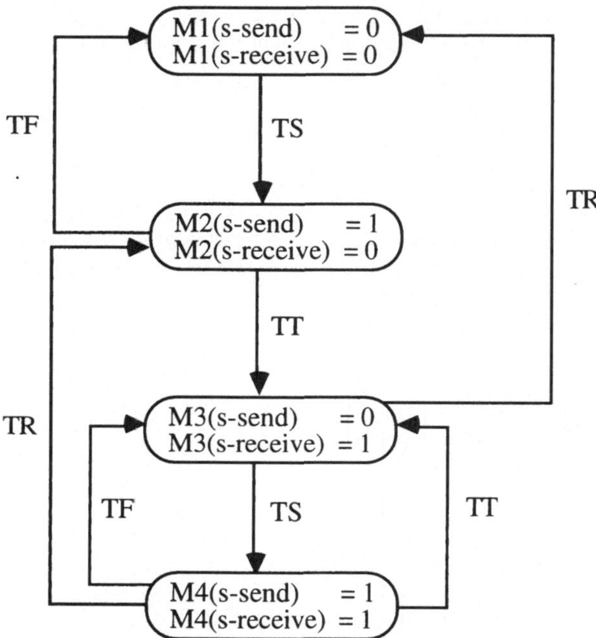

Als zweites Beispiel ist in Abb. 2.24 der Erreichbarkeitsgraph für das in Abb. 2.7 spezifizierte Netz dargestellt.

Die Markierungen sind dabei durch Listen der Stellen beschrieben, die eine Marke tragen. Liegen auf einer Stelle zwei Marken, so kommt diese Stelle zweimal in der Liste vor.

Beispielsweise stellt die Schreibweise (5,7,7,10) eine Markierung M dar mit

$M(s5) = 1$

$M(s7) = 2$

$M(s10) = 1$

$M(x) = 0$ für alle anderen Stellen x.

Die Erreichbarkeitsanalyse für dieses Beispiel unter der Anfangsmarkierung (1,2,8) führt zu einem endlichen Erreichbarkeitsgraphen. Der Graph enthält Zyklen; gleichbenannte Markierungen,

Abb. 2.24

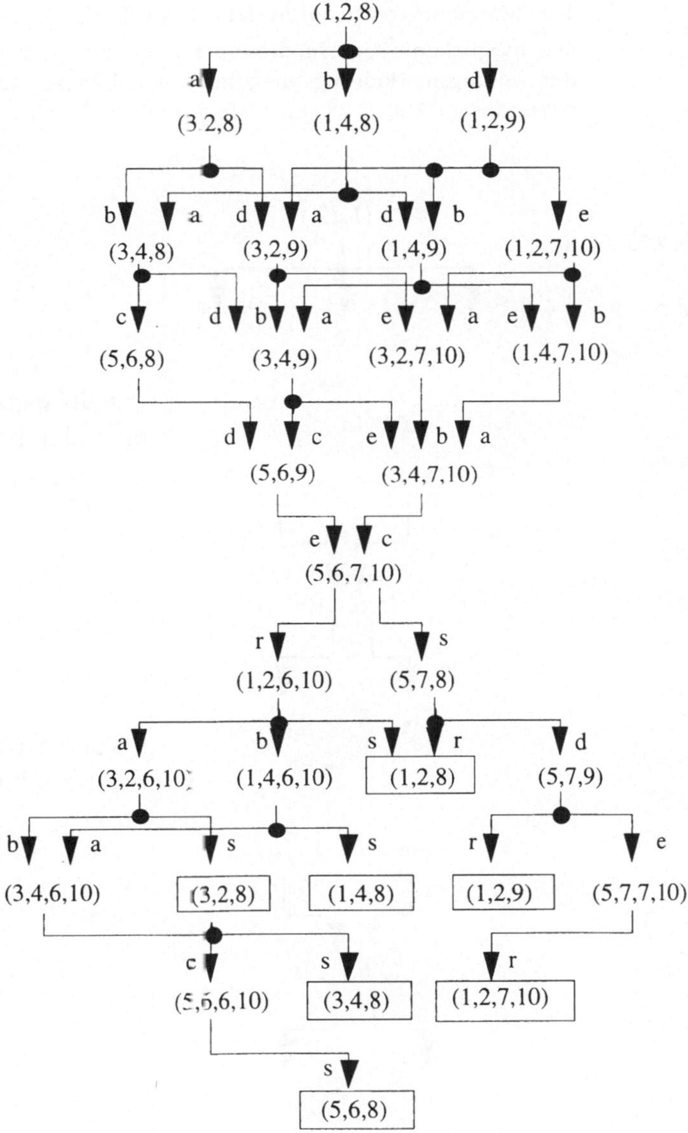

durch Rechtecke hervorgehoben, sind nämlich zu identifizieren. Tote Markierungen treten in dem Beispiel nicht auf.

Die möglichen Wege in diesem Erreichbarkeitsgraphen, die von der Anfangsmarkierung ausgehen, sind beliebig fortsetzbar und haben die in Abb. 2.25 skizzierte Struktur:

Abb. 2.25

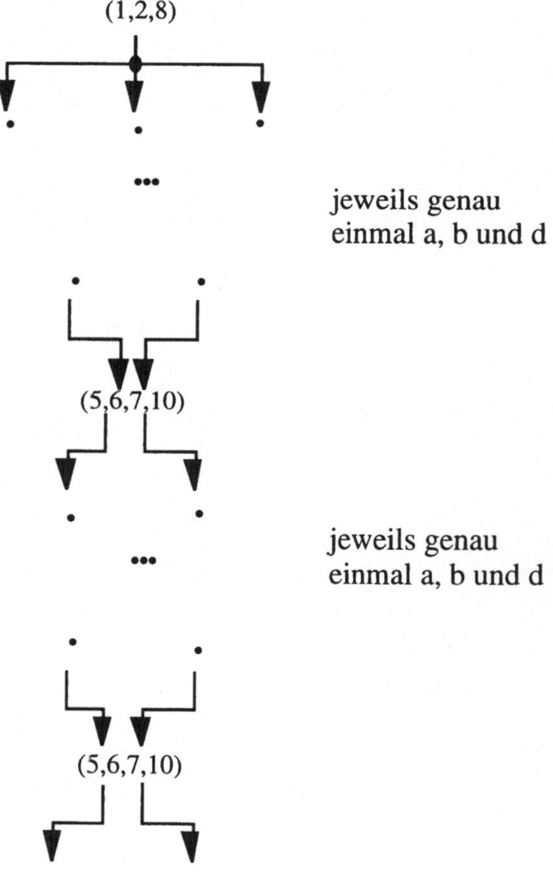

In dieser Darstellung sind die Anfangsmarkierung (1,2,8) und das "Nadelöhr" (5,6,7,10) hervorgehoben.

Diese möglichen Wege besagen gerade, daß die zu Beginn gestellte Synchronisationsaufgabe richtig modelliert wurde, denn die Wege im Erreichbarkeitsgraphen beschreiben die möglichen Aktionsfolgen im modellierten System.

Bei der systematischen Berechnung des Erreichbarkeitsgraphen muß für jede neu erzeugte Markierung überprüft werden, ob sie zuvor schon einmal erzeugt wurde, und falls dies nicht der Fall ist, muß für jede Transition überprüft werden, ob sie unter der neu erzeugten Markierung aktiviert ist.

Zur Behandlung der ersten Aufgabe bieten sich bekannte schnelle Sortier- und Suchalgorithmen wie z.B. "balancierte Bäume" an [Ni1].

Zur Vereinfachung der zweiten Aufgabe betrachten wir das Netz in Abb. 2.26.

Abb. 2.26

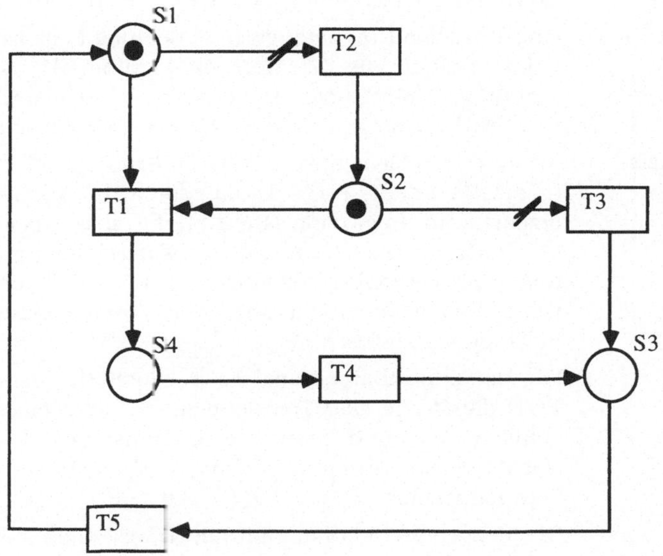

Unter der eingezeichneten Anfangsmarkierung ist in diesem Netz nur die Transition T1 aktiviert. Das Schalten von T1 aktiviert dann die Transitionen T2, T3 und T4, nicht aber T5. Allgemein kann man bemerken, daß eine Transition t´, die nicht aktiviert ist, nur dann durch das Schalten einer anderen Transition t aktiviert werden kann, wenn die Aktivierungsbedingung für t´ durch das Schalten von t "positiv beeinflußt" wird. Das kann nur dadurch geschehen, daß durch das Schalten von t Marken auf Eingangsstellen von t´ gelegt werden, oder Marken von Verbotsstellen von t´ entfernt werden. Die Menge der Transitionen, deren Aktivierungsbedingung durch das Schalten von t "positiv beeinflußt" werden kann, wird mit dem Begriff des *Wirkungsbereichs* von t formal erfaßt:

Def. 2.6 Für eine Transition $t \in \mathbb{T}$ bezeichnet $^{\bullet}t$ die Menge aller Eingangsstellen, $t^{\bullet}$ die Menge aller Ausgangsstellen, ^{V}t die Menge aller Verbotsstellen und ^{A}t die Menge aller Abräumstellen der Transition t. Der *Wirkungsbereich* $\mathbb{W}(t)$ einer Transition $t \in \mathbb{T}$ ist dann definiert durch

$$\mathbb{W}(t) = \{\, t´ \in \mathbb{T} \mid (\, t^{\bullet} \cap {}^{\bullet}t´ \,) \cup ((\, {}^{\bullet}t \cup {}^{A}t \,) \cap {}^{V}t´ \,)) \neq \varnothing \,\}. \blacklozenge$$

Für das Beispiel in Abb.2.26 bedeutet das: $\mathbb{W}(T1) = \{T2,T3,T4\}$, $\mathbb{W}(T2) = \varnothing$, $\mathbb{W}(T3) = \{T5\}$, $\mathbb{W}(T4) = \{T5\}$ und $\mathbb{W}(T5) = \{T1\}$.

Satz 2.1 Eine Transition t sei unter einer Markierung M aktiviert und erzeuge beim Schalten die Nachfolgemarkierung M´. Ist eine weitere Transition t´ nicht unter M aktiviert und ist t´ auch kein Element von $\mathbb{W}(t)$, dann ist t´ auch nicht unter M´ aktiviert. $\blacklozenge$

Beweis Wenn t´ kein Element von $\mathbb{W}(t)$ ist, dann gilt $t^{\bullet} \cap {}^{\bullet}t´ = \varnothing$ und $(\, {}^{\bullet}t \cup {}^{A}t \,) \cap {}^{V}t´ = \varnothing$. Da M´ durch das Schalten von t aus M erzeugt wird, folgt dann $M´_S \geq M_S$ für alle Stellen $S \in {}^{\bullet}t´$ und $M´_S \geq M_S$ für alle Stellen $S \in {}^{V}t´$. Wäre t´ unter M´ aktiviert, dann folgt aus diesen Ungleichungen, daß t´ auch unter M aktiviert wäre. Das widerspricht aber der Voraussetzung; also ist die Behauptung bewiesen. $\blacklozenge$

Für die Erreichbarkeitsanalyse bedeutet der Satz folgendes: Ist $\mathbb{T}(M)$ die Menge aller Transitionen, die unter einer Markierung M aktiviert sind, und erzeugt eine Transition $T \in \mathbb{T}(M)$ eine Nachfolgemarkierung M´, dann sind unter M´ höchstens die Transitionen aus $\mathbb{T}(M) \cup \mathbb{W}(T)$ aktiviert.

Die Mengen $\mathbb{W}(T)$ können für alle Transitionen aus der Topologie des Netzes bestimmt werden.

Wird der Erreichbarkeitsgraph breadth - first erzeugt, dann ist für eine Markierung M´, die durch das Schalten einer Transition T aus einer Markierung M erzeugt wurde, die Menge $\mathbb{T}(M)$ bereits bekannt. Zur Bestimmung der Nachfolgemarkierungen von M´ müssen jetzt nur die Transitionen aus $\mathbb{T}(M) \cup \mathbb{W}(T)$ untersucht werden. Das sind im allgemeinen weniger als alle Transitionen aus $\mathbb{T}$.

2.6   Netzstrukturen

In vielen Fällen weisen Netzmodelle spezielle topologische Eigenschaften auf; sie bestehen beispielsweise aus einer Zustandsmaschine oder aus mehreren Zustandsmaschinen, die miteinander kommunizieren.

Def. 2.7   Eine *Zustandsmaschine* (abgekürzt ZM) ist ein Netz $N = (\mathbb{S}, \mathbb{T}, \mathbb{F})$ mit:

für alle $t \in \mathbb{T}$: $| {}^\bullet t | = | t^\bullet | = 1 \blacklozenge$

Der linke Teil der Abb. 2.11 etwa stellt eine mit einer Marke versehenen Zustandsmaschine dar; in Abb. 2.3 sind zwei Zustandsmaschinen A und B zu sehen, die miteinander kommunizieren.

Aufgrund der Definition einer Zustandsmaschine verändert das Schalten von Transitionen nicht die Markenzahl. Wenn eine ZM genau eine Marke besitzt, dann werden "vorwärts verzweigte" Stellen zu Konflikten beim Schalten von Transitionen führen; Nebenläufigkeit tritt hier nicht auf.

Ganz andersartig verhalten sich Netze, deren Stellen unverzweigt sind [Ma,GL1,Ra].

Def. 2.8   Ein *Synchronisationsgraph* (abgekürzt SG) ist ein Netz $N = (\mathbb{S}, \mathbb{T}, \mathbb{F})$ mit:

für alle $s \in \mathbb{S}$: $| {}^\bullet s | = | s^\bullet | = 1 \blacklozenge$

Hierbei ist ${}^\bullet s$ als diejenige Transitionsmenge definiert, deren Elemente über Eingangskanten mit s verbunden sind (*Eingangstransitionen von s*); entsprechend ist $s^\bullet$ als diejenige Transitionsmenge definiert, deren Elemente über Ausgangskanten mit s verbunden sind (*Ausgangstransitionen von s*).

Abb. 2.7 stellt ein Beispiel für einen Synchronisationsgraphen dar.

Aufgrund der Definition eines SG (Unverzweigtheit der Stellen) treten beim Schalten von Transitionen keine Konflikte auf, jedoch läßt sich Nebenläufigkeit explizit modellieren, wie am Beispiel von Abb. 2.7 bereits erörtert wurde.

Während die Erreichbarkeitsanalyse einer (verzweigten) ZM unterschiedliche Schaltfolgen erzeugt, gibt es für einen SG "bis auf Nebenläufigkeit" nur eine einzige Schaltfolge: ein SG modelliert eine "Verhaltensweise". Abb. 2.27 illustriert dies an jeweils einem Beispiel.

Abb. 2.27

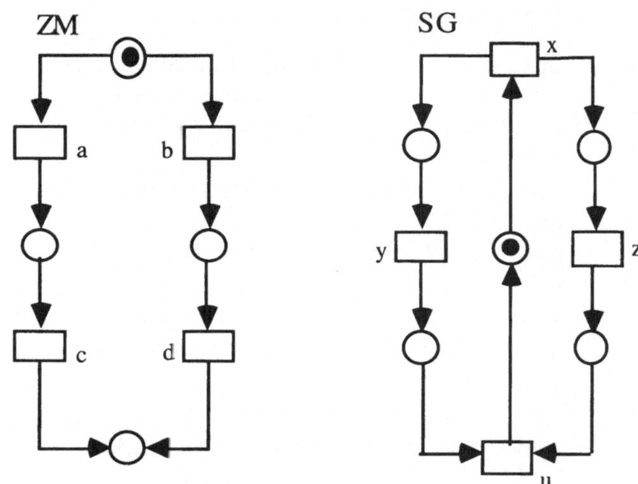

In der ZM in Abb. 2.27 können unter der eingezeichneten Anfangsmarkierung entweder die Transitionen a und nachfolgend c oder die Transitionen b und nachfolgend d schalten.

Wenn in dem SG in Abb. 2.27 die eingezeichnete Anfangsmarkierung durch Schalten der Transition x verlassen wird, dann müssen alle anderen Transitionen (also y, z und u) jeweils einmal schalten, damit die Anfangsmarkierung wieder erreicht wird. Es gibt zwar zwei Schaltfolgen, die diesen Zweck erfüllen, sie unterscheiden sich jedoch nur in der Reihenfolge der Schaltungen von y und z. Dieser Umstand wird als unwichtig angesehen, weil das Schalten der einen Transition die andere nicht beeinflußt. Die Schaltfolgen werden deshalb als gleichwertig angesehen: sie beschreiben das gleiche Verhalten.

Komplexere Netzmodelle entstehen informell oftmals als

- ZM´s, die miteinander kommunizieren oder

- SG´s, die an Stellen aufeinandergelegt ("verklebt") werden [Ha1,Pr2].

Aus der obigen Diskussion läßt sich die Frage nach einer formalen Fassung von (topologischen) Teilen von Netzen ableiten. Unternetze sind Teile von Netzen, die mit je einer Stelle und einer Transition auch die zwischen ihnen gegebenen Kanten enthalten. Genauer gilt:

Def. 2.9   Ein *Unternetz* $U = (\mathbb{S}^*, \mathbb{T}^*, \mathbb{F}^*, \mathbb{V}^*, \mathbb{A}^*)$ eines Netzes $N = (\mathbb{S}, \mathbb{T}, \mathbb{F}, \mathbb{V}, \mathbb{A})$ mit Verbots- und Abräumkanten ist definiert durch

$$\mathbb{S}^* \subset \mathbb{S}, \ \mathbb{T}^* \subset \mathbb{T}, \ \mathbb{F}^* \subset \mathbb{F}, \ \mathbb{V}^* \subset \mathbb{V}, \ \mathbb{A}^* \subset \mathbb{A}$$

mit

- $\mathbb{F}^* = \mathbb{F} \cap ((\mathbb{S}^* \times \mathbb{T}^*) \cup (\mathbb{T}^* \times \mathbb{S}^*))$
- $\mathbb{V}^* = \mathbb{V} \cap (\mathbb{S}^* \times \mathbb{T}^*)$
- $\mathbb{A}^* = \mathbb{A} \cap (\mathbb{S}^* \times \mathbb{T}^*)$. ♦

Ein *durch Stellen definiertes Unternetz* eines Netzes $N = (\mathbb{S}, \mathbb{T}, \mathbb{F}, \mathbb{V}, \mathbb{A})$ ist ein Unternetz mit $\mathbb{S}^* \subset \mathbb{S}$ und

$$\mathbb{T}^* = \{x \in \mathbb{T} \mid \text{es existiert ein } s \in \mathbb{S}^* : (x,s) \in \mathbb{F} \text{ oder } (s,x) \in \mathbb{F} \cup \mathbb{V} \cup \mathbb{A} \}.$$

Beispielsweise definiert die Stellenmenge

$\mathbb{S}^* = \{\text{kopierend, kopierbereit, Papier nachlegen}\}$ in Abb. 2.8 ein Unternetz mit $\mathbb{T}^* = \mathbb{T}$. Dieses Unternetz ist eine ZM.

Ein *durch Transitionen definiertes Unternetz* eines Netzes $N = (\mathbb{S}, \mathbb{T}, \mathbb{F}, \mathbb{V}, \mathbb{A})$ ist ein Unternetz mit $\mathbb{T}^* \subset \mathbb{T}$ und

$$\mathbb{S}^* = \{x \in \mathbb{S} \mid \text{es existiert ein } t \in \mathbb{T}^* : (x,t) \in \mathbb{F} \cup \mathbb{V} \cup \mathbb{A} \text{ oder } (t,x) \in \mathbb{F}\}.$$

Beispielsweise definiert die Transitionsmenge

$\mathbb{T}^* = \{t3\}$ in Abb. 2.8 ein Unternetz mit $\mathbb{S}^* = \{\text{kopierbereit, Papier nachlegen, Papiermagazin}\}$. Das Unternetz ist in Abb. 2.9 dargestellt. Der in Abb. 2.10 dargestellte Teil des Netzes von Abb. 2.8 stellt hingegen kein Unternetz dar.

Ein durch eine Transition $t \in \mathbb{T}$ definiertes Unternetz heißt *Elementarnetz*.

Die kommunizierenden Automaten in Abb. 2.3 suggerieren eine räumliche Anordnung des Netzes: A und B befinden sich an unterschiedlichen - räumlich beliebig weit voneinander getrennten - Orten; ihre Kommunikation stützt sich auf Kommunikationsmedien ab, die diese räumliche Entfernung überbrücken.

Unter räumlicher Verteilung wird in diesem Buch verstanden, daß die einzelnen Systemkomponenten autonom sind und beliebig weit voneinander entfernt sein können. Es gibt keinen gemeinsamen Speicherbereich und Synchronisation der Aktionen der Systemkomponenten findet ausschließlich durch Nachrichtenaustausch über "Kanäle" statt. Ein Kanal läßt sich grob dadurch beschreiben, daß ein Sender ihm eine Nachricht übergibt, die durch die Leistung des Kanals dem Empfänger zugestellt wird. Nachdem der Sender die Nachricht dem Kanal übergeben hat, kann er nicht mehr auf sie zugreifen (etwa um sie "zurückzuholen"). Der Empfänger erhält erst dann Kenntnis von einer Nachricht, wenn der Kanal ihm diese angeliefert hat.

Ein Petrinetz kann intuitiv dadurch verteilt werden, daß man etwa die auf einem Blatt Papier gezeichnete graphische Darstellung "mit einer Schere" zerschneidet und so die einzelnen räumlichen Komponenten erhält. Der Nachteil ist, daß bei dieser Vorgehensweise Stellen, Transitionen und Kanten durchgeschnitten werden: dieses Vorgehen ist nicht präzise und die Deutung derartiger Schnitte nicht einfach. Eine Möglichkeit ein Petrinetz zu verteilen besteht darin, Schnitte so zu wählen, daß nur Stellen durchgeschnitten werden, nicht jedoch Transitionen oder Kanten. Hierdurch werden insbesondere die Transitionen auf die "Schnitt-"Komponenten aufgeteilt.

Ein zur Beschreibung der räumlichen Verteilung geeignetes mathematisches Konzept gemäß dieser Vorgabe ist demnach durch die Partition der Transitionsmenge des Netzes definiert [Pr3,BEPR]. Dieses Vorgehen ist präzise, die Deutung einer "zerschnittenen" Stelle ist einfach.

Eine *Partition* Π *der Transitionsmenge* $\mathbb{T}$ eines Netzes besteht aus Teilmengen $\Pi_i \subset \mathbb{T}$, die Blöcke genannt werden und für die gilt:

- jeder Block ist zu jedem anderen Block disjunkt, d.h. keine Transition kommt in mehr als einem Block vor,

- die Blöcke überdecken $\mathbb{T}$, d. h. jede Transition ist Element eines Blockes.

Beispielsweise stellt für Abb.2.7 die Partition mit $\Pi_1 = \{a,b,c,r\}$ und $\Pi_2 = \{d,e,s\}$ die gewünschte räumliche Trennung dar.

Das durch einen Block Π_i einer Partition der Transitionsmenge $\mathbb{T}$ definierte Unternetz eines Netzes definiert sowohl die innere Struktur einer lokalen Komponente als auch ihren Rand.

Das durch $\Pi_1 = \{a,b,c,r\}$ definierte Unternetz in Abb.2.7 besteht aus der genannten Transitionsmenge, der Stellenmenge {s1,s2,s3,s4,s5,s6,s7} und den zwischen diesen Transitionen und Stellen definierten Kanten. In diesem Unternetz sind s1 bis s5 "interne" Stellen und s6 und s7 "Randstellen". Randstellen sind genau diejenigen Stellen, die "von der Schere" zerschnitten werden.

Allgemein bewirkt die Partition der Transitionsmenge eines Netzes eine Einteilung der Stellen relativ zu einem Block Π_i der Partition:

- Menge der *blockinternen Stellen S-I*:

jede dieser Stellen hat Kanten ausschließlich von/zu Transitionen des Blocks Π_i,

- Menge der *Randstellen S-R*:

jede dieser Stellen hat Kanten sowohl von/zu Transitionen des Blocks Π_i als auch von/zu Transitionen mindestens eines weiteren Blocks,

- Menge der *blockexternen Stellen S-EX*:

keine dieser Stellen hat Kanten von/zu Transitionen des Blocks Π_i.

Eine Transition t eines Blockes Π_i heißt *innere Transition bzgl. Π_i*, wenn sie Kanten ausschließlich von/zu blockinternen Stellen besitzt, andernfalls heißt sie *Randtransition*.

Sei beispielsweise angenommen, daß jeder Block einer Partition ein System kennzeichnet, das durch Schreiben, Senden, Empfangen und Lesen von Briefen mit den anderen Systemen kommuniziert. Eine Randstelle repräsentiert dann etwa den Briefdienst der Post und damit

- einen Briefkasten, in den ein Sender Nachrichten einstellt (Schalten einer entsprechenden Transition),

- eine Übertragungsfunktion, die die Nachricht dem Briefkasten entnimmt und zum Empfänger befördert (fehlerfreie, jedoch nicht notwendig Reihenfolge erhaltende Beförderung) und

- einen Briefkasten beim Empfänger, aus dem von der Post abgelegte Nachrichten entnommen werden können (Schalten einer entsprechenden Transition).

Diese Deutung einer Randstelle im obigen Beispiel setzt allerdings voraus, daß von ihr keine Verbots- oder Abräumkanten ausgehen und daß alle Ausgangstransitionen zu einem Block der gewählten Partition der Transitionsmenge gehören.

Wenn ein Sender einem Empfänger rascher Daten zuschickt, als dieser abnehmen und verarbeiten kann, besteht die Möglichkeit des Datenverlusts. *Flußkontrolle* stellt sicher, daß Sende- und Empfangsgeschwindigkeit der Systeme derart aufeinander abgestimmt werden, daß es zu keiner "Überflutung" des Empfängers kommt.

Ein Beispiel hierzu liefert eine Kette von Personen, die mit Wasser gefüllte Eimer von einem Ort, an dem die Eimer gefüllt werden, zu einem anderen Ort weiterreichen, wo das Wasser zum Löschen eines Feuers gebraucht wird (siehe Abb. 3.1).

Abb. 3.1

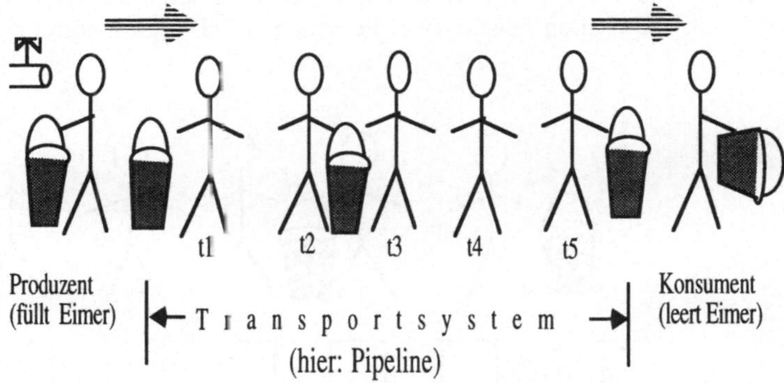

Das Füllen der Wassereimer kann als Produktionsvorgang, ihr Entleeren etwa als Konsumtionsvorgang gedeutet werden. Das Reichen des gefüllten Eimers an die Person t1 kann als Sendevorgang, das Weiterreichen des gefüllten Eimers durch die Person t5 an den Konsumenten als Empfangsvorgang gedeutet werden. Die im Bild gezeigte Kette, bestehend aus den Personen t1 bis t5, bildet ein Transportsystem (hier speziell: Pipeline), dessen sich Produzent und Konsument bedienen.

Abb. 3.2 zeigt einen ersten Versuch, die Pipeline durch ein Netz formal zu modellieren. Jede Person der Kette ist als Transition modelliert; Interaktionsstellen zwischen diesen Personen sind als Stellen modelliert (p12 bis p42). Der Rand der Pipeline ist durch jeweils eine Stelle modelliert: in die im Bild links befindliche Stelle legt der - nicht dargestellte - Produzent gefüllte Wassereimer ab (Interaktion des Produzenten mit der Pipline), in die im Bild rechts befindliche Stelle werden von der Pipeline transportierte gefüllte Eimer abgelegt (Interaktion der Pipeline mit dem - ebenfalls nicht dargestellten - Konsumenten). Die Eimer selbst werden durch Marken in den entsprechenden Stellen repräsentiert. Abb. 3.2 liefert hierfür ein Beispiel.

Wie die Analyse des Netzes unter der in Abb. 3.2 gezeigten Markierung ergibt, findet keine Anpassung der "Sendegeschwindigkeit" an die "Empfangsgeschwindigkeit" statt: auf den Stellen p22 bis p42 können sich jeweils zwei Marken ansammeln. Allgemein gilt, daß sich - in Abhängigkeit von der jeweiligen Anfangsmarkierung - beliebig viele Marken u. a. auf den Stellen p12 bis p42 befinden können. Das bedeutet, daß die Eimerzahl zwischen jeweils zwei Personen beliebig groß sein kann.

Abb. 3.2

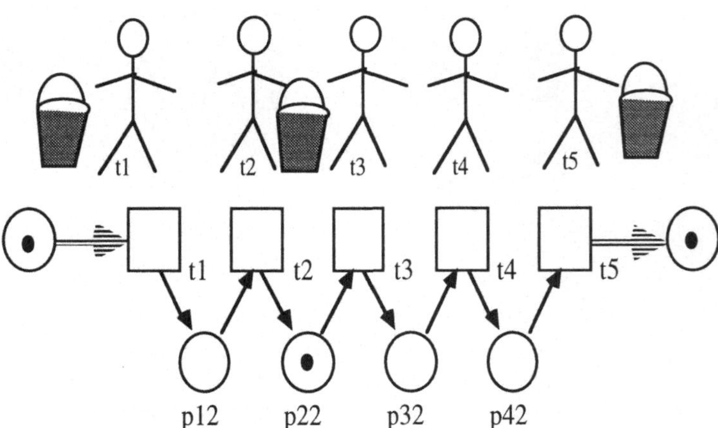

Dieser Defekt soll nun behoben werden: zwischen jeweils zwei Personen soll sich höchstens ein Eimer befinden können. Abb. 3.3 modelliert diesen Sachverhalt.

Abb.3.3

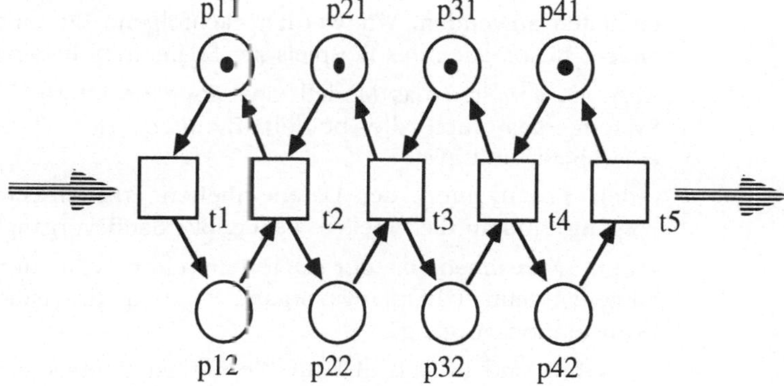

Hier ist ein Netzmodell gegeben, das Flußkontrolle für das Transportsystem (nicht für das gesamte System!) spezifiziert. Mit dieser Flußkontrolle stellt Abb. 3.3 ein Modell einer Pipeline (der Länge 4) dar.

Auch in diesem Netz ist jede Person durch eine Transition modelliert; der Zugriff zu einem Eimer ist jedoch nicht allein an das Vorhandensein eines solchen geknüpft (Marke in Stelle pi2), sondern an die zusätzliche Bedingung, daß die Person bereit ist, einen Wassereimer vom linken Nachbarn entgegenzunehmen (Marke in Stelle pi1).

Wenn diese Bedingung erfüllt ist und wenn ein Wassereimer vom linken Nachbarn angeboten wird, dann schaltet die entsprechende Transition: die Person nimmt dem linken Nachbarn den Eimer ab und bietet ihn dem rechten Nachbarn an, "behält ihn allerdings noch in der Hand".

Wenn die schraffierten Pfeile weggelassen werden, dann stellt die übrig bleibende Struktur ein Netz dar, und zwar einen Synchronisationsgraphen. Dieser SG besteht seinerseits aus vier Zustandsmaschinen, die - als Unternetze - durch die Stellenmengen {pi1,pi2} für i = 1,...,4 definiert sind. Die ZM sind über gemeinsame Transitionen gekoppelt. Da jede ZM nach der in Abb. 3.3

gegebenen Markierung genau eine Marke enthält, "pendelt" beim Schalten diese Marke zwischen pi1 und pi2. Es ist also ausgeschlossen, daß sich mehr als ein Eimer Wasser zwischen zwei Personen befindet.

Dieses Beispiel läßt sich auch auf den Transport von Dateneinheiten anwenden. Wir werden nachfolgend die eine oder die andere Ausprägung des Beispiels zur Erläuterung heranziehen.

Abb. 3.4 erweitert das Modell einer Pipeline informell zu einem System, das auch die beiden Benutzer der Dienstleistung einschließt, und zwar

- den *Produzenten*, der Dateneinheiten erzeugt (Produktionsvorgang) und an die Pipeline weitergibt ("Sendevorgang") und

- den *Konsumenten*, der Dateneinheiten von der Pipeline entgegennimmt ("Empfangsvorgang") und in das Feuer schüttet (Konsumtionsvorgang).

Weiterhin sind in Abb. 3.4 für die beiden Benutzer zwei lokale Zähler XA und XB angedeutet: der Produzent zählt in XA die Anzahl der von ihm erzeugten Dateneinheiten, und der Konsument zählt in XB die Anzahl der von ihm konsumierten Dateneinheiten.

Beide Benutzer interagieren über ihre lokale Schnittstelle (jeweils skizziert durch einen schraffierten Doppelpfeil) mit der Pipeline. Dieser Doppelpfeil wird in der Folge zu einer Stellenkopplung zwischen den beteiligten Komponenten präzisiert. Die unbenannten Stellen in Abb. 3.4 zwischen Produzent und Pipeline sowie Konsument und Pipeline sind ein erster und informeller Schritt in diese Richtung.

Aus Sicht von Produzent und Konsument ist die Art der Diensterbringung uninteressant und den Dienstbenutzern auch in aller Regel nicht bekannt. Lediglich die an der jeweils lokalen Schnittstelle zur Verfügung stehende Funktionalität kann von einem Benutzer in Anspruch genommen werden. Diese Sichtweise läßt sich auch im Erreichbarkeitsgraphen eines markierten Netzes durch die Einführung geeigneter Methoden stützen [EP3,Oc1] (vgl. auch Kap.11-15). Durch Betrachtungen wie diese wird das Problem einer sinnvollen *Funktionsschichtung verteilter Systeme* (als einer speziellen Ausprägung von Abstraktion) aufgeworfen.

Abb.3.4 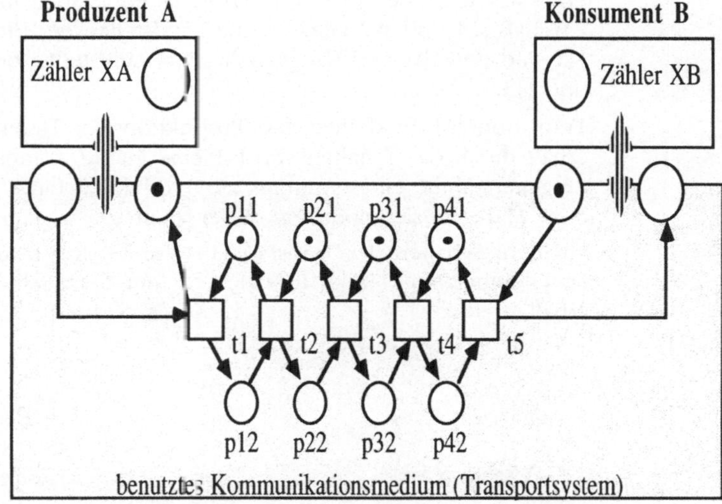

Die Einführung lokaler Schnittstellen führt auf die Frage der *Beobachtbarkeit* von Aktionen in verteilten Systemen, wie nachfolgend in diesem Kapitel noch illustriert werden wird: welche Rückschlüsse kann beispielsweise der Produzent aus der Beobachtung seiner lokalen Schnittstelle auf den Konsumenten ziehen? Die letzte Frage läßt sich für dieses Beispiel auch so fassen: welche Rückschlüsse auf den Zustand des anderen Benutzers kann der Produzent beziehungsweise der Konsument aus seinem eigenen Zählerstand und den an seiner Schnittstelle beobachtbaren Ereignissen (Aufbringen und Abfließen von Marken) ziehen?

Diese Frage läßt sich mit Hilfe eines vollständigen und formalen Modells beantworten. Die Schnittstellenbeschreibung und auch die Behandlung der Zähler in Abb. 3.4 ist vom formalen Standpunkt aus ungenügend, da das Benutzerverhalten nicht spezifiziert ist. Abb. 3.5 liefert die geforderte Formalisierung des Verhaltens der Benutzer und ermöglicht eine genaue Beschreibung der an den Schnittstellen vorkommenden Markierungsfolgen.

Wie ersichtlich, besteht das Modell aus drei Funktionsteilen: dem Produzenten, dem Konsumenten und dem benutzten Kommunikationsmedium (Pipeline). Formal werden diese drei Teile durch die Partition Π der Transitionsmenge in die Blöcke $\Pi1 = \{ta1,ta2\}$,

$\Pi 2$ = {tb1,tb2} und $\Pi 3$ = {t1,...,t5} gebildet. Es folgt nach Abschnitt 2.6, daß sa1 und sa2 gemeinsame Randstellen der Blöcke $\Pi 1$ und $\Pi 3$ sind und sb1 und sb2 gemeinsame Randstellen der Blöcke $\Pi 2$ und $\Pi 3$.

Transition ta1 modelliert die Produktion der Dateneinheit (sa1 erhält durch das Schalten von ta1 eine Marke), Transition ta2 die Entgegennahme eines Auftrags zur Produktion einer Dateneinheit (eine Marke in sa2 modelliert diesen Auftrag).

Mit dem Schalten der Transition tb1 fordert der Konsument eine Dateneinheit an (Marke in sb1) und mit dem Schalten von tb2 erhält er sie.

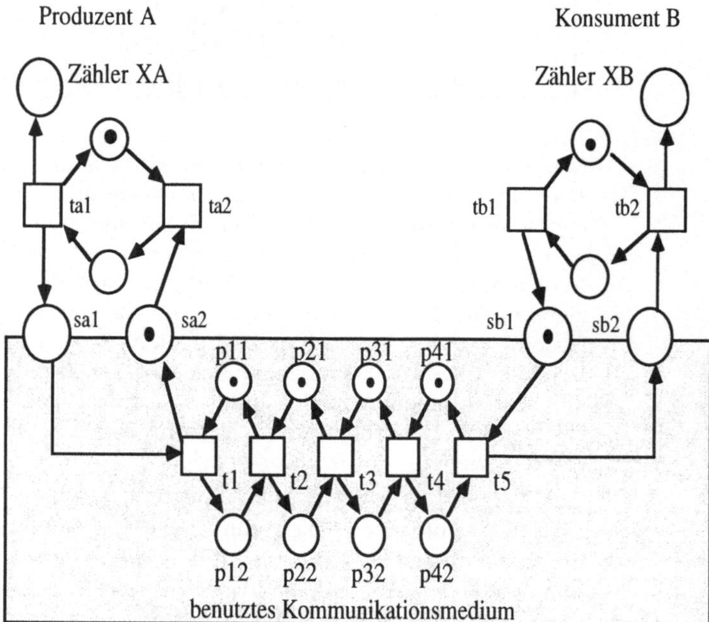

Wie dem Modell weiter zu entnehmen ist, sind mit der Produktion und Konsumtion von Datenneinheiten Zähler verknüpft; in Stelle XA werden die produzierten Dateneinheiten über die Markierung

gezählt und in Stelle XB die insgesamt konsumierten Dateneinheiten.

Ist M die aktuelle Markierung des Netzes, so beschreiben M(XA),
M(XB) und M(XA) - M(XB) der Reihe nach die Anzahl der
produzierten Dateneinheiten, die Anzahl der konsumierten Dateneinheiten und ihre Differenz.

M(XA) - M(XB) liefert ein Maß für den modellierten Schlupf. Unter
der in Abb. 3.5 angegebenen Anfangsmarkierung gilt M(XA) =
M(XB) = 0. Die Erreichbarkeitsanalyse des Netzes unter dieser
Anfangsmarkierung zeigt, daß für alle ermittelten Folge-
markierungen M(XA) - M(XB) ≤ 6 gilt. Da es für die Belegung der
beiden Zähler XA und XB mit Marken keine obere Schranke gibt,
bricht die Analyse nicht ab. Derartige Betrachtungen führen auf
das Problem einer geeigneten *Faltung des Systemverhaltens* [Ec].

Der hier modellierte Schlupf hängt von der Kapazität der Pipeline
und der beiden Schnittstellen ab. Besteht in der Deutung des
Beispiels mit den Wassereimern die Pipeline aus n Personen, so
können sich maximal n-1 gefüllte Eimer in der Pipeline selbst
befinden. Zusätzlich kann sich ein Eimer auf jeder der beiden
Schnittstellen befinden.

Zur Vermeidung des Nicht-Abbrechens der Erreichbarkeitsanalyse
kann sich der Modellierer im vorliegenden Fall eines "Tricks"
bedienen, der im Weglassen der beiden Zählerstellen XA und XB
besteht. Statt dessen wird eine Zählerstelle XA-XB eingeführt, wie
sie in Abb. 3.6 dargestellt ist. Der Produzent erhöht mit jeder
produzierten Dateneinheit die Markenzahl dieses Zählers um eins
und der Konsument erniedrigt mit jeder konsumierten Dateneinheit die Markenzahl dieses Zählers um eins. Die Schalt-
bedingungen für den Produzenten haben sich durch diesen Trick
nicht verändert, jedoch ist für den Konsumenten eine neue
Bedingung hinzugekommen: er kann keine Dateneinheit konsumieren, die nicht zuvor produziert worden ist.

Durch die Zählerstelle XA-XB wird im Beispiel die Endlichkeit der
Erreichbarkeitsanalyse sichergestellt. Nach Einführung des Zählers
läßt sich eine Zustandsmaschine als Unternetz im geänderten
Modell festmachen, die durch die Stellenmenge {XA-XB, v2, sb1,
p41, p31, p21, p11, sa2, e2} definiert ist. Diese ZM enthält unter
der Anfangsmarkierung sechs Marken. Da sich für alle Nachfolgemarkierungen an dieser Markenzahl für die ZM nach Abschnitt 2.6
nichts ändert, können sich in der Stelle XA-XB maximal sechs

Marken befinden. Zu beachten ist jedoch, daß diese Aussage keine
Rückschlüsse auf das in Abb. 3.5 gegebene Modell erlaubt.

Abb.3.6

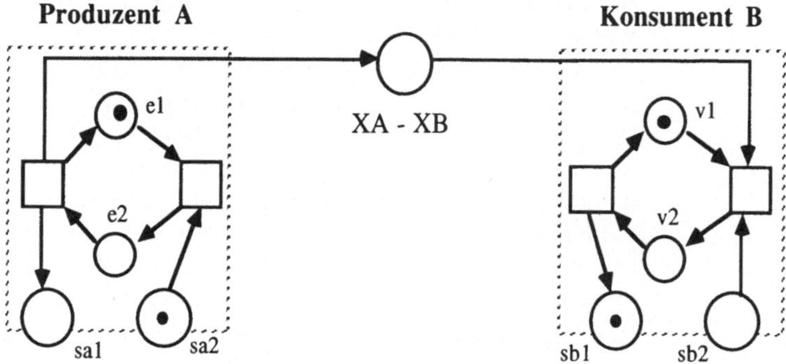

Im Gegensatz zu den Zählern XA und XB ist der Zähler XA-XB im
allgemeinen nicht implementierbar, weil vorausgesetzt wird, daß A
und B nicht über ein gemeinsames Gedächtnis verfügen und
lediglich über den Austausch von Nachrichten miteinander
kommunizieren können: damit wird der Wissensstand von
Produzent und Konsument im allgemeinen differieren.

Wenn das bisher benutzte Kommunikationsmedium durch das in
Abb. 3.7 modellierte Netz ersetzt wird, dann bleibt zwar nach wie
vor die Ungleichung $M(XA) - M(XB) \leq 6$ gültig, jedoch sichert der
Diensterbringer keine *Reihenfolgeerhaltung* mehr zu (Fluß-
kontrolle ohne Reihenfolgeerhaltung). Das mag beim Transfer von
Wassereimern weniger wichtig sein, in vielen Fällen wird ein
Benutzer auf diese Eigenschaft des Diensterbringers jedoch Wert
legen, beispielsweise im Fall eines Dateitransfers, wenn die Datei
mit Hilfe mehrerer Dateneinheiten vom Produzenten zum
Konsumenten übertragen wird.

Im Gegensatz zu dem in Abb. 3.7 gezeigten Transportsystem ist das
in Abb. 3.3 modellierte Transportsystem Reihenfolge erhaltend.
Das läßt sich wie folgt zeigen: Ein Vertauschen der Reihenfolge
zweier "Transporteinheiten" (Dateneinheiten oder Wassereimer) in
der Pipeline setzt voraus, daß beide Einheiten gleichzeitig auf
eine der Stellen p12 bis p42 zu liegen kommen. Wie weiter vorne
in diesem Kapitel bereits festgestellt wurde, ist das nicht möglich,

weil jede durch die Stellen pi1 und pi2 modellierte Speicherzelle i
eine ZM darstellt, die für alle aus der Anfangsmarkierung (Abb.
3.3) erreichbaren Nachfolgemarkierungen genau eine Marke
enthält (die Speicherzelle i ist frei, dann liegt eine Marke in pi1
oder sie ist belegt, dann liegt eine Marke in pi2). Wenn an den
Schnittstellen zwischen Benutzern und Erbringer die Übergabe
von Nachrichten wie in Abb. 3.5 modelliert ist (wozu auch der
jeweilige Benutzer beiträgt!), dann erhält B die Nachrichten in der
Reihenfolge, in der A diese dem Diensterbringer übergibt.

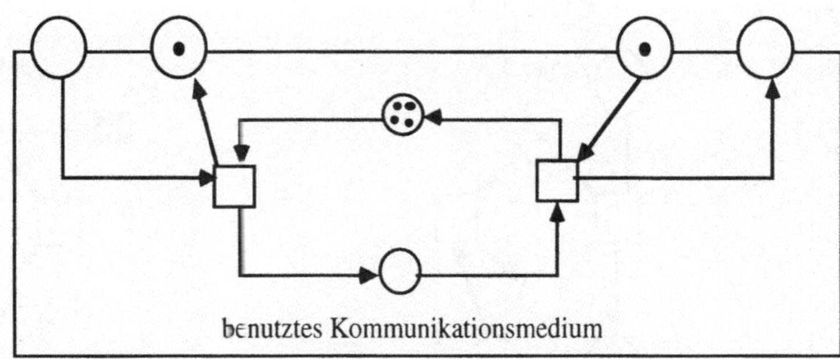

Abb.3.7

Die bisherige Diskussion zeigt an zwei Punkten einen Bedarf zur
Erweiterung des Beschreibungsmittels auf: zum einen sollte eine
Pipeline beliebiger Länge ohne Veränderung der Netztopologie
darstellbar sein [EP5] und zum anderen sollten die transportierten
Dateneinheiten numeriert werden können: so ließe sich direkt aus
der Erreichbarkeitsanalyse ablesen, ob Reihenfolgen erhalten
bleiben oder nicht. Produktnetze gestatten derartige Modellie-
rungen (vgl. Kap. 6).

Bislang wurde Fehlerfreiheit für die beteiligten Komponenten
angenommen. In realen Systemen wird damit zu rechnen sein, daß
die beteiligten Komponenten fehlerbehaftet sind.

Als Beispiele hierfür sind in Abb. 3.8 drei - willkürlich heraus-
gegriffene - Fehlermöglichkeiten mit den Transitionen F1, F2 und
F3 modelliert. F1 liefert ein Beispiel für Datenverlust im
Diensterbringer, F2 für Datenverlust an der Schnittstelle zwischen
Benutzer und Erbringer (z. B. Verlust durch Überschreiben von
Empfangspuffern in nicht flußkontrollierten Übertragungsdiensten)
und F3 für Fehlverhalten eines Benutzers (z. B. Benutzerprozeß

abgebrochen). In der Deutung des Beispiels mit den Wassereimern modelliert F1 den Fall, daß ein Wassereimer bei der Übergabe von Person t4 nach t5 fallengelassen wird und damit verloren geht; F2 modelliert das gleiche für die Übergabe des Eimers zwischen Person t5 und dem Konsumenten; das Schalten von F3 bedeutet, daß der Konsument nicht mehr in der Lage ist, gefüllte Eimer anzufordern und nachfolgend angebotene Wassereimer entgegenzunehmen.

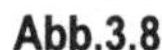

Abb.3.8

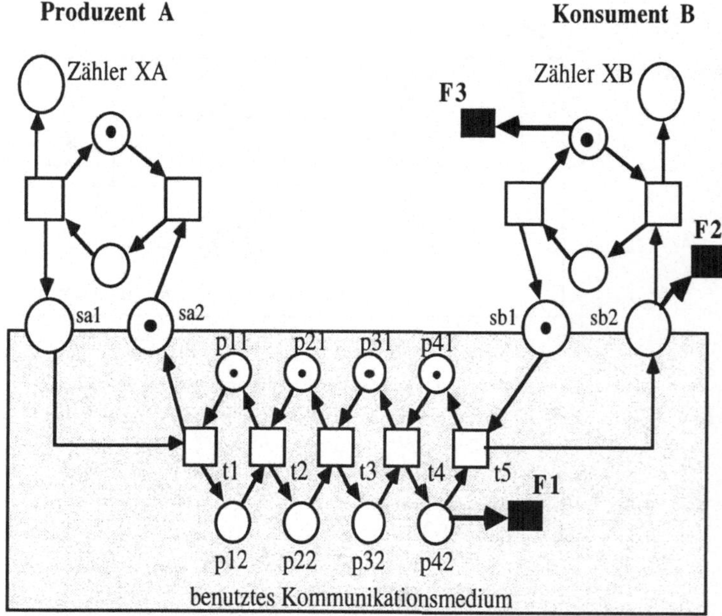

Aus der Sicht des gesamten Modells läßt sich in jeder Situation feststellen, welche Transition gerade geschaltet hat (beispielsweise F1). Aus Sicht des Produzenten etwa ist das nicht der Fall: Abb. 3.9 zeigt die Sichtweise des Produzenten. Es besteht ein gravierender Unterschied zwischen dem Wissen des Produzenten und dem Wissen desjenigen, der das gesamte Modell der Abb. 3.8 vor Augen hat:

- letzterer kann das Schalten sämtlicher Transitionen verfolgen und weiß, daß es zum Systemstillstand kommen wird, wenn eine der drei Fehlertransitionen geschaltet hat (nicht notwendigerweise unmittelbar nach dem Schalten einer Fehlertransition),

- ersterer wird wie im Fall des Modells von Abb. 3.5 auf eine Marke in sa2 warten, jedoch niemals erfahren, ob er vergeblich wartet.

Die in der obigen Betrachtung geschilderte Fehlersituation stellt eine Standardsituation für verteilte Systeme dar [Pr2]. Wie das Beispiel zeigt, können also gewisse Fehler nur durch globale Analyse aufgedeckt werden. Die Behandlung dieser Standardsituation erfolgt in den Kapiteln 13 und 15.

Im obigen Fall wird das in Abb. 3.8 gegebene System zu erweitern sein, um das Unwissen des Produzenten zu beheben (oder wenigstens zu verringern).

Das kann auf unterschiedliche Weisen geschehen, z. B.:

- der Produzent erhält vom Kommunikationsmedium eine Fehlermeldung und das Kommunikationsmedium behebt den Fehler (falls dieser überhaupt behebbar ist - beispielsweise kann das Kommunikationsmedium nicht die Folgen des Schaltens von F3 beheben!) oder behebt ihn nicht,

- der Produzent erhält keine Fehlermeldung, jedoch behebt das Kommunikationsmedium den Fehler.

Der Produzent kann nicht immer mit einer Fehlermeldung rechnen: vorsichtshalber wird er seine Geduld im Fall des Ausbleibens der gewünschten Reaktion nicht beliebig groß ansetzen, sondern Aktionen an seiner Schnittstelle zeitlich überwachen (Einführen von Timern). Zu beachten ist, daß mit Ablauf eines Timers nicht zwingend geschlossen werden kann, daß tatsächlich ein Fehler aufgetreten ist (vgl. Kap.8); ähnliches gilt oft auch für Fehlermeldungen (vgl. Kap.10).

In realen Systemen wird oft nicht ohne weiteres feststellbar sein, ob ein Fehler aufgetreten ist (Problem der *Fehlererkennung*). Die Behebung erkannter Fehler wird zum Ziel haben, daß diejenigen Verhaltensweisen des Systems, die als gewünscht angesehen werden, nach der Fehlerbehebung wieder einnehmbar sind (Problem der *Fehlerbehebung*). Wenn beispielsweise das in Abb. 3.8 gegebene Modell in geeigneter Weise um Fehlerbehebungsfunktionen ergänzt wird, dann sollte nach Auftreten eines

Fehlers und nach dessen Behandlung das in Abb. 3.5 spezifizierte "Normalverhalten" wieder möglich sein. In Kap.10 wird ein derartiges Problem diskutiert.

Abb.3.9

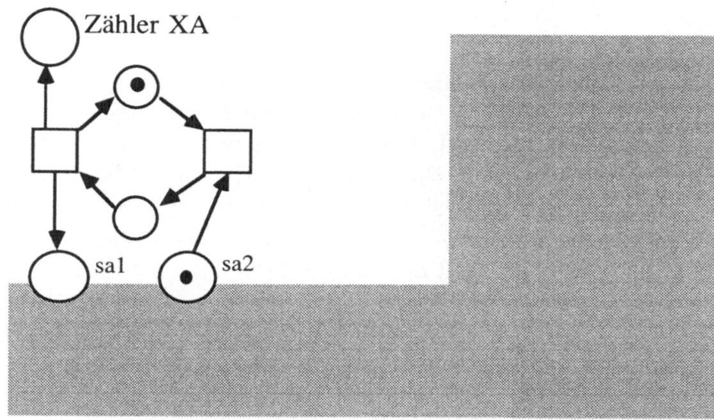

Netzmodellierungen von Pipelines wurden u. a. in [Ma] betrachtet. Funktionsschichtungen verteilter Systeme waren ein zentrales Ergebnis der Normungsbemühungen der 70´er und 80´er Jahre, die zum OSI-Referenzmodell führten [Is1]. Der dort eingeführte Begriff des (in diesem Kapitel intuitiv verwendeten) Dienstzugangspunkts zwischen Dienstbenutzer und Diensterbringer unterscheidet sich von den Schnittstellenbeschreibungen, die etwa für die Zulassung von Endgeräten an öffentlichen Netzen von Bedeutung sind: letztere beschreiben Schnittstellen zwischen Systemen, erstere Schnittstellen innerhalb lokaler Systeme. Die Modellierung von Fehlerfällen und deren Behandlung in Netzdarstellungen von Kommunikationsprotokollen wurde an Beispielen u. a. in [Po] und [Pr1] aufgezeigt.

4 Auf- und Abbau von Verbindungen

Kooperationspartner haben die Notwendigkeit von Zeit zu Zeit oder auch permanent Informationen auszutauschen, um den Gegenstand ihrer Kooperation in abgestimmter Weise einem Ziel entgegenzuführen: wenn kein Informationsaustausch notwendig ist, dann wollen wir nicht von Kooperation reden. Räumlich voneinander getrennte Kooperationspartner werden für den Informationsaustausch auf geeignete Kommunikationsmedien (z. B. den Telefondienst) zurückgreifen.

Die Inanspruchnahme von Kommunikationsdienstleistungen ist an Voraussetzungen gebunden, die Teilnahme (z. B. Berechtigung) und korrekten Umgang (z. B. korrekte Benutzung eines Telefons) regeln. Letzteres hat auch etwas zu tun mit der Art der Dienstleistung. Ein Klassifikationsmerkmal besteht darin, daß das Kommunikationsmedium einen verbindungslosen Dienst zur Verfügung stellen kann (z. B. Briefverkehr) oder einen verbindungsorientierten Dienst (z. B. Telefondienst).

In beiden Fällen wird der Transport von Information Regeln genügen müssen, nach denen der Anbieter der Dienstleistung (z. B. die Post) intern seine diesbezüglichen Aktivitäten organisiert. Teile dieser Regeln sind in Form von *Kommunikationsprotokollen* gefaßt.

Im Fall einer verbindungsorientierten Dienstleistung gliedert sich die Kommunikation in drei Phasen, nämlich in Verbindungsaufbau, Datenphase und Verbindungsabbau. Ein diesbezügliches Protokoll ist dementsprechend in Auf-Abbauprotokoll und Datenphasenprotokoll gegliedert. In diesem Kapitel wird ein Protokoll zum Auf- und Abbau von Verbindungen zwischen Kooperationspartnern behandelt, jedoch kein Datenphasenprotokoll.

Abb. 4.1 zeigt die Grobstruktur der Kooperation zwischen A und B. Die Kooperationspartner bedienen sich der Dienste (senkrechte Doppelpfeile) eines unterlagerten Kommunikationsmediums. Nach der oben geführten Diskussion skizziert ein Doppelpfeil die Regeln, nach denen ein Kooperationspartner mit dem Kommunikationsmedium umgeht.

Abb. 4.1

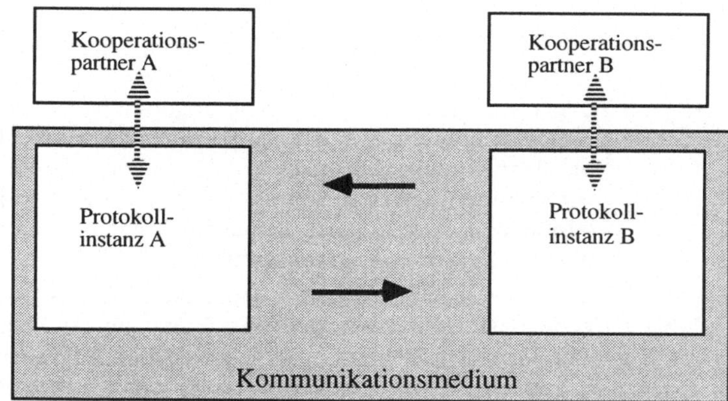

Die interne Organisation der Aktivitäten des Kommunikationsmediums ist in Abb. 4.1 dadurch sichtbar gemacht, daß das benutzte Auf-Abbauprotokoll in zwei lokale Anteile zerlegt ist, die Instanzen genannt werden. Die Kommunikation zwischen diesen Instanzen ist durch die waagrechten Pfeile skizziert. Kooperationspartner A greift auf Funktionen der Protokollinstanz A zu und Kooperationspartner B auf solche der Instanz B.

Nachfolgend werden die Protokollinstanzen A und B spezifiziert, nicht jedoch die Kooperationspartner.

4.1   Protokollstrukturen

Das Protokoll besteht aus den Protokollinstanzen A und B und soll folgende Annahmen formal fassen:

• für die Verbindungsaufbauphase

- nur A darf einen Verbindungsaufbau initiieren; B kann dem Aufbauwunsch entsprechen oder ihn ablehnen,

- A darf unmittelbar nach Einleitung des Verbindungsaufbaus von sich aus Abbaumaßnahmen einleiten,

- es werden nur Verbindungen nach B aufgebaut (keine Behandlung von Adressierung),

- Es können immer wieder von A ausgehende Verbindungswünsche behandelt werden,

• für die Datenphase

- sie wird weggelassen, da sich das Modell auf Probleme des Auf- und Abbaus einer Verbindung beschränkt (es wird im nachfolgend spezifizierten Protokoll jedoch skizziert, wo Datenphasenprotokolle "einzuhängen" sind),

• für die Abbauphase

- A und B können den Abbau der Verbindung initiieren,

- das unterlagerte Kommunikationsmedium löst die Verbindung nicht auf.

Abb. 4.2

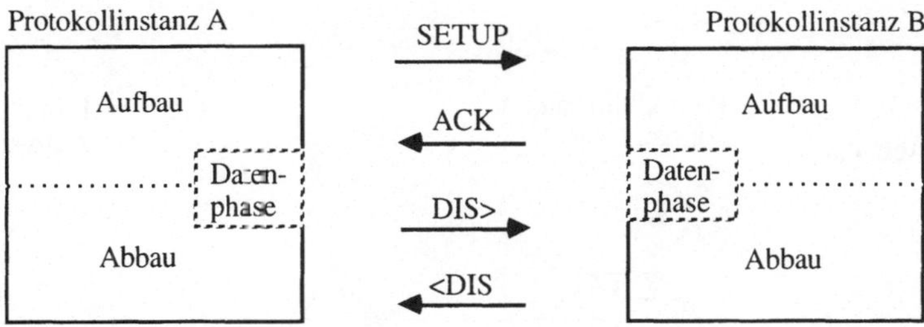

Die beiden Instanzen benutzen zum Aussenden und Empfangen von Nachrichten ihrerseits eine unterlagerte Dienstleistung. Von dieser wird angenommen, daß sie fehlerfrei ist: es tritt weder Datenverlust noch Datenverfälschung oder Verdopplung auf. Deswegen sind im Protokoll keine Fehlererkennungs- und Behebungsmechanismen vorgesehen. Weiterhin sind keine Mechanismen zur Flußkontrolle und zur Reihenfolgeerhaltung der Nachrichten zwischen A und B modelliert.

Nach Abb. 4.2 besteht das Protokoll demnach aus zwei Phasen, der Aufbau- und der Abbauphase, die sich in ihrem Ablauf überlappen können; die Datenphase ist zusätzlich angedeutet. Für die Aufbauphase sind die Nachrichtentypen SETUP (von Instanz A nach B) und ACKnowledge (von Instanz B nach A) definiert, für die Abbauphase der Nachrichtentyp DISconnect (in beiden Richtungen und je nach Richtung DIS> bzw. <DIS genannt).

Das Protokoll für die Aufbauphase (Abb. 4.3) besteht aus einem einfachen Handshake: ein Verbindungsaufbauwunsch von A wird der Instanz B durch eine SETUP-Nachricht signalisiert, die Zustimmung von B wird der Instanz A durch eine ACKnowledge - Nachricht mitgeteilt.

Die Stellen A1, A2 und A4 bezeichnen der Reihe nach Grundzustand, Wartezustand in der Aufbauphase und Datenphasenzustand der lokalen Protokollinstanz A. Ebenso bezeichnen B1, B3 (Zwischenzustand) und B4 entsprechende Zustände der Instanz B.

Transition TA1 leitet den Verbindungsaufbau ein, TB1 nimmt den Aufbauwunsch entgegen, TB2 quittiert den Aufbauwunsch positiv und TA2 nimmt die positive Quittung entgegen. Instanz B befindet sich nach dem Schalten der Transition TB2 in der Datenphase und Instanz A nach dem Schalten der Transition TA2.

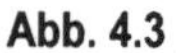

Abb. 4.3

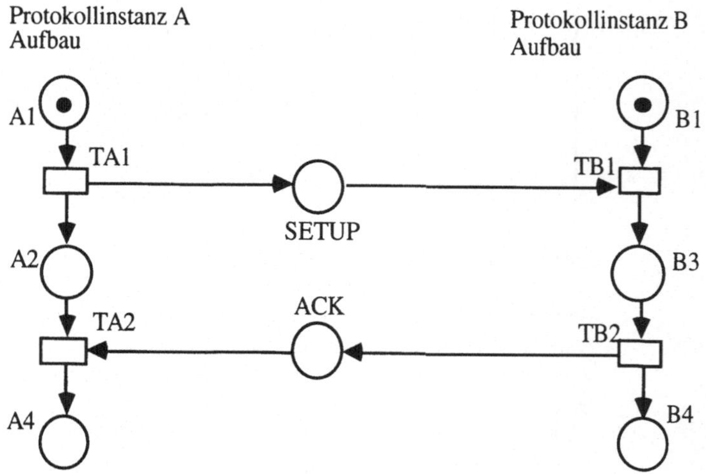

Das Protokoll der Abbauphase (Abb. 4.4) besteht aus zwei identischen lokalen Bausteinen (gestrichelte Rechtecke) - die ebenfalls einen Handshake modellieren - und wird sowohl für den Abbau einer Verbindung aus der Datenphase heraus als auch für den Abbau in der Aufbauphase verwendet.

Abb. 4.4

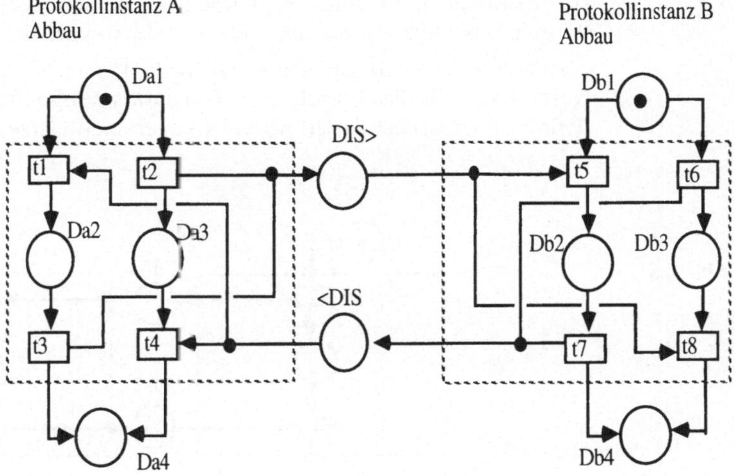

Die Stellen Da1, Da2 und Da3 bezeichnen der Reihe nach Aktivierungszustand für den Abbau, Zwischenzustand nach Empfang einer Abbaunachricht und Wartezustand nach Aussenden einer Abbaunachricht der lokalen Protokollinstanz A. Ebenso bezeichnen Db1, Db2 und Db3 entsprechende Zustände der Instanz B. Die Stellen Da4 und Db4 sind Endzustände nach erfolgtem Disconnect-Handshake. Der Disconnect-Handshake besteht aus Sicht jeder Instanz aus dem Aussenden und dem Empfangen jeweils einer DIS Nachricht, wobei die Reihenfolge von Senden und Empfangen unerheblich ist.

Drei Verhaltensweisen V1, V2 und V3 lassen sich nach Abb. 4.4 für den Abbau identifizieren:

- V1: Transition t2 leitet den Verbindungsabbau durch A ein, t5 nimmt den Abbauwunsch entgegen, t7 quittiert den Abbauwunsch und t4 nimmt die Abbaubestätigung entgegen.

- V2: Transition t6 leitet den Verbindungsabbau durch B ein, t1 nimmt den Abbauwunsch entgegen, t3 quittiert den Abbauwunsch und t8 nimmt die Abbaubestätigung entgegen.

- V3: Transitionen t2 und t6 leiten den Verbindungsabbau ein (Kollisionsfall), t4 und t8 betrachten den Abbauwunsch des Partners als Quittung für den eigenen Abbauwunsch.

Abb. 4.5 zeigt als Beispiel das zur Verhaltensweise V1 gehörende Netz. Es stellt das durch die Transitonsmenge {t2, t4, t5, t7} definierte Unternetz des in Abb. 4.4 gegebenen Netzes dar.

Abb. 4.5

V 1

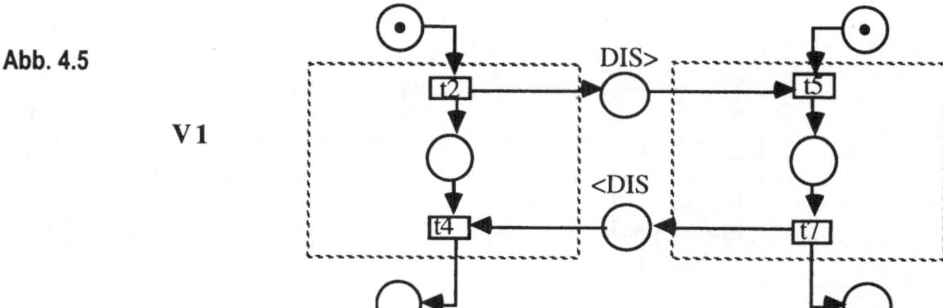

In gleicher Weise lassen sich die Verhaltensweisen V2 und V3 darstellen.

4.2   Komposition des Protokolls aus Teilstrukturen

Jede der beiden Protokollinstanzen besteht im Prinzip aus seiner Aufbau- und seiner Abbaustruktur (Abb. 4.6). Die bloße Aneinanderreihung der in den Abb. 4.3 und Abb. 4.4 definierten Strukturen würde jedoch nicht erlauben, daß B einen Aufbauwunsch von A ablehnt oder daß A nach Aussenden des SETUP bereits Abbaumaßnahmen einleitet.

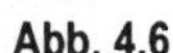

Abb. 4.6

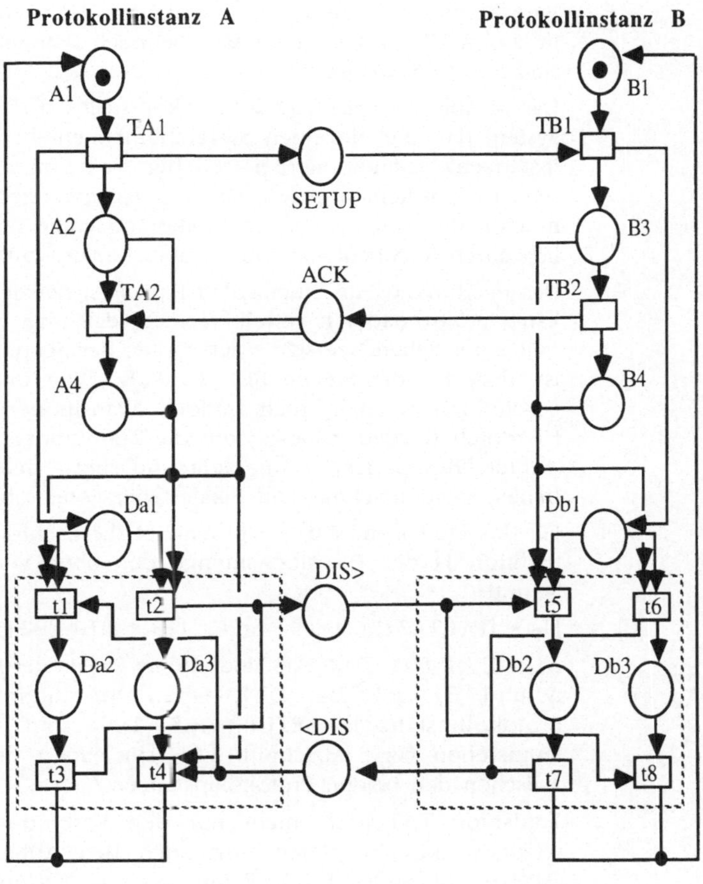

Um alle in Abschnitt 4.1 geforderten Eigenschaften im Gesamtmodell der Abb. 4.6 wiederfinden zu können, ist es notwendig, daß jede Protokollinstanz mit der ersten einer Verbindung zugeordneten Aktion die Funktionalität des Abbaus aktiviert: A aktiviert mit Aussenden des SETUP seine Abbaufunktionen (Marke nach Stelle Da1) und B mit Empfang des SETUP (Marke nach Db1). Das Schalten einer Transition der Abbauphase "saugt" über Abräumkanten alle für sie erreichbaren Marken ab.

Eine Marke in Stelle A4 (B4) bedeutet, daß sich die Protokollinstanz A (B) in der Datenphase befindet: Datenphasenprotokolle sind hier "einzuhängen".

Das in Abb. 4.6 spezifizierte Protokoll stellt ein räumlich verteiltes System dar; die einzelnen Systemkomponenten (hier: Protokollinstanzen) können hierbei beliebig weit voneinander entfernt sein. Es gibt keinen gemeinsamen Speicherbereich, und Synchronisation der Aktionen der Systemkomponenten findet ausschließlich durch Nachrichtenaustausch über Kanäle statt.

Das in Abb. 4.6 "auf einem Blatt Papier" spezifizierte Produktnetz kann intuitiv dadurch verteilt werden, daß man das Blatt Papier "mit einer Schere" zerschneidet, wobei der Schnitt so zu wählen ist, daß nur die Stellen SETUP, ACK, DIS> und <DIS durchgeschnitten werden, nicht jedoch Transitionen oder Kanten. Hierdurch werden insbesondere die Transitionen auf die beiden "Schnitt-"Komponenten aufgeteilt und sind - in einem späteren Implementationsschritt - auf lokale Operationen abbildbar.

Für das Modell in Abb. 4.6 beschreibt die nachfolgend gegebene Partition Π der Transitionsmenge den oben veranschaulichten Schnitt:

$$\Pi A = \{TA1, TA2, t1, t2, t3, t4\} \quad \text{und} \quad \Pi B = \{TB1, TB2, t5, t6, t7, t8\}.$$

A1, A2, A4, Da1, Da2, Da3 sind interne Stellen der Protokollinstanz A und B1, B3, B4, Db1, Db2, Db3 interne Stellen der Protokollinstanz B. SETUP, ACK, DIS> und <DIS sind die Randstellen (vgl. Abschnitt 2.6); sie bilden die Schnittstelle zwischen den beiden Protokollinstanzen.

Transition TA1 leitet nicht nur den Verbindungsaufbau ein, sondern aktiviert gleichzeitig auch den Abbaumechanismus (Marke auf Stelle Da1). Damit ist das "Stoppen" des eben begonnen Aufbaus (Schalten der Transition t2) modelliert. TB1 nimmt nicht nur den Aufbauwunsch entgegen, sondern aktiviert auch den Abbaumechanismus der Instanz B (Marke auf Stelle Db1). Die Instanz B kann anschließend durch das Schalten von TB2 die Verbindung annehmen oder durch das Schalten von t6 die Verbindung ablehnen.

Da die Aktivierung des Abbaumechanismus nicht bedeutet, daß eine der dortigen Transitionen schalten muß, ist der Austausch beliebiger Folgen von Benutzerdaten in der Datenphase zulässig (das ist in Abb. 4.6 jedoch nicht modelliert). Der Abbau aus der Datenphase heraus erfolgt in gleicher Weise.

Da für Instanz A Abräumkanten sowohl von A2 als auch von A4 nach t1 bzw. t2 führen, ist die Phase, in der sich die Protokollinstanz befindet (Aufbau- oder Datenphase), für den Disconnect-Baustein unwesentlich. Entsprechendes gilt für Instanz B.

Wie die Transitionsfolge [TA1,TB1,TB2,t2] zeigt, kann eine Marke auf der Stelle ACK ohne Einführung entsprechender Abräumkanten liegenbleiben. Die Abräumkanten (ACK,t1), (ACK,t2) und (ACK,t4) dienen dem Zweck, eine evtl. vorhandene ACK-Nachricht abzuräumen und so an die nachfolgende Disconnect-Nachricht zu gelangen.

Zusammenfassend läßt sich dem Modell also entnehmen: die Transitionen t1,t2 und t4 räumen die Stellen A2,A4 und ACK ab; die Transitionen t5 und t6 räumen die Stellen B3 und B4 ab.

Die Verwendung von Abräumkanten oder Verbotskanten für Randstellen in Protokollspezifikationen ist nicht unproblematisch. Beispielsweise sollte vermieden werden, bereits ausgesendete Nachrichten mittels Abräumkanten "zurückzuholen". In realen Kommunikationsnetzen kann eine ausgesendete Nachricht das sendende System bereits verlassen haben. Sie ist dann nicht mehr zurückzuholen. Eine Abräumkante auf "sendende" Randstellen ist dann nicht zu realisieren. Entsprechendes gilt für Verbotskanten. Die vorliegende Spezifikation berücksichtigt dieses Problem.

4.3 Analyse des Protokolls

4.3.1 Erreichbarkeitsanalyse

In diesem Abschnitt werden die Schaltfolgen des in Abb. 4.6 gegebenen Modells unter der dort gezeigten Anfangsmarkierung M0 betrachtet, die wie folgt definiert ist:

M0(A1) = M0(B1) = 1 und M0(x) = 0 für alle anderen Stellen x.

Unter M0 ist nur Transition TA1 aktiviert (Initiierung eines Verbindungsaufbaus). Durch das Schalten von TA1 entsteht die Nachfolgemarkierung M1 mit:

M1(A2) = M1(Da1) = M1(SETUP) = M1(B1) = 1   und M1(x) = 0 für alle anderen Stellen x.

Im Zustand M1 sind die beiden Transitionen TB1 (Entgegennahme des Aufbauwunsches) und t2 (Abbruch des Aufbaus durch den Initiator) aktiviert. Durch das Schalten von TB1 entsteht aus der Markierung M1 die Nachfolgemarkierung M2 mit:

M2(A2) = M2(Da1) = M2(B3) = M2(Db1) = 1   und M2(x) = 0 für alle anderen Stellen x.

Durch das Schalten von t2 entsteht aus der Markierung M1 die Nachfolgemarkierung M3 mit:

M3(Da3) = M3(SETUP) = M3(DIS>) = M3(B1) = 1   und M3(x) = 0 für alle anderen Stellen x.

Sämtliche aus M0 erreichbaren Markierungen und möglichen Schaltfolgen sind im Erreichbarkeitsgraphen der Abb. 4.7 angegeben. Wenn sich im Erreichbarkeitsgraph eine Markierung wiederholt, wird dies durch Einrahmen der entsprechenden Markierung in ein Rechteck (statt in einem Kreis) graphisch hervorgehoben. Wie man ohne Schwierigkeiten sieht, ist die Markierung M0 von jeder Markierung aus erreichbar.

Es folgen einige Bemerkungen zu ausgewählten Markierungen des Erreichbarkeitsgraphen:

• Im Zustand M2 kann TB2 schalten (es entsteht Markierung M4), wodurch sich Instanz B in der Datenphase befindet und im Zustand M4 kann TA2 schalten (es entsteht Markierung M8), wodurch sich auch Instanz A in der Datenphase befindet.

• Der Abbau der Verbindung aus der Datenphase beider Instanzen (M8) wird von Instanz A durch t2 (es entsteht Markierung M15) und von Instanz B durch t6 (es entsteht Markierung M16) eingeleitet.

Beide Instanzen können aber den Abbau bereits vor dem Schalten von TA2 - also im Zustand M4 - einleiten: auch für M4 sind t2 und t6 aktiviert und ihr Schalten führt zu M9 (wobei t2 die Marke von der Stelle ACK abräumt) bzw. M10.

Noch einen Schaltschritt früher können beide Instanzen den Abbau im Zustand M2 initiieren: auch hier sind t2 und t6 aktiviert und ihr Schalten führt zu M5 und M6 u. s. w.

Abb. 4.7

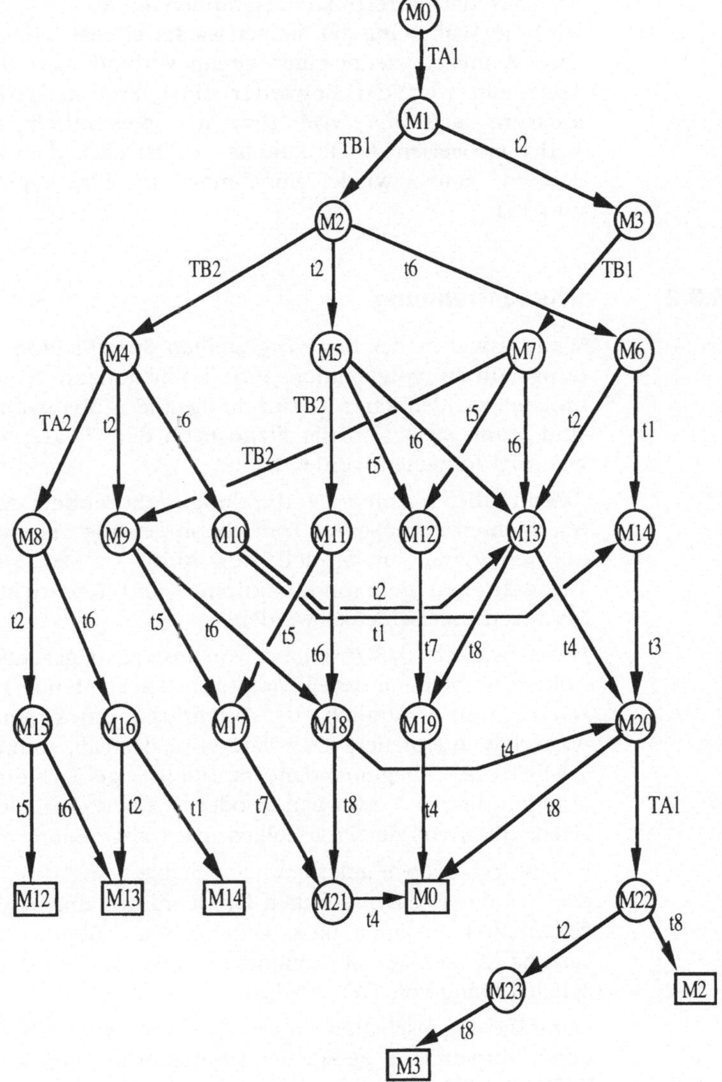

Wie aus dem Erreichbarkeitsgraphen in Abb. 4.7 ersichtlich ist, wird die Markierung M0 "immer wieder einmal" erreicht und damit kann A immer wieder einen neuen Verbindungsaufbau initiieren. Allgemein wird der Entwerfer eines Protokolls darauf achten müssen, daß die von ihm als wesentlich angesehenen Verhaltensweisen des Protokolls - selbst nach dem Auftreten von Fehlern - immer wieder einnehmbar sind [Pr2] (vgl. auch Kap.10 und 15).

4.3.2   Phasentrennung

Wenn - wie in der hier vorgestellten Spezifikation - ein Verbindungsaufbau von beiden Protokollinstanzen frühzeitig abgebrochen werden kann und nachfolgende Aufbauwünsche möglich sind, dann stellt sich die Frage nach der *"Phasentrennung"*, die wie folgt formuliert werden kann:

"Wenn alle zu einer Verbindung gehörenden Aktionen und Nachrichten als zu einer Transaktion gehörig angesehen werden, können dann im Modell der Abb. 4.6 zu verschiedenen Transaktionen gehörende Aktionen und Nachrichten von den Instanzen unterschieden werden?"

Ist es möglich, daß Instanz A von Instanz B gesendete und eine frühere Verbindung betreffende (also "nachlaufende") Disconnect-Nachrichten irrtümlich als Ablehnung eines neuen Aufbauwunsches interpretiert? Das wäre etwa der Fall, wenn in einer mit [TA1,TB1,t2,...] beginnenden Transitionsfolge TA1 erneut schalten könnte, ohne daß etwa von t6 oder t7 zuvor erzeugte Disconnect-Nachrichten von der Protokollinstanz A abgenommen würden.

Es läßt sich zeigen: jeder erneute Schaltvorgang von TA1 erfordert, daß t6 oder t7 zuvor schaltet. Die hierdurch erzeugte Disconnect-Nachricht kann auch nicht liegenbleiben: über t1 oder t4 muß Instanz A sie zuerst abnehmen; erst dann ist ein erneuter Schaltvorgang von TA1 möglich.

Derartige Eigenschaften lassen sich aus der Analyse des Netzes unter Verwendung geeigneter Homomorphismen formal ableiten [Pr5,Pr6,Pr7]. Da in Kap.15 entsprechende Methoden an einem anderen Auf-Abbauprotokoll aus [Oc5] diskutiert werden, bei dem neben den Kooperationspartnern A und B auch das Kommunikationsmedium ein Disconnect initiieren kann, wird an dieser Stelle auf weitere Information hierzu verzichtet.

Eigenschaften von Spezifikationen, die als Netz dargestellt sind, können aber auch mit Hilfe von Netzstrukturen abgeleitet werden - sofern die Spezifikation hierfür geeignete Strukturen aufweist [La1,Ha1]. Beispielsweise läßt sich die obige Fragestellung durch Betrachtung des durch die Stellenmenge {A1,SETUP,Db1, Db2,<DIS,Da2} definierten Unternetzes (siehe Abb. 4.8) beantworten.

Wie ersichtlich, stellt dieses Unternetz eine Zustandsmaschine (ZM) dar, da jede Transition genau eine Eingangs- und eine Ausgangskante hat. Die Einschränkung der Anfangsmarkierung M0 auf die Stellenmenge des Unternetzes bewirkt, daß Stelle A1 eine Marke enthält und alle anderen Stellen unmarkiert sind. Da wegen der ZM-Eigenschaft das Schalten der Transitionen in Abb. 4.8 weder Marken "verdoppelt" noch welche "verschwinden" läßt folgt, daß damit für alle Nachfolgemarkierungen jeweils genau eine Stelle des Unternetzes markiert ist und alle anderen Stellen unmarkiert sind.

Abb. 4.8

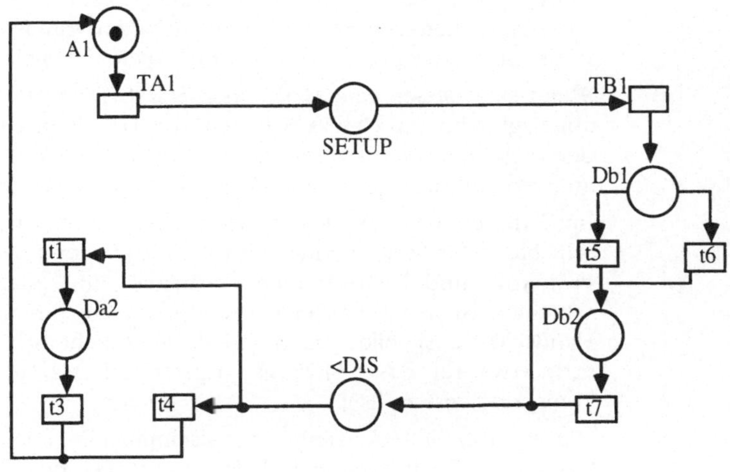

Das hat Auswirkungen auf die Reihenfolgen der Schaltungen der betroffenen Transitionen. Wie Abb. 4.8 entnommen werden kann, gehören alle für die obige Fragestellung interessierenden

Transitionen (also TA1, t1, t4, t6 und t7) zum Unternetz. Daraus folgt, daß TA1 zum zweitenmal erst dann schalten kann, wenn zuvor zunächst t6 oder t7 und dann t1 oder t4 geschaltet haben. Damit ist - auf recht elegante Art - die obige Frage beantwortet.

4.4 Anbindung der Kooperationspartner an die Protokollinstanzen

Wie zu Beginn des Kapitels erwähnt, agieren die beiden Protokollinstanzen nicht autonom, sondern erbringen für ihre Kooperationspartner (die Benutzer des Dienstes sind) eine entsprechende Dienstleistung. Jeder Dienstbenutzer interagiert über eine Schnittstelle mit der zugehörigen Protokollinstanz, also Dienstbenutzer A mit der Protokollinstanz A und Dienstbenutzer B mit der Protokollinstanz B. Abb. 4.9 skizziert die Dienstschnittstelle für A.

Wenn der Dienstbenutzer A eine Verbindung (nach B) aufbauen möchte, dann wird dieses durch Ablegen einer Marke in Stelle CON_rq (Connect request) bekundet. Wenn die Verbindung zustande gekommen ist, wird durch Schalten von TA2 eine Marke in die Stelle CON_con (Connect confirmation) abgelegt.

Wenn statt dessen eine Marke in DIS_ind (Disconnect indication) abgelegt wird (durch das Schalten von t1), dann ist der Aufbau der Verbindung nicht zustande gekommen. Entsprechend sind die anderen Abbruchsituationen an den Dienstbenutzer angebunden.

Im Rahmen des OSI Referenzmodells wurde eine Funktionsschichtung für Systeme eingeführt [Is1]. Aufbauend hierauf wurden Protokoll- und Dienstnormen erarbeitet. Für einige Funktionsschichten ist der Abbau einer Verbindung im Protokoll zwar als Handshake ausgebildet, nicht jedoch im zugehörigen Dienst. Das trifft etwa für das OSI-Transportprotokoll [Is4] und den OSI-Transportdienst zu [Is3].

Die in Abb. 4.9 skizzierte Dienstschnittstelle entspricht dieser Sichtweise. Da in diesem Fall der Disconnect zwar im Protokoll, nicht jedoch an der Dienstschnittstelle als Handshake ausgebildet

Abb. 4.9

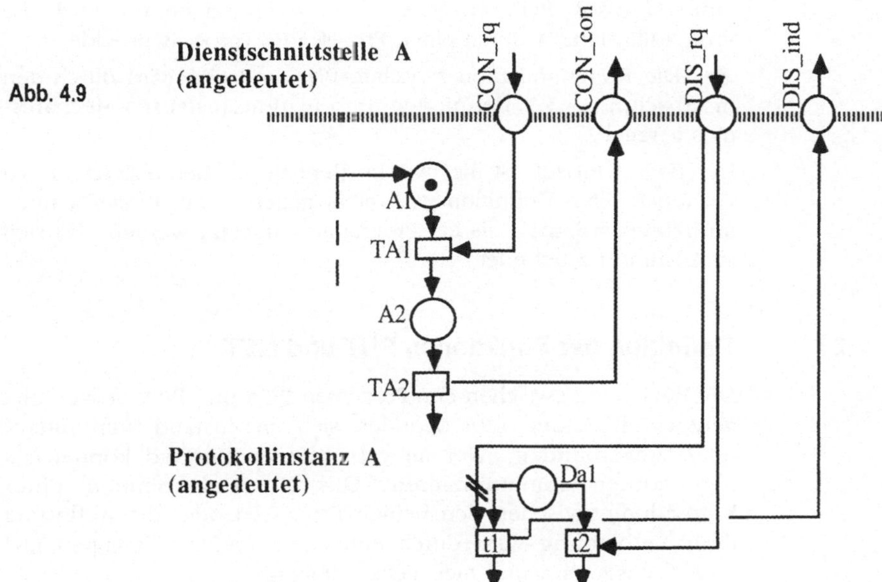

ist, muß verhindert werden, daß beim Abbau einer Verbindung ein DIS_ind und ein DIS_rq Dienstelement auftreten: die Verbotskante von Stelle DIS_rq nach t1 verhindert, daß eine Marke auf die Stelle DIS_ind abgelegt wird, wenn ein Disconnect Request anliegt (es schaltet dann t2 statt t1). Da die Schnittstelle lokal ist, ist die Verbotskante realisierbar.

4.5 Kommunikation zwischen Dienstbenutzer und Diensterbringer

Was bedeutet es aus Sicht einer Implementation, wenn im Modell der Abb. 4.9 der Kooperationspartner A eine Marke auf eine der Stellen CON_rq bzw. DIS_rq ablegt? Zur Beantwortung dieser Frage werden jetzt einige Implementationsannahmen gemacht, von denen sich zeigen wird, daß sie auch zu einer Verfeinerung des bisherigen Modells führen:

1• Die Schnittstelle zwischen Kooperationspartner A und Protokollinstanz A ist systemintern.

2• Innerhalb des Systems wird der Kooperationspartner A durch einen Prozeß PUA (process user A) repräsentiert und die Protokollinstanz A durch einen Prozeß PPA (process provider A).

3• Die Kommunikation zwischen PUA und PPA wird durch den in Abschnitt 4.5.1 definierten Informationsaustausch-Mechanismus geregelt.

Der Begriff Prozeß ist hier wie im Bereich der Betriebssysteme zu verstehen. Eine Definition wird nicht gegeben; ein Prozeß kann - im intuitiven Sinne - als ein Programm aufgefaßt werden, das sich in Ausführung befindet.

4.5.1   Definition der Funktionen PUT und GET

Die Beziehung zwischen den Prozessen PUA und PPA ist wie folgt geregelt: PUA und PPA befinden sich im Zustand "verbunden" oder "unverbunden". Nur im verbundenen Zustand können sie miteinander kommunizieren. Das Zustandekommen einer Verbindung zwischen den beiden Prozessen oder die Auflösung ihrer Verbindung wird durch einen geeigneten (Management-) Prozeß ausgeführt und hier nicht betrachtet.

Abb. 4.10

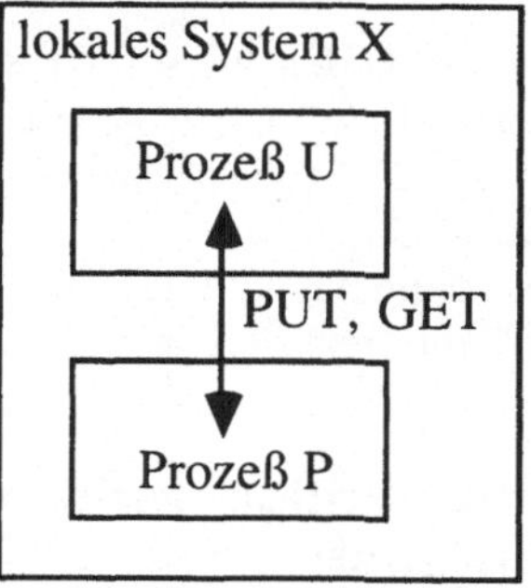

Im verbundenen Zustand stehen den Prozessen die Funktionen PUT zum Senden und GET zum Empfang von Information zur Verfügung. Abb. 4.10 zeigt allgemein zwei Prozesse U und P innerhalb eines lokalen Systems X, die miteinander "verbunden" sind und die über die Funktionen PUT und GET miteinander kommunizieren.

Es wird nachfolgend davon ausgegangen, daß im verbundenen Zustand eine Client-Server-Beziehung zwischen den Prozessen U und P besteht: nur der Prozeß U kann die Funktionen PUT und GET initialisieren, Prozeß P antwortet auf einen Funktionsaufruf sobald als möglich (return code). Erst nach Erhalt des zu einem Funktionsaufrufs gehörenden return codes kann Prozeß U erneut eine Funktion aufrufen.

Nachdem die Prozesse U und P miteinander verbunden sind (es existiert eine linkId zwischen ihnen), kann U durch Ausführung der Funktion

PUT (linkId, IDU, result)

dem Prozeß P Information zusenden. Dabei bedeuten die Parameter der Reihe nach:

linkId   Kennung (Id) der lokalen Verbindung (link)
            zwischen U und P,

IDU   Interface data unit (Datenstruktur),

result   Ergebnis.

Der Parameter result zeigt an, ob die Funktion PUT akzeptiert werden konnte (+ oder - und evtl. weitere Information). Abb. 4.11 veranschaulicht den Kontrollflußaspekt der Funktion PUT in zwei unterschiedlich detaillierten Netzdarstellungen. Prozeß U sendet eine IDU (z. B. ein Dienstelement CON_rq) nach P.

Auf die explizite Modellierung der Parameter linkId und IDU wurde in Abb. 4.11 verzichtet. Die Marke in Stelle s1 hat eine doppelte Bedeutung: zum einen zeigt sie die Bereitschaft von U an, die Funktion PUT auszuführen, zum anderen wird angenommen, daß sie auch die zu übertragende IDU beinhaltet. In der Realität werden diese beiden Aspekte oft getrennt voneinander darzustellen sein.

Wie ohne Schwierigkeit den beiden Modellen entnommen werden kann, wird im positiven Fall die IDU in Stelle s4 abgelegt und Stelle s2 erhält eine Marke (return code "+"), während im negativen Fall lediglich Stelle s3 eine Marke erhält (return code "-"). Im positiven Fall ist P im Besitz der IDU, im negativen Fall nicht. Dem linken Modell in Abb. 4.11 ist zu entnehmen, daß Prozeß U auf den return code wartet, im - kürzeren - rechten Modell treten keine Wartezeiten auf.

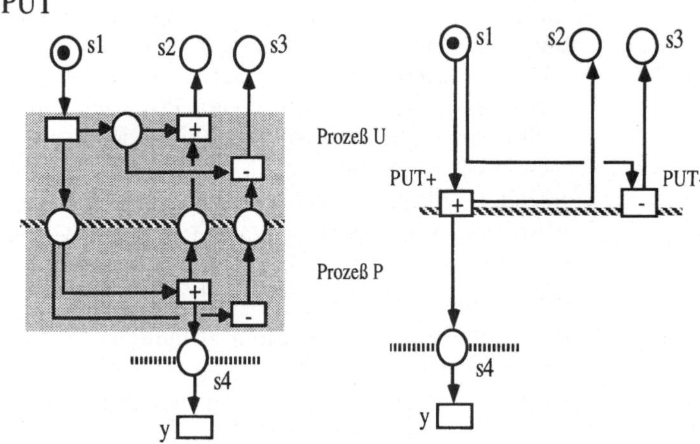

Nachdem die Prozesse U und P miteinander verbunden sind (es existiert eine linkId zwischen ihnen), kann U durch Ausführung der Funktion

GET (linkId, Timer, IDU, result)

vom Prozeß P Information empfangen. Dabei bedeuten die Parameter der Reihe nach:

linkId   Kennung (Id) der lokalen Verbindung (link)
              zwischen U und P,

Timer   gibt das Zeitintervall an, das Prozeß U bereit ist auf
              zu empfangende Information zu warten, bis er die
              Kontrolle zurück erhält,

IDU   Interface data unit (Datenstruktur),

result   Ergebnis.

Der Gebrauch des Parameters Timer ist optional. Falls er verwendet wird, erhält er einen Wert =0 oder >0. Der erste Fall spezifiziert, daß Prozeß U nicht warten möchte, der zweite Fall beinhaltet die Wartezeit von U auf eine zu empfangende IDU von P.

Falls der Parameter Timer nicht verwendet wird, wartet U im synchronen Modus so lange, bis die erwartete IDU empfangen wird (synchroner Modus bedeutet unbeschränkte Wartezeit von U auf den return code, d. h. U kann seine Aktivitäten erst nach dem return code fortsetzen), im asynchronen Modus (der das

Komplement zum synchronen Modus darstellt) wird das Fehlen des Parameters wie seine Verwendung mit dem Wert 0 interpretiert: U erhält die Kontrolle unmittelbar zurück (U "pollt" P oder hat den "Interrupt- Mechanismus" aktiviert) [Pr6].

Der Parameter result zeigt an, ob die Funktion GET akzeptiert werden konnte (+ oder - und evtl. weitere Information). Außerdem wird mit dem result-Parameter die von U angeforderte IDU dem Prozeß U zur Verfügung gestellt (falls eine derartige Information bei Prozeß P vorliegt). Abb. 4.12 veranschaulicht den Kontrollflußaspekt der Funktion GET in zwei unterschiedlich detaillierten Netzdarstellungen.

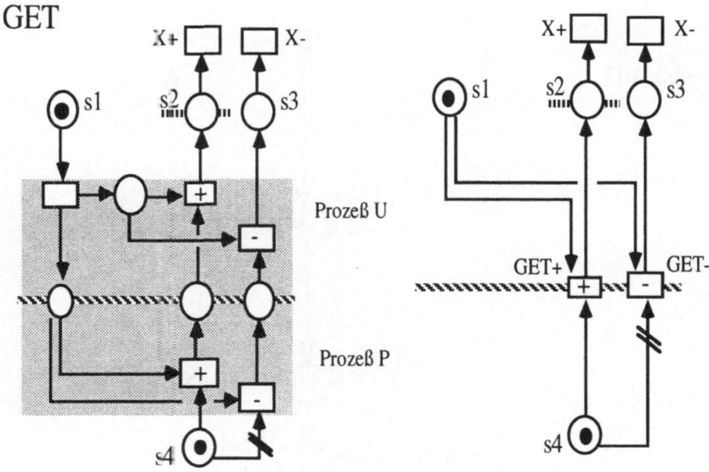

Auf die explizite Modellierung der Parameter linkId, Timer und IDU wurde in Abb. 4.12 verzichtet. Die Marke in Stelle s1 zeigt die Bereitschaft von U an, die Funktion GET auszuführen. Eine Marke in Stelle s4 modelliert den Fall, daß in Prozeß P eine IDU für U bereitsteht. Wie ohne Schwierigkeit den beiden Modellen entnommen werden kann, wird im positiven Fall die in s4 befindliche IDU in Stelle s2 abgelegt, während im negativen Fall Stelle s3 eine Marke erhält (return code "-"), jedoch keine IDU. Im positiven Fall ist U also im Besitz der IDU, im negativen Fall nicht. Dem linken Modell in Abb. 4.12 ist zu entnehmen, daß Prozeß U

auf den return code wartet, im - kürzeren - rechten Modell treten
keine Wartezeiten auf.

4.5.2   Anwendung der Funktionen PUT und GET

In welchem Verhältnis stehen die Funktionen PUT und GET zur
Modellierung der Dienstschnittstelle zwischen Benutzer A und der
Protokollinstanz A in Abschnitt 4.4 (dortige Abb. 4.9)?

Dazu werden jetzt ausgewählte Dienstelemente und zwar CON_rq
und DIS_ind mit Hilfe der Funktionen PUT und GET zwischen
den Prozessen transferiert.

Abb. 4.13

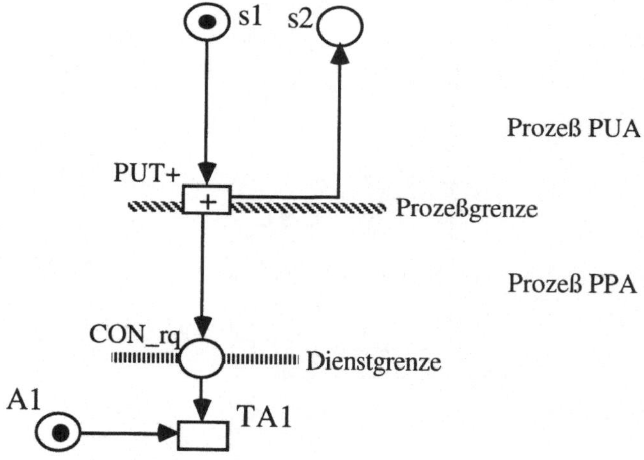

Abb. 4.13 zeigt das Aufbringen des Dienstelements CON_rq durch
den Benutzer A auf die Dienstschnittstelle zwischen Benutzer A
und Protokollinstanz A. Hierzu ruft der Benutzerprozeß PUA die
Funktion PUT auf. Es wird der positve Fall gezeigt.

Abb.4.14 zeigt das Aufbringen des Dienstelements DIS_ind durch
die Protokollinstanz A auf die Dienstschnittstelle zwischen
Benutzer A und Protokollinstanz A. Der Benutzerprozeß PUA ruft
hierzu die Funktion GET auf. Es wird der positve Fall gezeigt.

Abb. 4.14

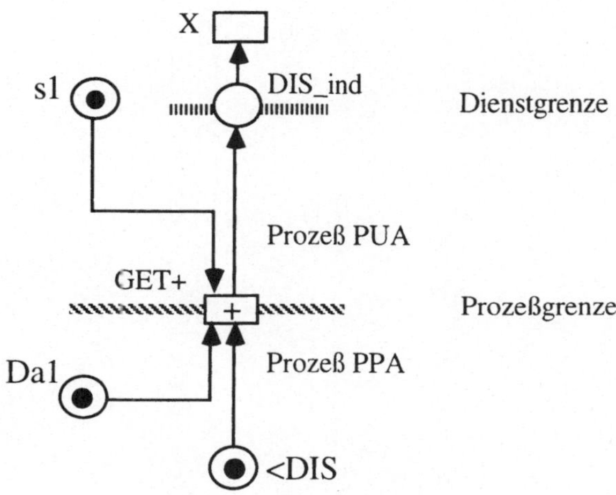

Eine weitergehende Betrachtung dieser Implementations-
problematik ist in [Pr6] zu finden. Hier werden Synchronisations-
modelle für verteilte Systeme diskutiert, wobei sowohl der syn-
chrone als auch der asynchrone Modus für die Kommunikation
zwischen Prozessen (siehe Abschnitt 4.5.1) angewendet wird.

Eine Netzspezifikation des OSI-Transportprotokolls als komplexes
Beispiel für ein Auf-Abbauprotokoll mit zugehörigem Datenphasenprotokoll ist in [BE1] gegeben, die zugehörige Dienstspezifikation in [BE2]. In [Sc] ist das ISDN-D-Kanalprotokoll (siehe
Kapitel 9) spezifiziert und analysiert. Es stellt ebenfalls ein
komplexes Auf-Abbauprotokoll dar.

5 Produktnetze

Produktnetze entstehen aus den in Kapitel 2 eingeführten unbeschrifteten Netzen durch Hinzunahme von Kantenanschriften und Transitionsinschriften.

5.1 Beispiel

Zur Motivation dieser Erweiterung der Netze betrachten wir als Beispiel die Konkurrenz um ein Betriebsmittel: Den Mitarbeitern eines Instituts steht ein Kopierer zur Verfügung. Bezüglich der Benutzung des Kopierers gibt es für jeden Mitarbeiter zwei Zustände, nämlich "kopiert" und "kopiert nicht". Wenn ein Mitarbeiter kopieren will, dann muß der Kopierer frei sein. Für einen Mitarbeiter läßt sich diese Situation wie in Abb. 5.1 modellieren.

Abb. 5.1

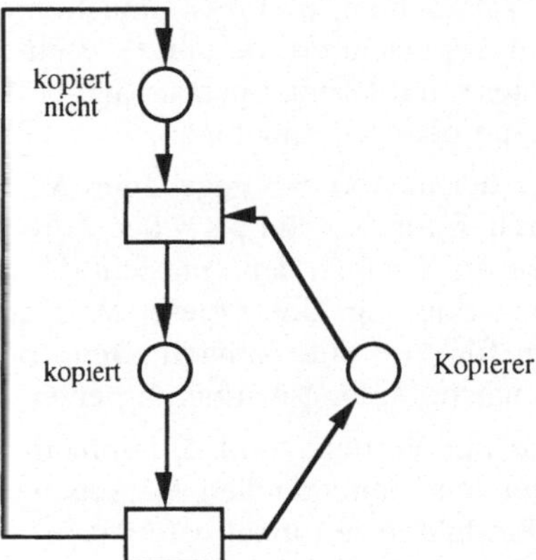

Bei zwei Mitarbeitern entsteht, wie in Abb. 5.2 dargestellt, ein Konflikt um das Betriebsmittel Kopierer; es können nicht beide Mitarbeiter gleichzeitig kopieren. Es ist klar, wie das Netz für mehr Mitarbeiter erweitert werden muß; für jeden Mitarbeiter muß zusätzlich ein weiteres Teilnetz hinzugefügt werden. Alle diese "Mitarbeiter-Teilnetze" sind an der Stelle Kopierer gewissermaßen miteinander "verklebt".

Abb. 5.2

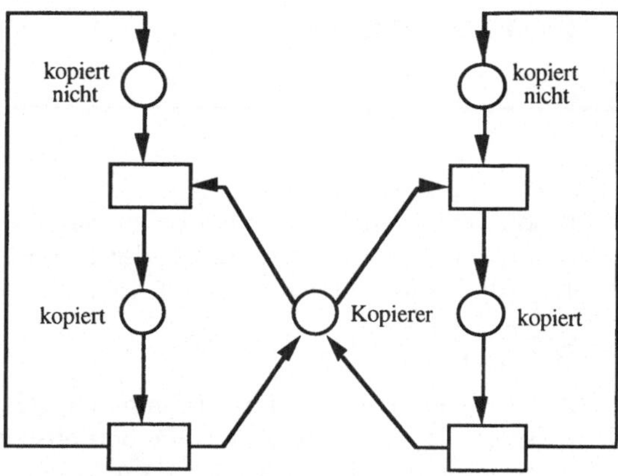

Es ist natürlich sinnvoll, diese "Mitarbeiter-Teilnetze", die ja ein "Verhaltensschema" beschreiben, durch ein einziges zu ersetzen und die einzelnen Mitarbeiter durch individuelle Marken darzustellen. Abb. 5.3 zeigt dies. In den Kantenanschriften sind dabei X und Y Variablen, und c ist eine Konstante, welche den einen Kopierer repräsentiert. X und Y stehen für die Namen von Mitarbeitern und können gemäß obiger Anfangsmarkierung die Werte Sid, Sue oder Joe annehmen.

Unter der in Abb. 5.3 gegebenen Anfangsmarkierung ist die obere Transition für X = Sid , X = Sue , und für X = Joe aktiviert. Schaltet sie für X = Sue, dann entsteht die in Abb. 5.4 dargestellte Nachfolgemarkierung. Unter dieser Markierung ist nur die untere Transition für Y = Sue aktiviert. Beim Schalten wird wieder die ursprüngliche Anfangsmarkierung erzeugt.

Netze mit Verbots- und Abräumkanten kombiniert mit Beschriftungen und individuellen Marken werden im folgenden in Form der Produktnetze formal definiert.

Abb. 5.3

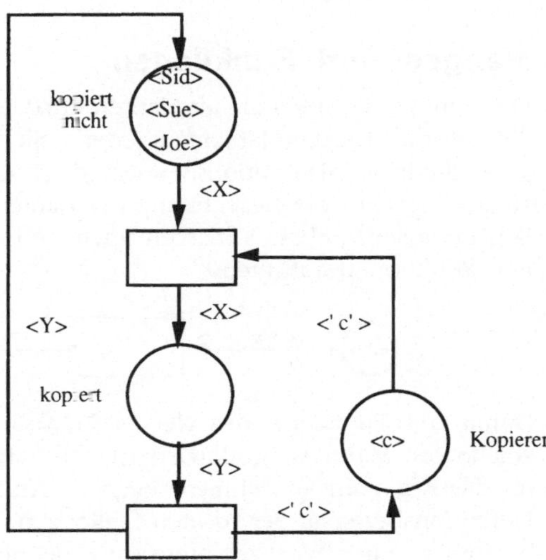

kopiert
nicht
<Sid>
<Sue>
<Joe>
<X>
<X>
<Y>
kopiert
<Y>
<' c' >
<' c' >
<c>
Kopierer

kopiert
nicht
<Sid>
<Joe>
<X>
<X>
<Y>
kopiert
<Sue>
<Y>
<' c' >
<' c' >
Kopierer

Abb. 5.4

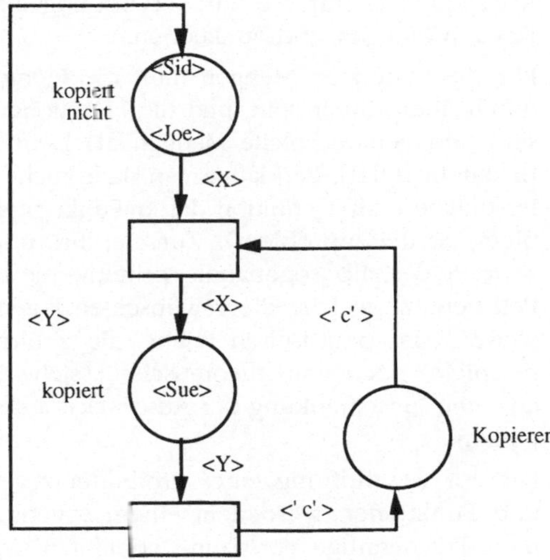

5.2   **Mengen und Funktionen**

Die Benutzung individueller Marken erfordert die Festlegung eines Wertevorrats für die Marken auf jeder Stelle; zu diesem Zweck wird jeder Stelle ein Definitionsbereich, d. h. eine bestimmte Menge, zugeordnet. Für die Beschriftung der Kanten wird es sich als nützlich erweisen, neben Variablen auch Terme zu benutzen, in denen Funktionen auftreten.

Abb. 5.5

Damit die Transition des Netzes in Abb. 5.5 unter der eingezeichneten Markierung aktiviert ist, muß sicherlich die Funktion f für das Argument m definiert sein, und f(m) muß ein Element des Definitionsbereichs der rechten Stelle sein. Stellt man die (gerade bezüglich einer Werkzeugunterstützung notwendige) Forderung, daß die Überprüfung der Aktiviertheit sowie das Schalten einer Transition algorithmisch durchführbar sein soll, dann hat dies Konsequenzen für die zur Beschriftung eines Produktnetzes zulässigen Mengen und Funktionen.

Hinweis   Für die benutzten Mengen muß die Elementbeziehung algorithmisch überprüfbar sein, und die Funktionen müssen berechenbar sein und gerade solche Mengen als Definitionsbereich besitzen. Bekanntlich [HU, Pet] kann man dann nicht universelle Programmiersprachen zur Definition dieser Funktionen benutzen (Halteproblem, Schleifenproblem). Zur Beschriftung von Produktnetzen werden deshalb sogenannte primitiv-rekursive Funktionen [HU, Pet] benutzt, welche die gewünschten Eigenschaften besitzen und weder vom praktischen (siehe die zahlreichen Spezifikationsbeispiele) noch vom theoretischen (siehe Kapitel 7) Standpunkt aus eine Einschränkung der Ausdrucksstärke der Produktnetze bewirken.

Die zur Beschriftung eines Produktnetzes notwendigen Mengen und Funktionen werden in einem sogenannten *Vorspann* definiert. Für derartige Vorspann-Definitionen wird in den nachfolgenden Abschnitten ein Kalkül angegeben.

5.2.1 Mengen

5.2.1.1 Standardmengen

NAT_0, die Menge der nichtnegativen ganzen Zahlen und NAT_1, die Menge der natürlichen Zahlen sind Standardmengen.

5.2.1.2 Endliche Mengen

Endliche Mengen können durch Auflistung ihrer Elemente definiert werden: $A = \{a_1,...,a_n\}$.

5.2.1.3 Mengenoperationen

Sind A und B definierte Mengen, dann sind durch $C = A \cup B$ (Vereinigung), $D = A \cap B$ (Durchschnitt) und $E = A \setminus B$ (Differenz) die Mengen C, D und E definiert.

Ist A eine definierte Menge und P ein Prädikat in der Variablen x (siehe unten), dann ist durch $B = \{x \in A \mid P\}$ die Menge B definiert.

Sind für $k > 1$ die Mengen $A_1,...,A_k$ definiert, dann ist durch $B = A_1 \times ... \times A_k$ (Mengenprodukt) die Menge B definiert.

Ist zusätzlich P ein Prädikat in den Variablen $(x_1,...,x_k)$ (siehe unten), dann ist durch $C = \{(x_1,...,x_k) \in A_1 \times ... \times A_k \mid P\}$ die Menge C definiert.

Beispiele $n2 = NAT\_0 \times NAT\_0$, $g = \{x \in NAT\_0 \mid x < 10\}$

$m = \{(x,y) \in NAT\_0 \times NAT\_0 \mid x < y\}$

Ist A eine *folgenfrei* definierte Menge (siehe unten), dann ist durch $B = A^*$ (Folgenbildung) die Menge B aller Folgen von Elementen aus A einschließlich der leeren Folge, die durch :: dargestellt wird, definiert. Der Begriff der Folgenfreiheit dient dazu, eine Folge eindeutig in ihre Elemente zerlegen zu können. Er ist folgendermaßen festgelegt:

NAT_0 und NAT_1 sind folgenfrei. $\{a_1,...,a_n\}$ ist folgenfrei. $A_1 \times ... \times A_k$ und $\{(x_1,...,x_k) \in A_1 \times ... \times A_k \mid P\}$ ($k > 1$) sind folgenfrei. Sind A und B folgenfrei, dann ist $A \cup B$ folgenfrei. Sind A oder B folgenfrei, dann ist $A \cap B$ folgenfrei. Ist A folgenfrei, dann sind $A \setminus B$ und $\{x \in A \mid P\}$ folgenfrei.

Beispiel Sei die Menge BUCHSTABEN durch BUCHSTABEN = {a, b, c, ... x, y, z} und die Menge WORTE durch WORTE = BUCHSTABEN* definiert, dann ist beispielsweise das Wort Segeljacht ein Element der Menge WORTE. Die Menge WORTE ist nicht folgenfrei.

Diese Mengenoperationen $\cap$, $\cup$ und \ können auch, ggf. unter Benutzung von Klammern, ineinander geschachtelt werden. Es gelten dabei folgende Prioritäten: \ vor $\cap$ vor $\cup$. Mehrdeutigkeiten werden linksassoziativ aufgelöst.

5.2.2   Funktionen

5.2.2.1   Standardfunktionen

Ist A eine durch $A = A_1 \times ... \times A_k$ oder $\{(x_1,...,x_k) \in A_1 \times ... \times A_k \mid P\}$ und B eine durch $B = C_1 \cup ... \cup C_n$ definierte Menge mit $\{A_1,...,A_k\} = \{C_1,...,C_n\}$, dann ist die *Projektionsfunktion* p : NAT_1 $\times$ A $\rightarrow$ B eine Standardfunktion. Für $i \in$ NAT_1 und x = $(x_1,...,x_k) \in$ A gilt $p(i,x) = x_i$, falls $i \le k$, und $p(i,x) = x_k$, falls $i > k$.

Ist B eine durch $B = A^*$ definierte Menge, dann sind die *Längenfunktion* ℓ : B $\rightarrow$ NAT_0 und die *Segmentfunktion* seg : B $\times$ NAT_1 $\times$ NAT_0 $\rightarrow$ B Standardfunktionen. Für die Längenfunktion gilt $\ell(::) = 0$ und $\ell(a_1...a_k) = k$ für $a_i \in$ A . Für die Segmentfunktion gilt seg$(::,i,k) = ::$ für $i \in$ NAT_1 und $k \in$ NAT_0 und für $a_i \in$ A seg$(a_1...a_s,i,k) = ::$ für $i > s$ oder $i > k$ sowie seg$(a_1...a_s,i,k) = a_i...a_{min(s,k)}$ für $i \le s$ und $i \le k$.

Beispiele   In Anknüpfung an das letzte Beispiel in Abschnitt 5.2.1.3 betrachten wir die Längen- und die Segmentfunktion auf der Menge WORTE. Es gilt dann:

ℓ(beispielsweise) = 14 , seg(beispielsweise,4,8) = spiel   und seg(beispielsweise,10,19) = weise .

5.2.2.2   Wertetabellen

Ist A definiert durch $A = \{a_1,...,a_k\}$, B eine beliebige definierte Menge und $b_i \in$ B für $1 \le i \le k$, dann ist die Funktion f : A $\rightarrow$ B durch die *Wertetabelle* $f(a_1) = b_1$, ... , $f(a_k) = b_k$ oder $f(a_1) = b_1$,..., $f(a_i) = b_i$ else b_j definiert.

Beispiel   Ist die Menge namen durch Aufzählung ihrer Elemente mit namen = {william, christoph}   gegeben, dann ist die Funktion ruf_nummer : namen $\rightarrow$ NAT_0 durch die folgende Wertetabelle definiert: ruf_nummer (william) = 1066 , ruf_nummer (christoph) = 1492

5.2.2.3   Funktionsterme

Sind für $k \geq 1$ $A_1,...,A_k$ und B definierte Mengen und ist t ein Term in den Variablen $(x_1,...,x_k)$ über dem Definitionsbereich $A_1 \times ... \times A_k$ und mit dem Bildbereich B (siehe unten), dann ist die Funktion $f : A_1 \times ... \times A_k \rightarrow B$ durch eine *Termgleichung* definiert mit $f(x_1,...,x_k) = t$.

Sind für $k \geq 1$ $A_1,...,A_k$ definierte Mengen, dann sind *Terme in den Variablen $(x_1,...,x_k)$ über dem Definitionsbereich $A_1 \times ... \times A_k$* durch (1) - (8) induktiv definiert:

(1)   Ist B eine definierte Menge und ist a eine Konstante mit $a \in B$, dann ist a ein Term mit dem Bildbereich B. Konstante sind dabei nichtnegative ganze Zahlen, die leere Folge und Elemente von endlichen Mengen, die durch Auflistung ihrer Elemente definiert sind.

(2)   Jede Variable x_i ist ein Term mit dem Bildbereich A_i.

(3)   Ist t ein Term mit dem Bildbereich B, dann ist (t) ein Term mit dem Bildbereich B.

(4)   Sind für $1 \leq i \leq n$ und $n > 1$ t_i Terme mit den Bildbereichen B_i und ist B eine durch $B = B_1 \times ... \times B_n$ definierte Menge, dann ist $(t_1,...,t_n)$ ein Term mit dem Bildbereich B.

(5)   Sind für $1 \leq i \leq n$ und $n \geq 1$ t_i Terme mit den Bildbereichen B_i und ist $f : B_1 \times ... \times B_n \rightarrow B$ eine definierte Funktion oder eine Standardfunktion, dann ist $f(t_1,...,t_n)$ ein Term mit dem Bildbereich B.

(6)   Sind t und t´ Terme mit dem Bildbereich NAT_0, dann sind $t + t´$ (Summe) , $t - t´$ (modifizierte Differenz) und $t * t´$ (Produkt) Terme mit dem Bildbereich NAT_0 . Dabei ist die modifizierte Differenz als 0 definiert, falls $t´ > t$. Ist t ein Term mit dem Bildbereich NAT_0 und ist t´ ein Term mit dem Bildbereich NAT_1, dann sind $t / t´$ (ganzzahliger Quotient) und $t \% t´$ (Rest) Terme mit dem Bildbereich NAT_0.

(7)   Ist B eine durch $B = A^*$ definierte Menge und sind t und t´ Terme mit dem Bildbereich B, dann ist $t . t´$ (Konkatenation) ein Term mit dem Bildbereich B.

Bezüglich der in (6) und (7) eingeführten Operatoren gelten folgende Prioritäten: % besitzt höchste Priorität, gefolgt von * und /, gefolgt von + und -, gefolgt von . . Mehrdeutigkeiten werden linksassoziativ aufgelöst.

(8)   Ist t ein Term mit dem Bildbereich NAT_1, dann ist t auch ein Term mit dem Bildbereich NAT_0. Ist t´ ein Term mit dem Bildbereich A und ist B eine durch   B = A* definierte Menge, dann ist t´ auch ein Term mit dem Bildbereich B.

Beispiel   Die Funktion vol : NAT_0 × NAT_0 × NAT_0 → NAT_0 sei durch den Funktionsterm vol (x,y,z) = x * y * z definiert. Dabei sind wegen (2) x, y und z Terme mit dem Bildbereich NAT_0, und x * y * z ist nach (6) ein Term mit dem Bildbereich NAT_0.

5.2.2.4   Primitive Rekursion

Sind für k $\geq$ 0 $A_1,...,A_k$ und B definierte Mengen und ist $g(x_1,...,x_k)$ ein Term in den Variablen $(x_1,...,x_k)$ über dem Definitionsbereich $A_1 \times ... \times A_k$ und mit dem Bildbereich B und ist $h(y,z,x_1,...,x_k)$ ein Term in den Variablen $(y,z,x_1,...,x_k)$ über dem Definitionsbereich $NAT\_0 \times B \times A_1 \times ... \times A_k$ und mit dem Bildbereich B, dann ist die Funktion f : $NAT\_0 \times A_1 \times ... \times A_k$ → B durch *primitive Rekursion* definiert mit $f(0,x_1,...,x_k) = g(x_1,...,x_k)$ und $f(n+1,x_1,...,x_k) = h(n,f(n,x_1,...,x_k),x_1,...,x_k)$.

Entsprechendes gilt für NAT_1 statt NAT_0; der Rekursionsanfang ist dann 1 statt 0. Für k = 0 ist $g(x_1,...,x_k)$ ein variablenfreier Term mit dem Bildbereich B, stellt also ein Element der Menge B dar.

Beispiel   fak : NAT_0 → NAT_0

fak (0) = 1,

fak (n+1) = fak(n) * (n+1)

Entsprechend der primitiven Rekursion über den natürlichen Zahlen läßt sich auch eine primitive Rekursion auf Folgenmengen definieren: Sind für k $\geq$ 0 $A_1,...,A_k$ sowie B, C und D definierte Mengen, wobei D = C*, und ist $g(x_1,...,x_k)$ ein Term in den Variablen $(x_1,...,x_k)$ über dem Definitionsbereich $A_1 \times ... \times A_k$ und mit dem Bildbereich B und ist $h(x,y,z,x_1,...,x_k)$ ein Term in den Variablen $(x,y,z,x_1,...,x_k)$ über dem Definitionsbereich $D \times C \times B \times A_1 \times ... \times A_k$ und mit dem Bildbereich B, dann ist die Funktion f : $D \times A_1 \times ... \times A_k$ → B durch *primitive Rekursion* definiert mit $f(::,x_1,...,x_k) = g(x_1,...,x_k)$ und

$f(w.a,x_1,...,x_k) = h(w,a,f(w,x_1,...,x_k),x_1,...,x_k)$ für w $\in$ D und a $\in$ C .

Beispiel   länge : NAT_0* → NAT_0

länge (::) = 0

länge (anf.end) = länge (anf) + 1

5.2.2.5 Fallunterscheidung

Sind für $k \geq 1$ $A_1,...,A_k$ und A definierte Mengen und sind für 1 $\leq i \leq n$ $g_i(x_1,...,x_k)$ Terme in den Variablen $(x_1,...,x_k)$ (ohne irgend eine Bedingung für Definitions- und Bildbereich), P_i Prädikate in den Variablen $(x_1,...,x_k)$ und $g_{n+1}(x_1,...,x_k)$ ein Term in den Variablen $(x_1,...,x_k)$ über dem Definitionsbereich $A_1\times...\times A_k$ und dem Bildbereich A, dann ist die Funktion f : $A_1\times...\times A_k \rightarrow$ A durch *Fallunterscheidung* definiert mit

$$f(x_1,...,x_k) = g_1(x_1,...,x_k) \qquad\qquad \text{falls } P_1$$

$$\cdot$$

$$\cdot$$

$$f(x_1,...,x_k) = g_n(x_1,...,x_k) \qquad\qquad \text{falls } P_n$$
$$f(x_1,...,x_k) = g_{n+1}(x_1,...,x_k) \qquad\qquad \text{sonst} \;.$$

Diese Fallunterscheidung ist eine verkürzte syntaktische Darstellung folgender Funktionsdefinition:

Für jedes $(a_1,...,a_k) \in A_1\times...\times A_k$ gilt:

Falls es ein $i \leq n$ gibt mit den Eigenschaften:

P_i ist wahr, $g_i(a_1,...,a_k)$ ist auswertbar und $g_i(a_1,...,a_k) \in$ A ,

und es existiert kein $j < i$ mit den Eigenschaften:

P_j ist wahr, $g_j(a_1,...,a_k)$ ist auswertbar und $g_j(a_1,...,a_k) \in$ A ,

dann sei $f(a_1,...,a_k)$ = $g_i(a_1,...,a_k)$ ansonsten $f(a_1,...,a_k)$ = $g_{n+1}(a_1,...,a_k)$.

Prädikate in den Variablen $(x_1,...,x_k)$ sind dabei durch (1) - (3) induktiv definiert:

(1) Sind t und t´ Terme in den Variablen $(x_1,...,x_k)$ (ohne irgend eine Bedingung für Definitions- und Bildbereich), dann sind $t = t´$, $t \neq t´$, $t < t´$, $t \leq t´$, $t > t´$ und $t \geq t´$ Prädikate in den Variablen $(x_1,...,x_k)$. Ist A eine definierte Menge, dann ist $t \in$ A ein Prädikat in den Variablen $(x_1,...,x_k)$.

(2) Ist P ein Prädikat in den Variablen $(x_1,...,x_k)$, dann ist auch (P) ein Prädikat in den Variablen $(x_1,...,x_k)$.

(3) Sind P und P´ Prädikate in den Variablen $(x_1,...,x_k)$, dann sind P & P´ (und) , P | P´ (oder) und ~P (nicht) Prädikate in den Variablen $(x_1,...,x_k)$.

Bezüglich dieser logischen Operatoren gelten folgende Prioritäten: ~ besitzt die höchste Priorität, gefolgt von &, gefolgt von |. Mehrdeutigkeiten werden linksassoziativ aufgelöst.

Ein Prädikat in den Variablen $(x_1,...,x_k)$ ist für eine gewählte Interpretation der Variablen wahr, falls jeder darin vorkommende Term, sowie jede vorkommende Ordnungsbeziehung für diese Interpretation auswertbar ist, und das Prädikat dann in der üblichen Semantik den Wahrheitswert wahr besitzt. Eine Ordnungsbeziehung $t < t'$, $t \leq t'$, $t > t'$ oder $t \geq t'$ ist dabei für eine gewählte Interpretation der Variablen auswertbar, wenn t und t' für diese Interpretation einen Wert aus NAT_0 liefern.

Die Auswertung eines Termes ist durch die Ersetzung der Variablen durch die entsprechenden Werte definiert. Es entsteht dann ein sogenannter variablenfreier Term. Die Auswertbarkeit eines variablenfreien Termes wird folgendermaßen induktiv definiert:

(1)   Ist t eine Konstante, dann ist t auswertbar.

(2)   Ist t ein auswertbarer Term, dann ist (t) auswertbar.

(3)   Sind für $n>1$ und $1 \leq k \leq n$ t_k auswertbarere Terme, dann ist $(t_1,...,t_n)$ auswertbar.

(4)   Sind t und t' auswertbare Terme, dann ist $t.t'$ auswertbar.

(5)   Sind t, n und n' auswertbare Terme mit $n \in$ NAT_0 und $n' \in$ NAT_1, dann sind $p(n',t)$, $\ell(t)$ und $seg(t,n',n)$ auswertbar.

(6)   Ist f eine im Vorspann definierte Funktion und sind $t_1, ... ,t_n$ auswertbare Terme mit der Eigenschaft, daß $(t_1,...,t_n)$ ein Element des Definitionsbereiches von f ist, dann ist $f(t_1,...,t_n)$ auswertbar.

(7)   Sind t und t' auswertbare Terme mit $t \in$ NAT_0 und $t' \in$ NAT_0, dann sind $t + t'$, $t - t'$ und $t * t'$ auswertbar.

(8)   Sind t und t' auswertbare Terme mit $t \in$ NAT_0 und $t' \in$ NAT_1, dann sind t / t' und $t \% t'$ auswertbar.

Es ist zu beachten, daß in den Punkten (4) und (5) die Auswertbarkeit allgemeiner definiert ist, als in den entsprechenden Punkten bei den Funktionstermen.

Beispiel $max : NAT\_0 \times NAT\_0 \times NAT\_0 \rightarrow NAT\_0$

$$max\ (x,y,z) = x \qquad falls\ x > y\ \&\ x > z$$
$$max\ (x,y,z) = y \qquad falls\ y > z$$
$$max\ (x,y,z) = z \qquad sonst$$

Die folgenden zwei Beispiele sollen demonstrieren, wie mit dem vollständigen Kalkül der primitiv-rekursiven Funktionen umgegangen werden kann:

Beispiel 1 Datenstruktur einer zweispaltigen Tabelle von Zahlen.

Die Menge a = NAT_0 × NAT_0 beschreibt die Menge aller möglichen Zeilen der Tabelle. Die Tabelle selbst ist dann eine Folge solcher Zeilen, also ein Element von tab = a* .

Mit einer Funktion f soll die Anzahl der "Tabelleneinträge" bestimmt werden, bei denen in der zweiten Spalte eine größere Zahl als in der ersten Spalte steht. Dazu wird mittels der Projektionsfunktion p durch Fallunterscheidung eine Hilfsfunktion h : a → NAT_0 definiert mit h(x) = 1 falls p(2,x) > p(1,x) und h(x) = 0 sonst. Durch primitive Rekursion auf der Folgenmenge tab kann jetzt die Funktion f : tab → NAT_0 mit f(::) = 0 und f(t.x) = f(t) + h(x) definiert werden.

Beispiel 2 Eine Folge von Paaren natürlicher Zahlen beschreibe einen Strom unterschiedlich adressierter Nachrichten, wobei die erste Komponente eines Folgengliedes die Adresse und die zweite Komponente die Nachricht beschreibt. Zu einer festen Adresse soll der entsprechende Nachrichtenstrom durch eine Funktion f herausgefiltert werden.

Die Elemente der Menge a = NAT_0 × NAT_0 sind die adressierten Nachrichten. Die Menge stream = a* beschreibt alle möglichen Folgen von adressierten Nachrichten und in stream1 = NAT_0* liegen die möglichen Nachrichtenströme zu einer festen Adresse. Mit der Hilfsfunktion h : a × NAT_0 → stream1 , die durch h(x,y) = p(2,x) falls p(1,x) = y und h(x,y) = :: sonst definiert ist, läßt sich die gesuchte Funktion f : stream × NAT_0 → stream1 mit f(::,u) = :: und f(w.v,u) = f(w,u).h(v,u) durch primitive Rekursion definieren.

Hinweis Mit dem Kalkül der primitiv-rekursiven Funktionen lassen sich nicht alle berechenbaren Funktionen darstellen. Ein bekanntes Beispiel hierfür ist die sogenannte *Ackermannfunktion* g : NAT_0 × NAT_0 → NAT_0 [Pet]. Sie ist durch die Rekursionsgleichungen g(0,n) = n+1 , g(m+1,0) = g(m,1) und g(m+1,n+1) = g(m,g(m+1,n)) definiert. In Kapitel 6 werden wir zeigen, wie sich der durch diese Rekursionsgleichungen gegebene Berechnungsprozess mit einem Produktnetz darstellen läßt.

5.3   Markierungen

Wie schon weiter oben erwähnt wurde, erfordert die Benutzung von individuellen Marken die Festlegung eines Definitionsbereichs für jede Stelle eines Produktnetzes. Der *Definitionsbereich D_S einer Stelle s* ist ein Produkt von Mengen oder eine Teilmenge eines Produktes, genauer: $D_S = A_1 \times ... \times A_k$ oder $D_S = \{(x_1,...,x_k) \in A_1 \times ... \times A_k \mid P\}$, wobei $k \geq 1$, $A_1,...,A_k$ im Vorspann definierte Mengen sind, und P ein Prädikat in den Variablen $x_1,...,x_k$ ist. Aus dieser Festlegung leitet sich der Name "Produktnetze" ab.

Die Marken, welche auf einer Stelle s liegen können, sind deshalb n-Tupel $<a_1,...,a_n>$ mit $(a_1,...,a_n) \in D_S$; n heißt die *Dimension* der Stelle s. Diese Markenstruktur hat sich für den Anwendungsbereich als besonders zweckmäßig erwiesen. Es sei angemerkt, daß die Komponenten-Mengen A_i entsprechend ihrer Definition im Vorspann noch weiter strukturiert sein können, so z. B. $A_1 = B \times C^*$.

Das Netz in Abb. 5.6 soll für den Rest des Kapitels als Beispiel dafür benutzt werden, wie aus einem unbeschrifteten Netz Schritt für Schritt ein Produktnetz entsteht.

Zuerst müssen die Definitionsbereiche der vier Stellen festgelegt werden. Dazu seien in einem Vorspann zu diesem Netz die Mengen $A = \{a,b,c\}$ und $B = \{0,1,2\}$ definiert. Als Definitionsbereiche wählen wir $D_{S1} = A \times B$, $D_{S2} = B \times A$, $D_{S3} = NAT\_0 \times NAT\_0$ und $D_{S4} = NAT\_0$.

Ein Produktnetz zu markieren, bedeutet jetzt, auf den Stellen des Netzes bestimmte Elemente des entsprechenden Definitionsbereichs (ggf. mehrfach) abzulegen. Damit ist eine *Markierung M_X einer Stelle x* eine Abbildung $M_X : D_X \rightarrow NAT\_0$.

D. h. jedem Element y des Definitionsbereichs D_X wird eine natürliche Zahl $M_X(y)$ zugeordnet, die angibt, wie oft dieses Element y als Marke auf der Stelle x liegt. Da im allgemeinen der Definitionsbereich D_X eine unendliche Menge sein kann, wären mit dieser Definition noch Markierungen mit unendlich vielen Marken zugelassen. Um dies auszuschließen, wird an die Abbildung M_X noch folgende Endlichkeitsbedingung gestellt: Es gibt nur endlich viele $y \in D_X$ mit $M_X(y) > 0$. D. h. nur endlich viele Elemente des Definitionsbereichs einer Stelle liegen als Marken auf dieser Stelle.

Abb. 5.6

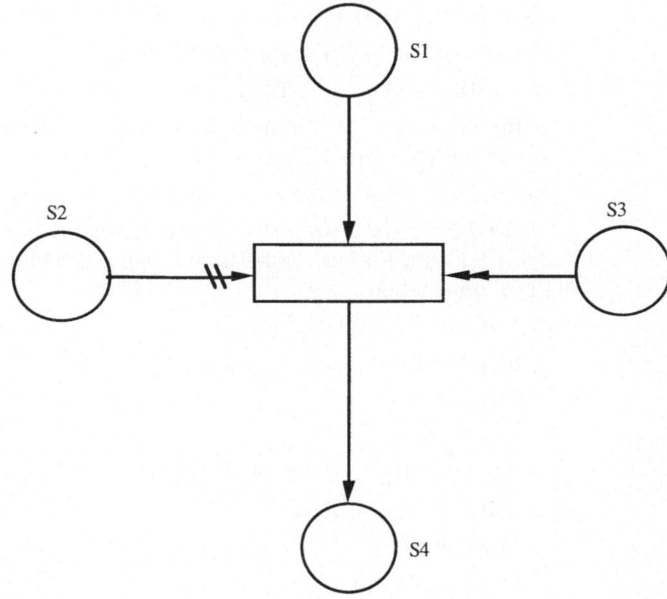

Def. 5.1   Eine *Markierung M* eines Produktnetzes ist eine Familie von solchen Abbildungen M_x , also $M = (M_x)_{x \in \mathbb{S}}$ mit $M_x : D_x \rightarrow$ NAT_0 . ◆

D. h. für jede Stelle eines Produktnetzes muß eine entsprechende Abbildung M_x angegeben werden. Wegen der Endlichkeitsbedingung lassen sich diese M_x als formale Summen darstellen:

$$M_x = r_1 \langle y_1 \rangle + \dots + r_i \langle y_i \rangle + \dots + r_k \langle y_k \rangle \text{ mit } y_i \in D_x , r_i = M_x(y_i),$$
und $M_x(y) = 0$ für alle $y \in D_x \setminus \{y_1, \dots, y_k\}$.

Jeder Summand in dieser Darstellung von M_x besteht also aus einem Element y_i des Definitionsbereichs mit einem vorangestellten Koeffizienten r_i aus dem Bereich der natürlichen Zahlen. Die Zahl r_i gibt dabei an, wie oft das Element y_i als Marke auf der Stelle x liegt. Koeffizienten, die gleich 1 sind, können weggelassen werden.

Diese Darstellung der Markierungen als formale Summen ist nicht eindeutig, denn es gilt z. B. $\langle a \rangle + 2\langle b \rangle = \langle a \rangle + \langle b \rangle + \langle b \rangle$. Formale Summen, deren Summanden alle den Koeffizienten 0 haben, bzw. keinen Summanden haben, bezeichnen wir mit $\varnothing$. Formale Sumen lassen sich wie üblich addieren, z. B.:

$(<a> + 2<b> + <c>) + (2<a> + <d>) = 3<a> + 2<b> + <c> + <d>$.

Es ist eine partielle Ordnung $\leq$ definiert, z. B.:

$<a> + 2<b> \leq 3<a> + 2<b> + <c>$.

Gilt für zwei formale Summen $\Sigma 1$ und $\Sigma 2$ die Relation $\Sigma 1 \leq \Sigma 2$, dann ist die Differenz $\Sigma 2 - \Sigma 1$ definiert, z. B.:

$(3<a> + 2<b> +<c>) - (<a> + 2<b>) = 2<a> +<c>$.

Es soll nun das Netz aus Abb. 5.6 markiert werden. Gemäß der Definition 5.1 wird für jede Stelle $x \in \mathbb{S}$ eine Abbildung $M_x : D_x \rightarrow$ NAT_0 angegeben:

M_{S1} : $A \times B \rightarrow$ NAT_0   mit

   $M_{S1} (<a,1>) = 1$

   $M_{S1} (<a,2>) = 1$

   $M_{S1} (<b,0>) = 1$

   $M_{S1} (y) = 0$ für $y \in (A \times B) \setminus \{<a,1>, <a,2>, <b,0>\}$

M_{S2} : $B \times A \rightarrow$ NAT_0   mit

   $M_{S2} (<0,b>) = 1$

   $M_{S2} (<1,a>) = 1$

   $M_{S2} (y) = 0$ für $y \in (B \times A) \setminus \{<0,b>, <1,a>\}$

M_{S3} : NAT_0 $\times$ NAT_0 $\rightarrow$ NAT_0   mit

   $M_{S3} (<1,1>) = 1$

   $M_{S3} (<3,1>) = 2$

   $M_{S3} (y) = 0$ für $y \in ($ NAT_0 $\times$ NAT_0$) \setminus \{<1,1>, <3,1>\}$

M_{S4} : NAT_0 $\rightarrow$ NAT_0   mit

   $M_{S4} (<1>) = 1$

   $M_{S4} (y) = 0$ für $y \in$ NAT_0 $\setminus \{1\}$.

Diese Markierung läßt sich einfacher durch formale Summen darstellen:

$M_{S1} = <a,2> + <b,0> + <a,1>$

$M_{S2} = <1,a> + <0,b>$

$M_{S3} = <1,1> + 2<3,1>$

$M_{S4} = <1>$

Die Abb. 5.7 zeigt eine graphische Darstellung dieser Markierung.

Abb. 5.7

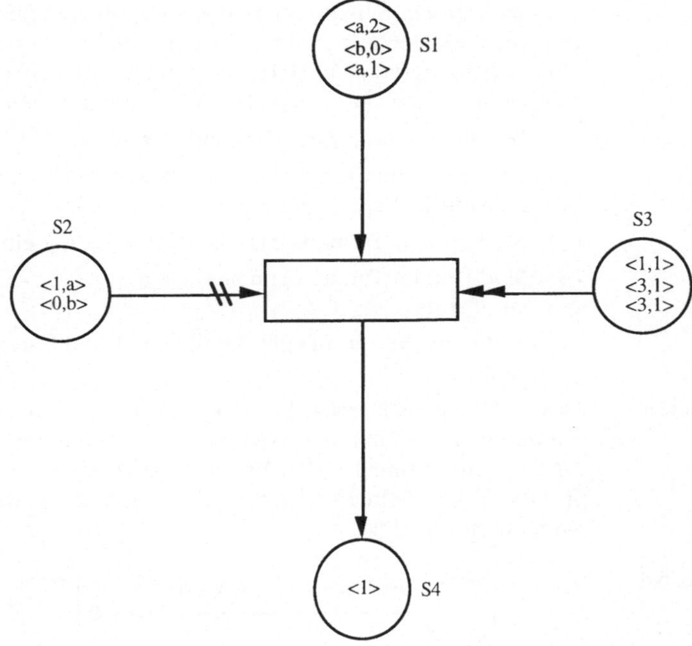

5.4   Beschriftung

Alle Kanten eines Produktnetzes (Eingangs- Ausgangs-, Verbots-
und Abräumkanten) $f \in \mathbb{F} \cup \mathbb{V} \cup \mathbb{A}$, tragen eine *Kantenanschrift*
K(f). Die Transitionen $T \in \mathbb{T}$ können *Transitionsinschriften* P(T)
enthalten, in denen zusätzliche Bedingungen für das Schalten der
Transition formuliert sind.

Die Kantenanschriften K(f) sind formale Summen von n-Tupeln,
die mit einer Vielfachheit versehen sein können, also:

$$K(f) = v_1 <t_{11}, .. , t_{1n}> + ... + v_r <t_{rl}, ..., t_{rn}> \quad \text{mit } v_i \in NAT\_0 .$$

Ist eine Vielfachheit v_i gleich 1, dann kann sie vor dem zugehörigen n-Tupel auch weggelassen werden. Das in jedem Summanden auftretende gleiche n ist gleich der Dimension der Stelle,
zu welcher die Kante benachbart ist. Die Komponenten t_{ij} der n-
Tupel sind Terme gebildet aus Konstanten, Variablen und
Funktionen.

Bei Verbots- und Abräumkanten dürfen die n-Tupel nur mit der
Vielfachheit 1 auftreten. Die Funktionen, welche in den Termen

benutzt werden, müssen im Vorspann definiert sein. Die Konstanten sind Elemente von im Vorspann definierten Mengen, zur Unterscheidung von Variablen werden sie in Hochkommata eingeschlossen. Terme sind folgendermaßen induktiv definiert:

(1)   Konstanten und Variablen sind Terme.

(2)   Ist f eine Funktion mit n Argumenten (n≥1) und sind $t_1,...,t_n$ Terme, dann ist $f(t_1,...,t_n)$ ein Term.

(3)   Sind $t_1,...,t_n$ Terme (n≥1), dann ist $(t_1,...,t_n)$ ein Term.

(4)   Sind t und u Terme, dann sind t + u , t - u , t ∗ u , t / u , t % u und t.u Terme.

Für die Operatoren in (4) gilt die gleiche Prioritätsregelung wie im Vorspann-Kalkül.

Beispiel   Ist der Definitionsbereich D_S der Stelle des Produktnetzes in Abb. 5.8 durch D_S = NAT_0 × NAT_0 und die Funktion g : NAT_0 → NAT_0 im entsprechenden Vorspann beispielsweise durch g(i) = (i+1) ∗ (i+1) definiert, dann ist die angegebene Kantenanschrift syntaktisch korrekt.

Abb. 5.8

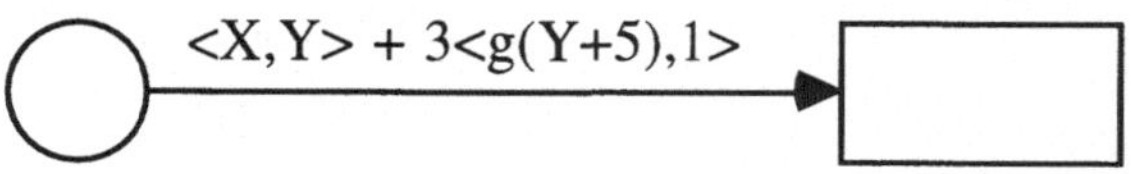

Die Dimension der Stelle ist 2, jeder Summand der Kantenanschrift enthält korrekterweise 2 Komponenten, und die auftretende Funktion g ist im Vorspann definiert.

Es werden jetzt noch weitere Bedingungen für die Beschriftung von Produktnetzen formuliert, welche garantieren, daß die noch zu definierende Schaltregel berechenbar ist.

Die Variablen, die an den Eingangskanten einer Transition vorkommen, heißen die *gebundenen Variablen* der Transition. Jede gebundene Variable einer Transition muß mindestens an einer Eingangskante der Transition einmal als *einfacher Term* auftreten, das ist ein Term, der nur aus dieser Variablen besteht.

Die Variablen, die zusätzlich noch an Verbots- und Abräumkanten einer Transition auftreten, heißen die *freien Variablen* der Transition. Zur Unterscheidung von den gebundenen Variablen werden sie durch ein # gekennzeichnet. Die freien Variablen einer Transition, welche in unterschiedlichen n-Tupeln (an der gleichen oder an verschiedenen Kanten) vorkommen, müssen alle verschieden sein. Auch sie müssen (an dieser Transition) mindestens einmal als einfacher Term auftreten. Für eine Abräumkante ist eine korrekte Anschrift z. B. <#w,#w+1>; falsche Kantenanschriften wären z. B. 3<#w,#w+1> oder <#w>+<#w+1> .

Eine Transition kann eine *Transitionsinschrift* P tragen, wobei P ein Prädikat (siehe Vorspannkalkül) in den gebundenen Variablen der Transition ist. Wie bei den Kantenanschriften werden auch bei Transitionsinschriften die Konstanten durch Hochkommata gekennzeichnet, um sie von Variablen zu unterscheiden. Für die Transition des Produktnetzes in Abb. 5.8 wäre beispielsweise (g(X + Y) < 5) | (X = Y) eine korrekte Transitionsinschrift.

Ist der Vorspann unseres Beispiels aus Abb. 5.7 noch um die Funktionsdefinition $f : A \rightarrow NAT\_0$ mit $f(a) = 1$, $f(b) = 0$ und $f(c) = 0$ ergänzt, dann stellt Abb. 5.9 ein vollständig beschriftetes Produktnetz dar. X, Y und Z sind die gebundenen Variablen und #U sowie #V die freien Variablen der Transition.

Abb. 5.9

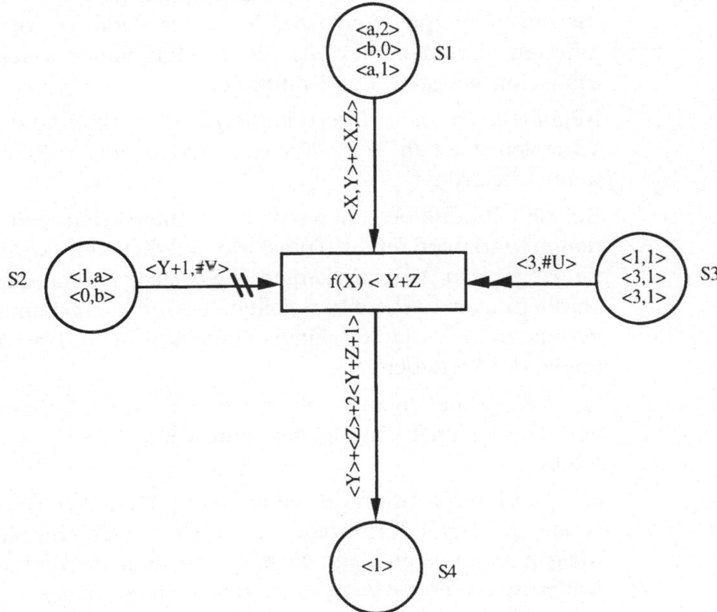

Die folgende Definition faßt noch einmal zusammen.

Def. 5.2   Ein Produktnetz besteht aus

(1)   einem Vorspann,

(2)   einem unbeschrifteten Netz mit

-   einer endlichen Menge $\mathbb{S}$ von Stellen

-   einer endlichen Menge $\mathbb{T}$ von Transitionen und

-   einer Menge $\mathbb{F} \cup \mathbb{V} \cup \mathbb{A}$ von Kanten sowie

(3)   einer Beschriftung bestehend aus

-   Kantenbeschriftungen für alle Kanten,

-   Transitionsinschriften für manche Transitionen und

-   der Festlegung von Definitionsbereichen für alle Stellen. ◆

5.5   Interpretationen

Wie schon am Beispiel aus Abb. 5.3 erläutert wurde, wird bei Produktnetzen das Schalten von Transitionen in Verbindung mit dem "Setzen" ("Interpretieren") von Variablen definiert. Solche Interpretationen sind dann jeweils für die Variablen, welche zu einer Transition gehören, durchzuführen.

Allgemein ist eine *Interpretation* ∂ eine Zuordnung, die jeder Variablen x einen Wert $\partial(x)$ aus einem entsprechenden Wertebereich zuordnet.

Bei den Produktnetzen werden die Interpretationen der gebundenen Variablen einer Transition letztlich auf Anschriften von Eingangs- und Ausgangskanten fortgesetzt, welche dann konkrete Markierungen beschreiben sollen. Dadurch ergeben sich für die gebundenen Variablen einer Transition natürliche Einschränkungen der Wertebereiche:

(1)   Den gebundenen Variablen werden nur solche Werte zugeordnet, die Elemente von Mengen sind, welche im Vorspann definiert wurden.

(2)   Die Interpretation der gebundenen Variablen einer Transition ist auf alle Terme fortsetzbar, die in Anschriften von Eingangs- und Ausgangskanten und ggf. in der Transitionsinschrift vorkommen. Dabei ist die Fortsetzung einer Interpretation auf einen Term wie üblich durch das "Einsetzen" der Werte $\partial(x)$ für jede Variable x und das "Auswerten" des so entstehenden Ausdrucks definiert. Eine Interpretation ist dann auf einen Term nicht fortsetzbar,

wenn eine im Term vorkommende Funktion für die entsprechenden einzusetzenden Werte nicht definiert ist.

(3) Für jede Eingangs- und Ausgangskante mit einer Kantenanschrift $K = v_1<t_{11}, ..., t_{1n}> + ... + v_r<t_{r1}, ..., t_{rn}>$ muß für alle $1 \leq i \leq r$ $\partial((t_{i1},...,t_{in}))$ ein Element des Definitionsbereiches der Stelle sein, welche zur entsprechenden Kante benachbart ist.

Die dritte Bedingung garantiert, daß durch die Fortsetzung einer Interpretation auf Anschriften von Eingangs- und Ausgangskanten nur solche Markierungen dargestellt werden, die in den Definitionsbereichen der entsprechenden Stellen liegen.

Def. 5.3   Interpretationen der gebundenen Variablen einer Transition, welche den obigen Bedingungen (1) bis (3) genügen, heißen *zulässige Interpretationen* der gebundenen Variablen einer Transition. ◆

Beispiel   Für das Produktnetz der Abb. 5.9 ist beispielsweise die Interpretation ∂ mit $\partial(X) = a$, $\partial(Y) = 1$ und $\partial(Z) = 2$ eine zulässige Interpretation der gebundenen Variablen der Transition, denn die Bedingungen (1) bis (3) sind alle erfüllt. Für die Fortsetzung dieser Interpretation auf vorkommende Terme gilt z. B. $\partial(f(X)) = f(a) = 1$ und $\partial(Y+Z) = 1 + 2 = 3$.

Nach der Definition 5.3 hängt die Zulässigkeit einer Interpretation der gebundenen Variablen einer Transition ab von

- den Definitionsbereichen der Eingangs- und Ausgangsstellen,

- den Anschriften der Eingangs- und Ausgangskanten und ggf.

- der Transitionsanschrift.

Hinweis   Die Ausdrucksmöglichkeiten, welche zur Definition von Mengen im Vorspann zur Verfügung stehen, garantieren, daß diese Mengen entscheidbar sind. Für jede im Vorspann definierte Menge ist es also algorithmisch überprüfbar, ob ein gegebenes "Objekt" Element dieser Menge ist. Zusammen mit der Tatsache, daß alle im Vorspann definierten Funktionen für jedes Element ihres angegebenen Definitionsbereichs berechenbar sind, folgt daraus, daß es für jede gegebene Interpretation der gebundenen Variablen einer Transition algorithmisch entscheidbar ist, ob es sich um eine zulässige Interpretation handelt.

5.6   Schaltbedingung

Bei den unbeschrifteten Netzen setzt sich die Schaltbedingung aus zwei Teilen zusammen, einem Teil, welcher die Markierungen der

Eingangsstellen betrifft und sich über die Schwellenmarkierung M^t als $M \geq M^t$ formulieren läßt, und einem zweiten Teil, in dem gefordert wird, daß die Verbotsstellen nicht markiert sein dürfen.

Bei den Produktnetzen kommt im allgemeinen noch ein dritter Teil hinzu, nämlich eine Bedingung, welche durch die Transitionsinschrift formuliert ist. Alle drei Teilbedingungen hängen dann noch von der Interpretation der gebundenen Variablen der Transition ab.

Jeder zulässigen Interpretation ∂t der gebundenen Variablen einer Transition t wird eine *Schwellenmarkierung* $M^{\partial t}$ zugeordnet. Diese ist, grob gesprochen, durch die Fortsetzung der Interpretation auf die Eingangskanten definiert.

Def. 5.4 Die *Schwellenmarkierung* $M^{\partial t}$ setzt sich zusammen aus den Schwellenmarkierungen $M_x^{\partial t}$ für jede Stelle $x \in \mathbb{S}$. $M_x^{\partial t}$ ist definiert durch

$$M_x^{\partial t} = \partial t(K(x,t)) \quad \text{für } x \in {}^\bullet t \quad \text{und}$$

$$M_x^{\partial t} = \varnothing \quad \text{für } x \in \mathbb{S} \setminus {}^\bullet t \, . \; \blacklozenge$$

Die Fortsetzung von ∂t auf Anschriften von Eingangskanten ist dabei so zu verstehen, daß für die gebundenen Variablen die durch ∂t festgelegten Werte eingesetzt werden und ggf. Terme ausgewertet werden. Wegen der Zulässigkeit der Interpretation ist diese Fortsetzung ausführbar und führt zu formalen Summen, welche Markierungen der entsprechenden Eingangsstellen darstellen.

Im betrachteten Beispiel führt die angegebene zulässige Interpretation ∂ zu folgender Schwellenmarkierung M^∂:

$$M_{S1}^\partial = \langle a,1 \rangle + \langle a,2 \rangle \quad \text{und} \quad M_{S2}^\partial = M_{S3}^\partial = M_{S4}^\partial = \varnothing \, .$$

Die Aktivierungsbedingung einer Transition t unter einer Markierung M wird jetzt relativ zu einer Interpretation ∂t der gebundenen Variablen von t definiert, und zwar in drei Teilbedingungen:

B1: $M \geq M^{\partial t}$

B1 bedeutet, daß auf den Eingangsstellen mindestens die Marken der Schwellenmarkierung liegen müssen. Für die gewählte Interpretation ∂ ist also in unserem Beispiel B1 erfüllt.

B2: $\partial t(P(t)) = $ wahr, falls t eine Transitionsinschrift P(t) enthält.

Mit B2 wird überprüft, ob die Transitionsinschrift P(t) - falls eine solche vorhanden ist - unter der Interpretation ∂t den Wahrheitswert "wahr" annimmt. Wegen der Zulässigkeit der Interpretation ist ∂t auf P(t) fortsetzbar und liefert den Wahrheitswert "wahr" oder "falsch". Wegen $\partial t(f(x) < y + z) = (f(a) < 1 + 2) = (1 < 3) =$ wahr ist auch B2 in unserem Beispiel erfüllt.

Zur Formulierung der dritten Teilbedingung, welche die Markierungen der Verbotsstellen sowie die Anschriften der Verbotskanten betrifft, muß noch genauer auf die Bedeutung dieser Kantenanschriften relativ zu einer zulässigen Interpretation ∂t der gebundenen Variablen der Transition eingegangen werden. Es sei bemerkt, daß weder die Anschriften von Verbots- und Abräumkanten noch die Definitionsbereiche von Verbots- und Abräumstellen in den Bedingungen für die Zulässigkeit von ∂t eine Rolle spielen.

Die Anschriften von Verbots- und Abräumstellen sehen zwar - bis auf gewisse Einschränkungen - syntaktisch wie die Anschriften von Eingangsstellen aus, beschreiben aber zusammen mit einer zulässigen Interpretation der gebundenen Variablen im allgemeinen wegen der freien Variablen nicht einzelne Markierungen, sondern bestimmte Teilmengen der Definitionsbereiche der Verbots- und Abräumstellen. Diese Teilmengen werden *Verbotsmengen* bzw. *Abräummengen* genannt.

Genauer: Sei also (x,t) eine Verbots- oder Abräumkante, also (x,t) $\in \mathbb{V} \cup \mathbb{A}$. Die entsprechende Kantenanschrift besitzt dann eine Darstellung $K(x,t) = <m_1> +...+ <m_i>$, wobei jedes m_j ein n-Tupel ist. DieVerbots- bzw. Abräummenge $N_x{}^{\partial t}$ der Stelle x bezüglich einer Interpretation ∂t der gebundenen Variablen von t wird jetzt entsprechend den Summanden der Kantenanschrift aus i Teilmengen zusammengesetzt: $N_x{}^{\partial t} = N1_x{}^{\partial t} \cup ... \cup Ni_x{}^{\partial t}$.

Die Elemente der Mengen $Nr_x{}^{\partial t}$ (für $1 \leq r \leq i$) werden durch den entsprechenden Summanden $<m_r>$ dadurch festgelegt, daß in $<m_r>$ die gebundenen Variablen entsprechend ∂t interpretiert werden und daß die in $<m_r>$ vorkommenden freien Variablen beliebig interpretiert werden, mit der Einschränkung, daß dadurch jeweils Elemente des entsprechenden Definitionsbereichs entstehen.

Für eine formale Definition der Mengen $Nr_x{}^{\partial t}$ muß also definiert werden, was eine *zulässige Fortsetzung* einer zulässigen Interpretation auf die freien Variablen eines Summanden $<m_r>$ ist. Eine solche zulässige Fortsetzung ∂t^* ist eine Zuordnung, die auf allen gebundenen Variablen der Transition t sowie den in $<m_r>$ vorkommenden freien Variablen definiert ist und folgenden Bedingungen genügt:

(1) ∂t^* stimmt auf den gebundenen Variablen von t mit ∂t überein.

(2) Den in $<m_r>$ auftretenden freien Variablen werden Elemente von im Vorspann definierten Mengen zugeordnet.

(3) ∂t^* ist auf alle in $<m_r>$ vorkommenden Terme fortsetzbar.

(4) $\partial t^*<m_r> \in D_X$, d. h. durch die Fortsetzung einer solchen Interpretation auf den Summanden $<m_r>$ wird ein Element des Definitionsbereichs der entsprechenden Verbots- bzw. Abräumstelle erzeugt.

Damit lassen sich jetzt die Mengen $Nr_X{}^{\partial t}$ definieren durch: $Nr_X{}^{\partial t}$ = $\{\partial t^*<m_r> \mid \partial t^*$ ist eine zulässige Fortsetzung von ∂t auf die freien Variablen von $<m_r>\}$.

Menge $Nr_X{}^{\partial t}$ hängt also von der zulässigen Interpretation ∂t, vom Definitionsbereich der entsprechenden Verbots- bzw. Abräumstelle x und dem Summanden $<m_r>$ ab, nicht aber von ggf. vorkommenden anderen Summanden der betrachteten Kantenanschrift. Es kann durchaus der Fall auftreten daß eine Menge $Nr_X{}^{\partial t}$ leer ist, und zwar dann, wenn es keine zulässige Fortsetzung von ∂t auf die freien Variablen des Summanden $<m_r>$ gibt.

Im betrachteten Beispiel mit der angegebenen zulässigen Interpretation ∂ (siehe Abschnitt 5.5) besteht die Anschrift der Verbots- und der Abräumkante jeweils nur aus einem Summanden. Für die Verbotsmenge der Stelle S2 gilt dann: $N_{S2}{}^{\partial} = \{\partial^*<Y + 1, \#V> \mid \partial^*$ ist eine zulässige Fortsetzung von ∂ auf die freien Variablen von $<Y + 1, \#V>\}$.

Beachtet man, daß #V die einzige freie Variable ist und daß außerdem $\partial^*(Y + 1) = \partial(Y + 1) = 2$ sowie $D_{S2} = \{0,1,2,\} \times \{a,b,c\}$, dann folgt daraus $N_{S2}{}^{\partial} = \{<2,a>, <2,b>, <2,c>\}$.

Für die Abräummenge der Stelle S3 folgt entsprechend: $N_{S3}{}^{\partial}$ = $\{\partial^*<3,\#U> \mid \partial^*$ ist eine zulässige Fortsetzung von ∂ auf die freien Variablen von $<3,\#U>\}$ = $\{ <3,k> \mid k \in NAT\_0\}$.

Betrachtet man an Stelle von ∂ die Interpretation Δ mit $\Delta(x) = a$, $\Delta(y) = 2$ und $\Delta(z) = 2$, dann ist auch Δ eine zulässige Interpretation der gebundenen Variablen. Für die Verbotsmenge gilt dann aber $N_{S2}{}^{\Delta} = \emptyset$, denn es gibt keine zulässige Fortsetzung von Δ auf die freien Variablen von $<Y + 1, \#V>$, da schon $\Delta(Y + 1) = 3$ in der ersten Komponente den Definitionsbereich von S2 verläßt.

Mit den Verbotsmengen läßt sich jetzt der dritte Teil der Schaltbedingung formulieren, welcher die Verbotskanten betrifft.

B3: Für jede Verbotsstelle $x \in {}^V t$ gilt $M_x(y) = 0$ für jedes $y \in N_x^{\partial t}$.

D. h. auf den Verbotsstellen einer Transition dürfen keine Marken der entsprechenden Verbotsmenge liegen.

Im betrachteten Beispiel ist auch die Bedingung B3 erfüllt, denn es liegt auf S2 keine Marke aus der Verbotsmenge $N_{S2}^{\partial} = \{<2,a>, <2,b>, <2,c>\}$.

Zusammenfassend läßt sich jetzt die Schaltbedingung vollständig formulieren.

Def. 5.5 Eine Transition t ist unter einer Markierung M für eine zulässige Interpretation ∂t ihrer gebundenen Variablen *aktiviert*, falls gilt:

B1: $M \geq M^{\partial t}$,

B2: $\partial t(P(t)) = $ wahr , falls t eine Transitionsinschrift enthält

B3: $M_x(y) = 0$ für jede Verbotsstelle $x \in {}^V t$ und jedes $y \in N_x^{\partial t}$. ◆

Da für unser Beispiel alle drei Teilbedingungen B1 - B3 für die gewählte Interpretation ∂ erfüllt sind, ist die Transition für diese Interpretation aktiviert.

Wegen B1 ist die Schwellenmarkierung immer eine untere Schranke für die Menge aller Markierungen, unter der eine Transition für eine gegebene zulässige Interpretation ∂t ihrer gebundenen Variablen aktiviert ist. Ist für ∂t auch B2 erfüllt, dann ist die Schwellenmarkierung auch die minimale Markierung unter der t für die zulässige Interpretation ∂t aktiviert ist. B1 und B2 sind dann nämlich laut Voraussetzung erfüllt, und B3 ist ebenso erfüllt, denn unter $M^{\partial t}$ trägt keine Verbotsstelle eine Marke.

Hinweis Was die algorithmische Entscheidbarkeit der Schaltbedingung betrifft, so sind B1 und B2 problemlos. Bei B3 kann allerdings der Fall auftreten, daß die zu betrachtenden Verbotsmengen $N_x^{\partial t}$ unendlich sind. Da aber, was noch gezeigt werden wird, alle aus der Anfangsmarkierung erreichbaren Markierungen endlich sind (d. h. nur für endlich viele $y \in D_x$ gilt $M_x(y) \neq 0$), muß nur für die endlich vielen $y \in D_x$ mit $M_x(y) \neq 0$ die Bedingung $y \notin N_x^{\partial t}$ nachgeprüft werden. Damit ist das Problem auf die Entscheidbarkeit der Verbotsmengen $N_x^{\partial t}$ zurückgeführt. Diese ist aber dann gegeben, wenn jede der Mengen $Nr_x^{\partial t}$ entscheidbar ist.

Für ein $y \in D_x$ nachzuprüfen ob $y \in Nr_x^{\partial t}$ gilt, bedeutet nachzuprüfen, ob es eine zulässige Fortsetzung ∂t^* der Interpretation ∂t

auf die freien Variablen von $\langle m_r \rangle$ gibt mit $y = \partial t^* \langle m_r \rangle$. Wegen $y \in D_x$ und der Tatsache, daß $\langle m_r \rangle$ ein Summand in der Anschrift einer Kante ist, welche der Stelle x benachbart ist, besitzt y eine Darstellung $y = (y_1, ..., y_k)$ und $\langle m_r \rangle$ eine Darstellung $\langle m_r \rangle = \langle t_1, ..., t_k \rangle$. D. h. es muß $\partial t^*(t_i) = y_i$ für alle $1 \leq i \leq k$ gelten. Nach Voraussetzung über die Kantenanschrift tritt jede in $\langle m_r \rangle$ vorkommende freie Variable #v mindestens einmal als einfacher Term auf, d. h. es ist $\#v = t_i$ für ein geeignetes i, also $\#v = y_i$. Damit ist aber festgelegt, wie eine Fortsetzung ∂t^* aussehen müßte. Es ist dann nur noch die Zulässigkeit von ∂t^* zu überprüfen. Diese Eigenschaft ist aber algorithmisch entscheidbar und damit auch letztlich die komplette Schaltbedingung.

5.7 Schaltregel

Eine Transition t, welche für eine zulässige Interpretation ∂t unter einer Markierung M aktiviert ist, kann schalten und erzeugt eine Nachfolgemarkierung. Die Nachfolgemarkierung wird wie bei den unbeschrifteten Netzen in drei Schritten erzeugt, welche aber zusammen als eine Aktion, einen Schaltschritt, betrachtet werden:

(1) Die Markierung der Eingangsstellen wird jeweils um die Markierung vermindert, welche durch Fortsetzung von ∂t auf die Anschrift der entsprechenden Eingangsstelle beschrieben ist. D. h. die Markierung wird um die Schwellenmarkierung vermindert.

(2) Von den Abräumstellen werden alle die Marken entfernt, welche Elemente der entsprechenden Abräummenge sind.

(3) Die Markierung der Ausgangsstellen wird dann um die Markierung erhöht, welche durch Fortsetzung von ∂t auf die Anschriften der entsprechenden Ausgangskante beschrieben ist.

Bei diesen drei Schritten ist zu beachten, daß Ausgangsstellen einer Transition auch Eingangs- bzw. Abräumstellen dieser Transition sein können. Es werden von diesen Stellen dann zuerst gewisse Marken entfernt und danach andere Marken wieder abgelegt. Für die formale Definition der Nachfolgemarkierung führt dieser Sachverhalt zu einer Unterscheidung von folgenden 6 Fällen:

$$(1)\ \ x \in {}^\bullet t \setminus t^\bullet \qquad\qquad (2)\ \ x \in {}^\bullet t \cap t^\bullet$$

$$(3)\ \ x \in {}^{A}t \setminus t^\bullet \qquad\qquad (4)\ \ x \in {}^{A}t \cap t^\bullet$$

$$(5)\ \ x \in t^\bullet \setminus ({}^\bullet t \cup {}^{A}t) \qquad (6)\ \ x \in \mathbb{S} \setminus ({}^\bullet t \cup {}^{A}t \cup t^\bullet)$$

Diese Fallunterscheidung läßt sich durch das Diagramm in Abb. 5.10 veranschaulichen.

Abb. 5.10

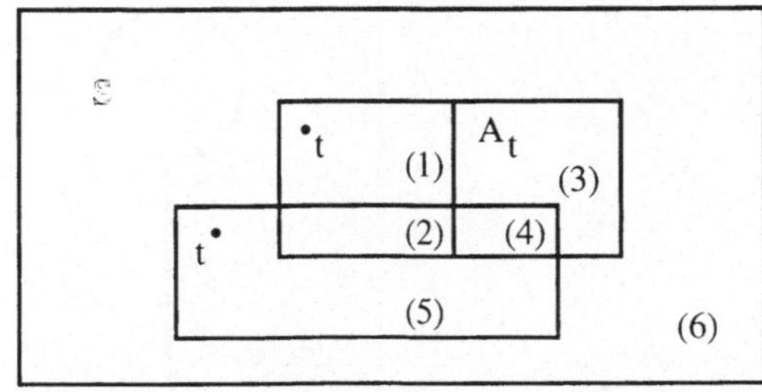

Def. 5.6 Eine Transition t, welche für eine zulässige Interpretation ∂t unter einer Markierung M aktiviert ist, *kann schalten* und erzeugt eine *Nachfolgemarkierung* M', die gegeben ist durch:

(1) für $x \in {}^\bullet t \setminus t^\bullet$

$$M'_X = M_X - \partial t\,(K(x,t))$$

(2) für $x \in {}^\bullet t \cap t^\bullet$

$$M'_X = M_X - \partial t\,(K(x,t)) + \partial t\,(K(t,x))$$

(3) für $x \in {}^{A}t \setminus t^\bullet$

$$M'_X(y) = 0 \quad \text{für } y \in N_X{}^{\partial t}$$

$$M'_X(y) = M_X(y) \quad \text{für } y \in D_X \setminus N_X{}^{\partial t}$$

(4) für $x \in {}^{A}t \cap t^\bullet$

$$M'_X(y) = [\partial t\,(K(t,x))]\,(y) \quad \text{für } y \in N_X{}^{\partial t}$$

$$M'_X(y) = M_X(y) + [\partial t\,(K(t,x))]\,(y) \quad \text{für } y \in D_X \setminus N_X{}^{\partial t}$$

(5) für $x \in t^\bullet \setminus ({}^\bullet t \cup {}^{A}t)$

$$M'_X = M_X + \partial t\,(K(t,x))$$

(6) für $x \in S \setminus ({}^\bullet t \cup {}^{A}t \cup t^\bullet)$

$$M'_X = M_X \quad \blacklozenge$$

$\partial t(K(t,x))$ ist eine formale Summe mit Summanden aus D_X; wie in 5.3 beschrieben ist eine solche formale Summe auch eine Darstellung einer Abbildung $D_X \rightarrow \text{NAT\_0}$. $[\partial t\,(K(t,x))]$ steht für diese Abbildung.

Wie schon weiter oben festgestellt wurde, ist die Transition in unserem Beispiel aus Abb. 5.9 für die Interpretation ∂ unter der angegebenen Markierung aktiviert. Beim Schalten erzeugt sie eine Nachfolgemarkierung, die in Abb. 5.11 dargestellt ist.

Abb. 5.11

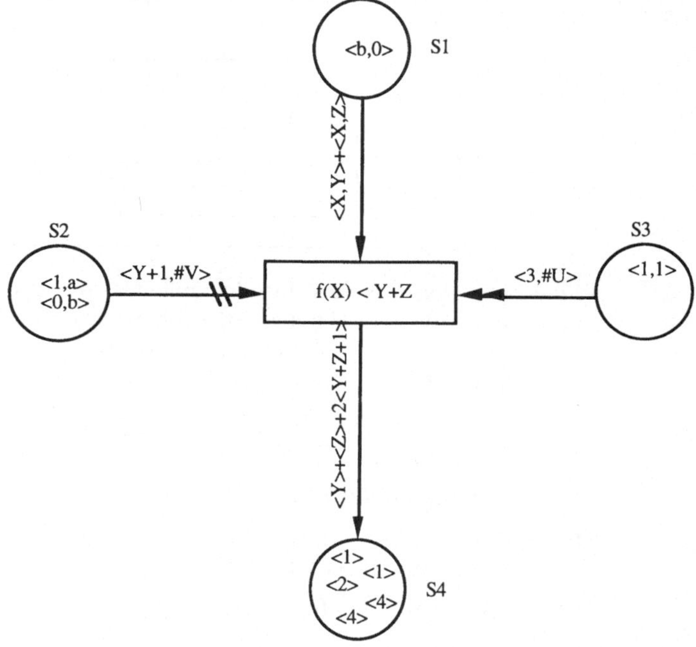

Für weitere Beispiele zur Schaltregel sei auf das nächste Kapitel verwiesen.

In der Definition des Markierungsbegriffs wurde die Endlichkeit einer Markierung gefordert, d. h. auf jeder Stelle dürfen nur endlich viele Marken liegen. Aus der Definition der Schaltregel folgt unmittelbar, daß auch die Nachfolgemarkierung endlich ist.

Die Nachfolgemarkierung ist auch berechenbar, denn der einzig kritische Punkt ist dabei in den Fällen (3) und (4) die Entscheidbarkeit der Abräummenge. Die Entscheidbarkeit der Verbotsmengen wurde schon weiter oben gezeigt. Da sich aber die Abräummengen in ihrer Konstruktion nicht von den Verbotsmengen unterscheiden, sind auch sie entscheidbar.

Die zu Beginn des Buches eingeführten unbeschrifteten Netze können jetzt als Spezialfall der Produktnetze aufgefaßt werden: Dazu wird im Vorspann eine einelementige Grundmenge G =

{MARKE} definiert. Diese Menge ist dann Definitionsbereich jeder Stelle. Die Kanten tragen alle die Anschrift <'MARKE'>, und die Transitionen haben keine Inschrift. Dieses Produktnetz ist dann "isomorph" dem unbeschrifteten Netz.

Hinweis

Will man in einem Produktnetz zu einer gegebenen Markierung alle möglichen Nachfolgemarkierungen bestimmen, dann müssen für jede Transition alle möglichen zulässigen Interpretationen ihrer gebundenen Variablen inspiziert werden. Dies ist im allgemeinen eine unendliche Menge. Eine ähnliche Überlegung wie bei der Entscheidbarkeit der Verbotsmengen wird aber zeigen, daß es zu einer gegebenen Markierung M nur endlich viele zulässige Interpretationen der gebundenen Variablen einer Transition gibt, die zu einer Aktivierung dieser Transition führen können. Diese endliche Menge kann algorithmisch bestimmt werden.

Zur Bestimmung dieser endlich vielen Interpretationen genügt es, für jede gebundene Variable v der betrachteten Transition t eine endliche Menge von Werten anzugeben, die dieser Variablen bei einer Interpretation zugeordnet werden können. Nach Voraussetzung tritt v in einem Summanden der Anschrift einer Eingangskante (x,t) als elementarer Term auf. Dieser Summand besitzt also, abgesehen von einem möglichen Koeffizienten größer 1, die Darstellung $<m_1,.. ,m_i,...,m_k>$ mit $m_i = v$ für ein geeignetes i mit $1 \leq i \leq k$.

Aus der Bedingung B1 ($M \geq M^{\partial t}$) folgt, daß für eine mögliche Interpretation ∂t bei der t unter M aktiviert ist, $\partial t<m_1, ..., m_k>$ als Marke auf der Stelle x liegen muß, d. h. $M_x(\partial t<m_1, ..., m_k>) > 0$. Wegen der Endlichkeit der Markierung M gibt es nur endlich viele $y \in D_x$ mit $M_x(y) > 0$; sie seien mit $y_1,...,y_r$ bezeichnet. Es muß also $\partial t<m_1, ..., m_k> \in \{y_1,...,y_u, ...,y_r\}$ gelten. Jedes y_u besitzt eine Darstellung $y_u = (y_{u1},...,y_{uk})$. Wegen $\partial t<m_1, ..., m_k> = (\partial t(m_1), ..., \partial t(m_k))$ und $m_i = v$ folgt dann $\partial t(v) \in \{y_{1i}, ..., y_{ri}\}$. Damit sind dann aber die endlich vielen Interpretationen, die zu einer Aktivierung der Transition führen können, algorithmisch bestimmbar.

Hinweis

Die in Kapitel 2 gegebene Definition des Erreichbarkeitsgraphen eines unbeschrifteten Netzes sowie die dort gemachten Aussagen über die Berechnung von Erreichbarkeitsgraphen gelten in entsprechender Form auch für Produktnetze. Bei diesen ist aber auch noch eine verfeinerte Definition des Erreichbarkeitsgraphen denkbar, bei der die Kanten nicht nur mit der schaltenden Transition beschriftet sind, sondern auch noch mit der aktuellen Interpretation der gebundenen Variablen.

Das folgende Beispiel in Abb. 5.12 zeigt, daß die beiden Definitionen zu unterschiedlichen Erreichbarkeitsgraphen führen können.

Abb. 5.12

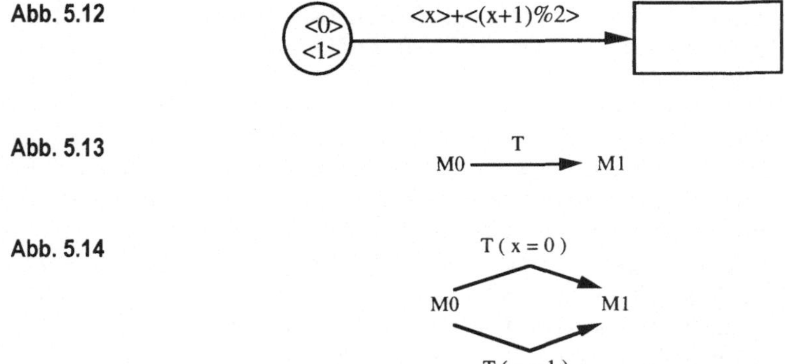

Abb. 5.13

$$M0 \xrightarrow{\ T\ } M1$$

Abb. 5.14

$$T(x=0)$$
$$M0 \qquad M1$$
$$T(x=1)$$

Abb. 5.13 zeigt den Erreichbarkeitsgraphen ohne Interpretationen und Abb. 5.14 den mit Interpretationen. Dabei ist $M0_S = {<}0{>} + {<}1{>}$ und $M1_S = \varnothing$.

Da man in vielen Fällen ohne die Interpretationen auskommt, werden wir im folgenden nur die einfachere Form des Erreichbarkeitsgraphen betrachten. Es sei jetzt schon darauf hingewiesen, daß alle Analyse- und Verifikationsmethoden, welche auf der Grundlage von Ereichbarkeitsgraphen ohne Interpretationen in diesem Buch behandelt werden, sich ohne Probleme auf Erreichbarkeitsgraphen mit Interpretationen übertragen lassen.

6   Beispiele

Die nachfolgenden Beispiele sollen die in Kapitel 5 eingeführten Konzepte illustrieren. Sie sind daher Spielbeispiele, die keineswegs die Komplexität der Modellierung realer verteilter Systeme widerspiegeln. Bezüglich solcher Beispiele sei auf die Kapitel 8, 9, 10 und 15 hingewiesen.

Netz 1

Definitionsbereiche:

$$D_{s1} = D_{s2} = \text{NAT\_0} \quad \text{und} \quad D_{s3} = \text{NAT\_0} \times \text{NAT\_0}$$

Abb. 6.1

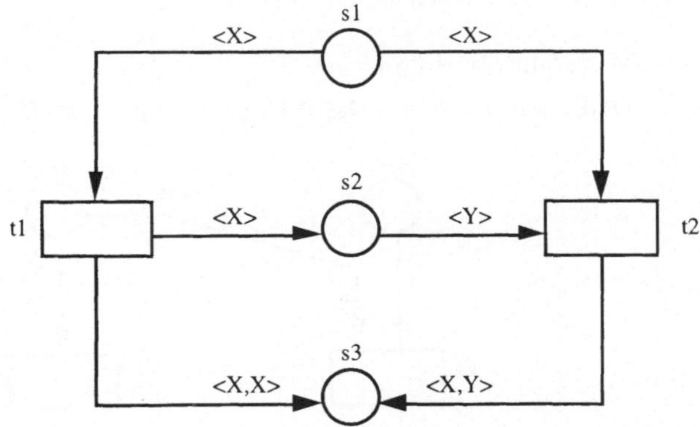

Betrachtet man die jeweils rund um eine Transition auftretenden Variablen, so sieht man, daß nur gebundene Variable vorkommen. Mit der durch $M0_{s1} = \text{<2>} + \text{<5>}$, $M0_{s2} = \varnothing$ und $M0_{s3} = \varnothing$ gegebenen Anfangsmarkierung M0 führt die Erreichbarkeitsanalyse zu dem in Abb. 6.2 dargestellten Erreichbarkeitsgraphen. Dabei gilt:

$M1_{s1} = \text{<5>}$	$M1_{s2} = \text{<2>}$	$M1_{s3} = \text{<2,2>}$
$M2_{s1} = \text{<2>}$	$M2_{s2} = \text{<5>}$	$M2_{s3} = \text{<5,5>}$
$M3_{s1} = \varnothing$	$M3_{s2} = \varnothing$	$M3_{s3} = \text{<2,2>} + \text{<5,2>}$

$$M4_{s1} = \emptyset \qquad M4_{s2} = <2> + <5> \qquad M4_{s3} = <2,2> + <5,5>$$

$$M5_{s1} = \emptyset \qquad M5_{s2} = \emptyset \qquad M5_{s3} = <5,5> + <2,5>$$

Abb. 6.2

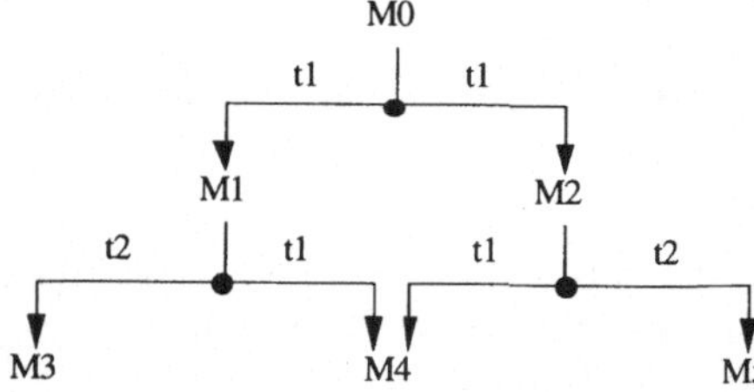

Beim Übergang von M0 zu M1 bzw. zu M2 ist ersichtlich, daß unter einer Markierung eine Transition bezüglich unterschiedlicher Interpretationen ihrer gebundenen Variablen aktiviert sein kann. Unter den Markierungen M3, M4 und M5 ist jeweils keine Transition aktiviert; es sind Totmarkierungen.

Netz 2

Vorspann: $B = \{r,d\}$

Definitionsbereiche: $D_{s1} = D_{s3} = \text{NAT\_0}$ und $D_{s2} = \text{NAT\_0} \times B$

Abb. 6.3

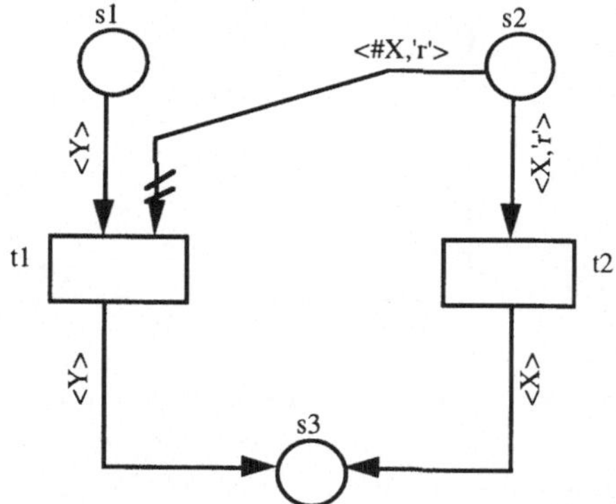

Bezüglich der Transition t1 ist Y eine gebundene und #X eine freie Variable. Bezüglich t2 ist X gebunden. r ist eine Konstante ($r \in B$). Mit der durch $M0_{s1} = <1>$, $M0_{s2} = <1,d> + <2,r>$ und $M0_{s3} = \emptyset$ gegebenen Anfangsmarkierung M0 führt die Erreichbarkeitsanalyse zu dem in Abb. 6.4 dargestellten Erreichbarkeitsgraphen. Dabei gilt:

$$M1_{s1} = <1> \qquad M1_{s2} = <1,d> \qquad M1_{s3} = <2>$$
$$M2_{s1} = \varnothing \qquad M2_{s2} = <1,d> \qquad M2_{s3} = <1> + <2>$$

Abb. 6.4
$$M0 \xrightarrow{\;t2\;} M1 \xrightarrow{\;t1\;} M2$$

Die Anschrift <#X,'r'> der Verbotskante von s2 nach t1 mit #X als freier Variablen der Transition t1 definiert bezüglich jeder Interpretation der gebundenen Variablen Y die Verbotsmenge $NAT\_0 \times \{r\} \subset D_{s2}$. Deshalb ist t1 unter der gegebenen Anfangsmarkierung nicht aktiviert. Beim Schalten von t2 wird <2,r> aus s2 entfernt. Bei der dadurch entstandenen Markierung M1 liegt kein Element der obigen Verbotsmenge mehr auf s2. Unter M1 ist nun t1 aktiviert.

Netz 3

Vorspann: $B = \{r,d\}$

Definitionsbereiche: $D_{s1} = D_{s3} = NAT\_0$ und $D_{s2} = NAT\_0 \times B$

Abb. 6.5

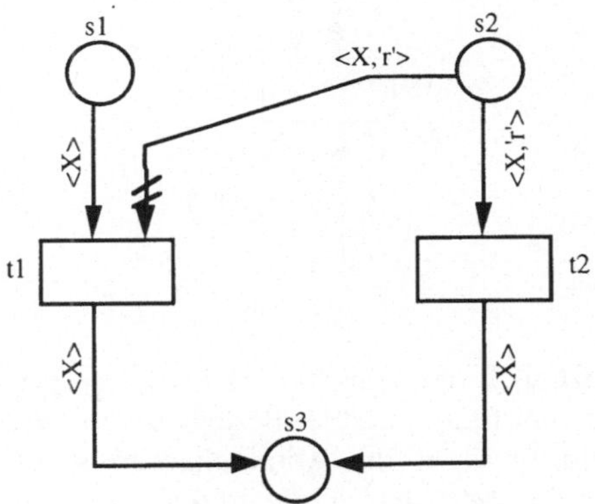

In diesem Produktnetz treten nur gebundene Variable auf. Die Anschrift <X,'r'> der Verbotskante von s2 nach t1 definiert eine einelementige Verbotsmenge, welche von der Interpretation der gebundenen Variablen X abhängt. Mit der durch $M0_{s1} = <1>$, $M0_{s2} = <1,d> + <2,r>$ und $M0_{s3} = \varnothing$ gegebenen Anfangsmarkierung M0 führt die Erreichbarkeitsanalyse zu dem in Abb. 6.6 dargestellten Erreichbarkeitsgraphen. Dabei gilt:

$$M1_{s1} = \varnothing \qquad M1_{s2} = <1,d> + <2,r> \qquad M1_{s3} = <1>$$
$$M2_{s1} = <1> \qquad M2_{s2} = <1,d> \qquad M2_{s3} = <2>$$
$$M3_{s1} = \varnothing \qquad M3_{s2} = <1,d> \qquad M3_{s3} = <1> + <2>$$

Abb. 6.6

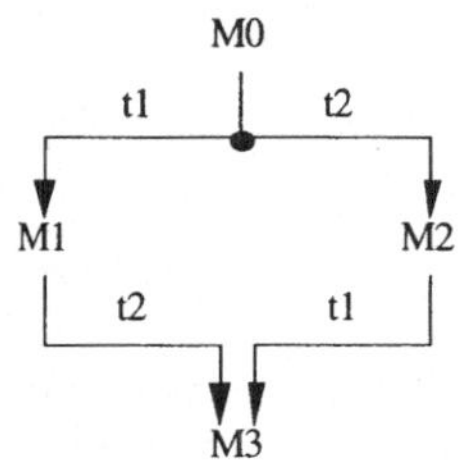

Netz 4   Definitionsbereiche:

$$D_{s1} = D_{s2} = NAT\_0 \times NAT\_0 \quad \text{und} \quad D_{s3} = NAT\_0$$

Abb. 6.7

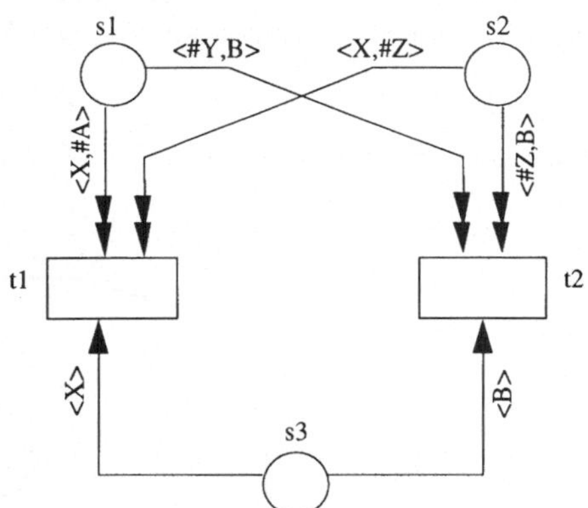

Bezüglich der Transition t1 ist X eine gebundene Variable, #A und #Z sind freie Variable. Bezüglich t2 ist B gebunden und #Y und #Z sind frei. Da die Abräumkanten keine Aktivierungsbedingung beschreiben, hängt die Aktivierung der Transitionen t1 und t2 allein von der Markierung der Stelle s3 ab. Die Abräumkanten haben allerdings Auswirkung auf die Nachfolgemarkierung. Unter der Anfangsmarkierung M0 mit $M0_{s1} = <3,4> + <7,4>$, $M0_{s2} = <3,7> + <2,4>$ und $M0_{s3} = <3> + <4>$ ist beispielsweise die Transition t1 bezüglich der Interpretation $\partial(X) = 3$ aktiviert. Daraus ergibt sich sowohl für s1 als auch für s2 sie Abräummenge $\{3\} \times NAT\_0$. Beim Schalten von t1 wird deshalb aus s1 die Marke <3,4> und aus s2 die Marke <3,7> durch die entsprechende Abräumkante entfernt. Der vollständige Erreichbarkeitsgraph ist in Abb. 6.8 dargestellt.

Abb. 6.8

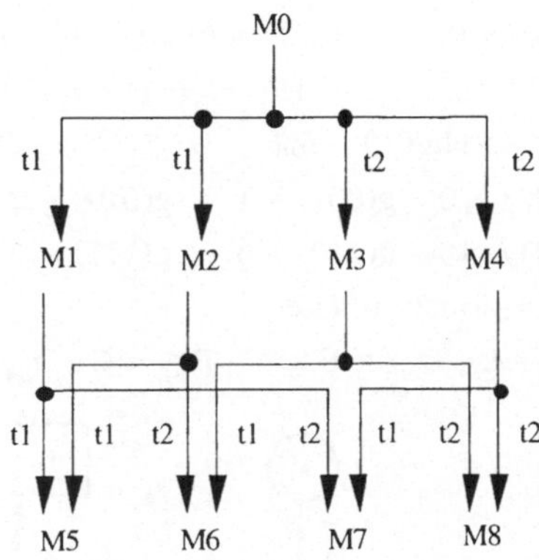

Die Markierungen M0 - M8 sind in nachfolgender Tabelle angegeben:

	s1	s2	s3
M0	<3,4> + <7,4>	<3,7> + <2,4>	<3> + <4>
M1	<7,4>	<2,4>	<4>
M2	<3,4> + <7,4>	<3,7> + <2,4>	<3>
M3	<3,4> + <7,4>	<3,7> + <2,4>	<4>
M4	∅	<3,7>	<3>
M5	<7,4>	<2,4>	∅
M6	<3,4> + <7,4>	<3,7> + <2,4>	∅
M7	∅	∅	∅
M8	∅	<3,7>	∅

Netz 5

Im Produktnetz der Abb. 6.9 werden unterschiedliche "Interpretationen" von Eistrings modelliert. Die Transition t1 legt Bitstrings der Länge 3 versehen mit einem "Header" auf die Stelle s3. Gemäß dem "Header" ist dann entweder t2 oder t3 aktiviert (Transitionsinschrift). t2 zählt die Anzahl der Einsen im Bitstring (Funktion f), t3 interpretiert den Bitstring als Dualzahl (Funktion g).

Vorspann: B = a,b} , C = {000, 001, 010, 011, 100, 101, 110, 111}

$f : C \rightarrow NAT\_0$ mit

f(000) = 0   f(001) = f(010) = f(100) = 1

f(111) = 3   f(011) = f(101) = f(110) = 2

$g : C \rightarrow NAT\_0$ mit

g(000) = 0   g(001) = 1   g(010) = 2 g(011) = 3 g(100) = 4

g(101) = 5   g(110) = 6   g(111) = 7

Definitionsbereiche:

$D_{s1} = B$, $D_{s3} = B \times C$, $D_{s2} = C$, $D_{s4} = D_{s5} = NAT\_0$

Abb. 6.9

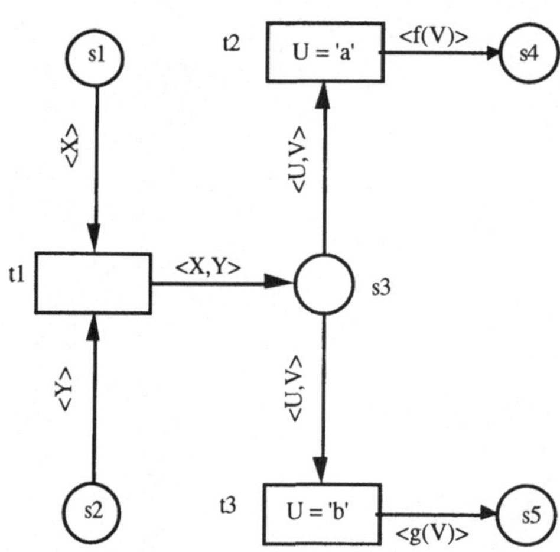

Die Erreichbarkeitsanalyse wird für dieses Produktnetz schon recht umfangreich. Es wird deshalb in Abb. 6.10 beispielhaft nur eine Schaltfolge angegeben, die von der durch $M0_{s1} = \langle a \rangle + \langle b \rangle$, $M0_{s2} = \langle 101 \rangle + \langle 100 \rangle$ und $M0_{s3} = M0_{s4} = M0_{s5} = \varnothing$ gegebenen Anfangsmarkierung M0 zu einer Totmarkierung M4 führt.

Abb. 6.10

$$M0 \xrightarrow{t1} M1 \xrightarrow{t2} M2 \xrightarrow{t1} M3 \xrightarrow{t3} M4$$

Die Markierungen M0 - M4 sind in nachfolgender Tabelle angegeben:

	s1	s2	s3	s4	s5
M0	$\langle a \rangle + \langle b \rangle$	$\langle 101 \rangle + \langle 100 \rangle$	$\varnothing$	$\varnothing$	$\varnothing$
M1	$\langle b \rangle$	$\langle 101 \rangle$	$\langle a, 100 \rangle$	$\varnothing$	$\varnothing$
M2	$\langle b \rangle$	$\langle 101 \rangle$	$\varnothing$	$\langle 1 \rangle$	$\varnothing$

M3 $\emptyset$	$\emptyset$	<b, 101>	<1>	$\emptyset$
M4 $\emptyset$	$\emptyset$	$\emptyset$	<1>	<5>

Netz 6 Das nachfolgende Produktnetz modelliert den FIFO-Transport von Objekten aus der Stelle s1 über s2 nach s3. In der Reihenfolge, in der t1 die Objekte aus s1 entnimmt, werden sie letztlich in einer Liste in s3 abgelegt. Dazu werden mehrfach die in Kapitel 5.2 eingeführten Standardfunktionen ℓ (Länge einer Folge), seg (Segment aus einer Folge) und . (Konkatenation von Folgen) benutzt.

Vorspann: $B = \{a,b\}$, $C = B^*$

Definitionsbereiche: $D_{s1} = B$, $D_{s2} = D_{s3} = C$

Abb. 6.11

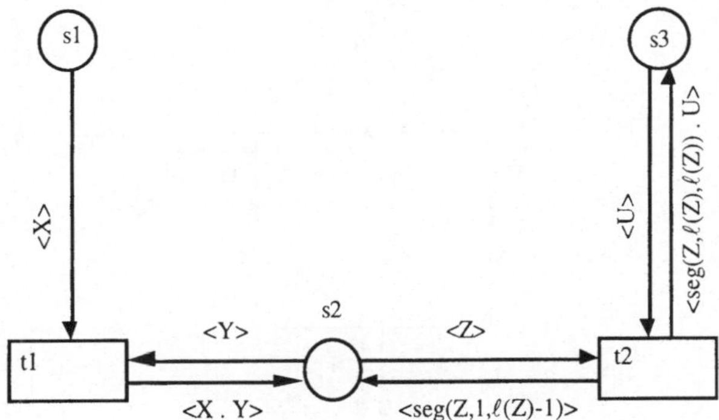

Mit der durch $M0_{s1}$ = <a> + <b> und $M0_{s2} = M0_{s3}$ = <::> gegebenen Anfangsmarkierung M0 führt die Erreichbarkeitsanalyse zu dem in Abb. 6.12 dargestellten Erreichbarkeitsgraphen. Die Markierungen M0 - M10 sind in nachfolgender Tabelle angegeben:

	s1	s2	s3
M0	<a> - <b>	<::>	<::>
M1	<b>	<a>	<::>
M2	<a>	<b>	<::>
M3	$\emptyset$	<b.a>	<::>
M4	<b>	<::>	<a>
M5	$\emptyset$	<a.b>	<::>

M6	<a>	<::>	<b>
M7	∅	<b>	<a>
M8	∅	<a>	<b>
M9	∅	<::>	<b.a>
M10	∅	<::>	<a.b>

Abb. 6.12

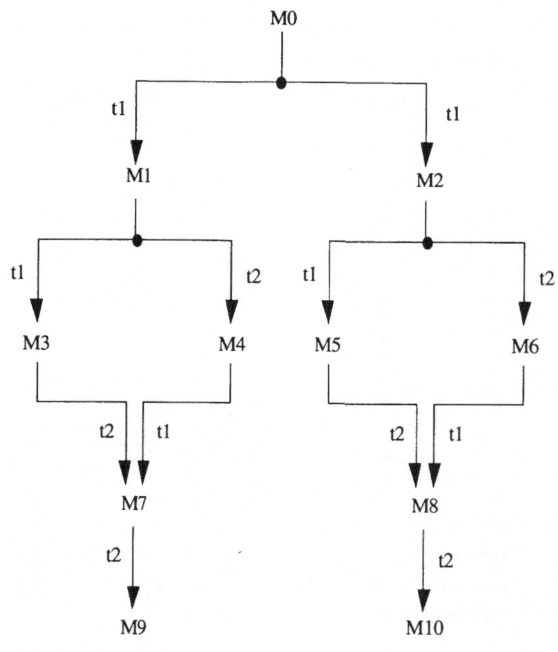

Abb. 6.13

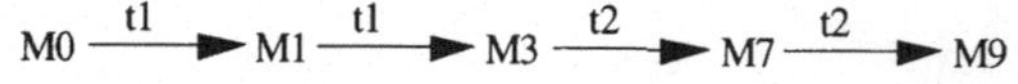

Zur Erklärung der Erreichbarkeitsanalyse betrachten wir die Schaltfolge in Abb. 6.13 etwas genauer:

	M0 - t1 - M1	M1 - t1 - M3
$\partial(X)$	a	b
$\partial(Y)$	::	a
$\partial(X.Y)$	a.:: = a	b.a

Durch das zweimalige Schalten von t1 wird auf der Stelle s2 die Liste b.a aufgebaut. Hierdurch wird modelliert, daß zuerst das Objekt a und anschließend das Objekt b "ausgesendet" werden.

	M3 -t2 - M7	M7 - t2 - M9
$\partial(U)$	::	a
$\partial(Z)$	b.a	b
$\partial(\ell(Z))$	2	1
$\partial(seg(Z,1,\ell(Z) - 1))$	seg(b.a,1,1) = b	seg(b,1,0) = ::
$\partial(seg(Z,\ell(Z),\ell(Z)))$	seg(b.a,2,2) = a	seg(b,1,1) = b
$\partial(seg(Z,\ell(Z),\ell(Z)).U)$	a.:: = a	b.a

Durch das zweimalige anschließende Schalten von t2 wird die Liste b.a von der Stelle s2 auf die Stelle s3 überführt. Damit wird modelliert, daß zuerst das Objekt a und dann das Objekt b empfangen werden. Der Vergleich der Sendereihenfolge mit der Empfangsreihenfolge läßt die FIFO-Eigenschaft des Transports erkennen.

Netz 7

In Kapitel 3 wurde mit unbeschrifteten Netzen ein Modell angegeben (Abb. 3.3), das die Funktion der Flußkontrolle eines Transportsystems enthält (Pipeline der Länge 4). In Abb. 6.14 stellen wir jetzt dieses Netz als Produktnetz dar, in dem zusätzlich noch die Individualität der transportierten Nachricht sichtbar wird. Erst mit diesen individuellen Nachrichten kann von Reihenfolgeerhaltung der Nachrichten gesprochen werden. Für die Definitionsbereiche der Stellen gilt: $D_{p11} = D_{p21} = D_{p31} = D_{p41} = NAT\_0$ und $D_S = D_R = D_{p12} = D_{p22} = D_{p32} = D_{p42} = N$, wobei N die Menge aller Nachrichten bedeutet.

Neben der eingezeichneten Anfangsmarkierung enthält noch zusätzlich die Stelle S beliebige Nachrichten als Marken. In dem angegebenen Produktnetz sind die Elementarnetze der Transitionen t2, t3 und t4 gleich. Sie lassen sich deshalb, wie Abb. 6.15 zeigt, "zusammenfalten".

Für die Definitionsbereiche der Stellen gilt dabei $D_{p1} = NAT\_0$, $D_{p2} = N \times NAT\_0$ und $D_S = D_R = N$. Die Anfangsmarkierung M1 ist gegeben durch $M1_{p1} = <1>+<2>+<3>+<4>$ und $M1_S = $ "Menge von Nachrichten".

Abb. 6.14

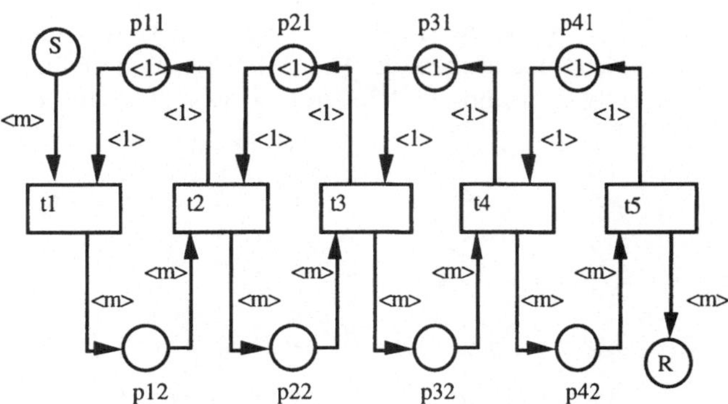

Abb. 6.15

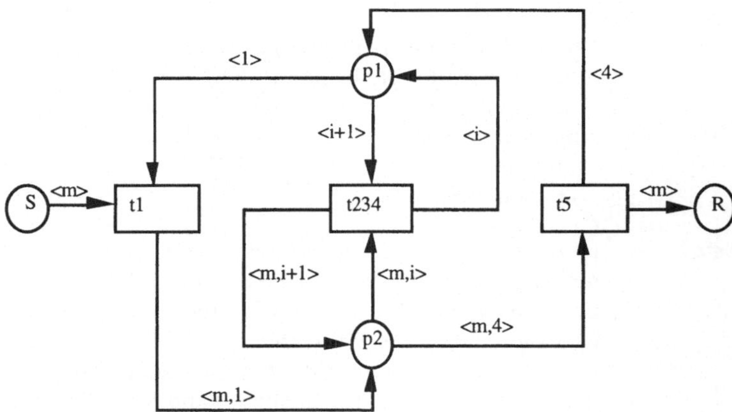

Im Netz der Abb. 6.15 entspricht eine Marke <i> auf der Stelle p1 einer Marke <1> auf der Stelle pi1 im vorhergehenden Netz und eine Marke <m,i> auf der Stelle p2 einer Marke <m> auf der Stelle pi2. Im Vergleich zum vorhergehenden Netz läßt sich dieses Netz leicht (durch Erweiterung der Markierung von p1 und entsprechende Abänderung der Zahl 4 in der Kantenbeschriftung) zu einem Modell einer Pipeline anderer Länge verändern.

Erweitet man die Menge N der Nachrichten noch um ein weiteres Element 0 (0 ∉ N), welches die Bedeutung "keine Nachricht" hat, dann lassen sich wie Abb. 6.16 zeigt auch noch die Stellen p1 und p2 zusammenfassen [EP5].

Abb. 6.16

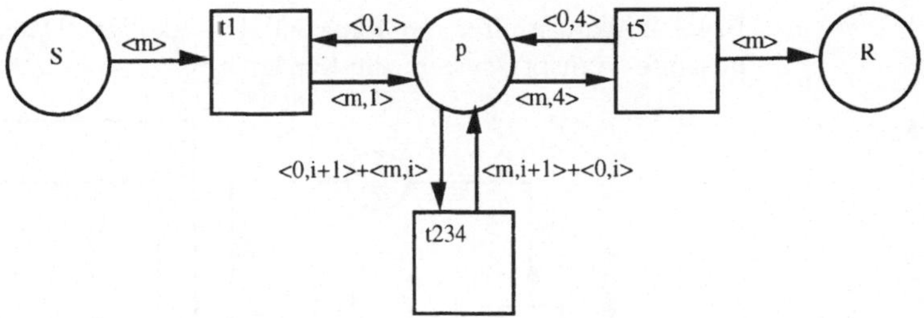

Ist $N' = N \cup \{0\}$, dann gilt für die Definitionsbereiche der Stellen: $D_p = N' \times NAT\_0$ und $D_S = D_R = N$. Die Anfangsmarkierung M1 ist gegeben durch: $M1_p = <0,1>+<0,2>+<0,3>+<0,4$ und $M1_S =$ "Menge von Nachrichten".

Die Aufgabe der Transition t234 besteht darin, die Nachrichten "in der Pipeline zu transportieren". Wenn man von diesem Transport abstrahiert, dann entsteht in Abb. 6.17 ein Modell (ähnlich dem Produktnetz in Abb. 6.11), welches flußkontrolliertes und reihenfolgeerhaltendes Senden und Empfangen von Nachrichten beschreibt.

Abb. 6.17

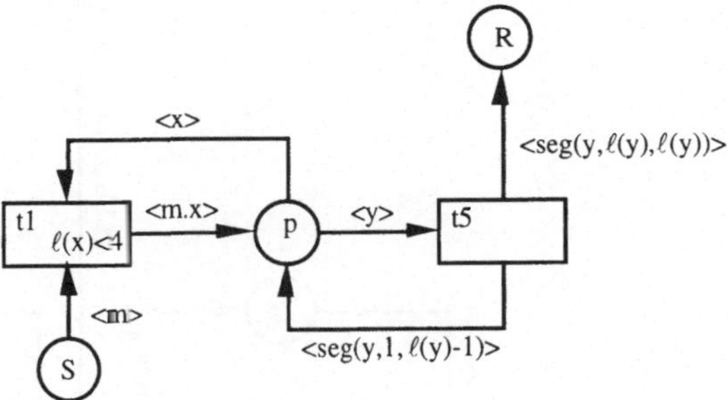

Ist $F = N^*$, dann gilt für die Definitionsbereiche der Stellen: $D_p = F$ und $D_S = D_R = N$. Die Anfangsmarkierung M1 ist gegeben durch $M1_p = <::>$ und $M1_S =$ "Menge von Nachrichten".

Im Produktnetz in Abb. 6.18 wird Flußkontrolle beim Sender, beim Empfänger und beim Transportsystem durch "Quittungen" auf den Stellen SSA, SRA und SA modelliert [BE1]. Die Reihenfolgeerhaltung wird durch Numerierung der Nachrichten mittels der Zähler SPSC und SPRC garantiert. Der eigentliche Kanal (Stelle SM) hat bei dieser Modellierung die Kapazität 3. Mit den Stellen SSM und SSA bzw. SRM und SRA ist noch zusätzlich ein Eingangs-

bzw. Ausgangspuffer der Kapazität 1 modelliert. Damit besitzt das gesamte Transportsystem die Kapazität 5.

Abb. 6.18

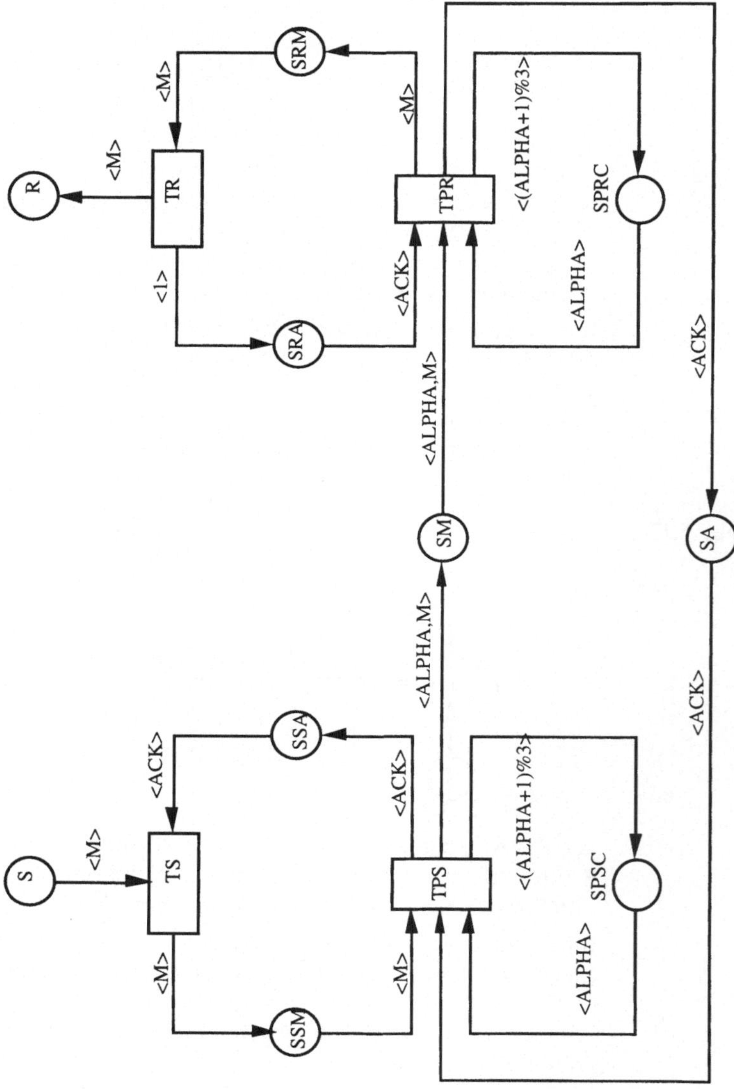

Für die Definitionsbereiche der Stellen gilt dabei: $D_{SSA} = D_{SRA} = D_{SA} = D_{SPSC} = D_{SPRC} = NAT\_0$, $D_{SM} = NAT\_0 \times N$ und $D_S = D_R = D_{SSM} = D_{SRM} = N$. Die Anfangsmarkierung M1 ist gegeben durch: $M1_{SSA} = M1_{SRA} = <1>$, $M1_{SA} = 3<1>$, $M1_{SPSC} = M1_{SPRC} = <0>$ und $M1_S = $ "Menge von Nachrichten" .

Netz 8

Zum Schluß dieses Kapitels betrachten wir noch einmal die Ackermannfunktion aus Kapitel 5: $g : NAT\_0 \times NAT\_0 \times \rightarrow NAT\_0$ mit

$g(0,n) = n+1$

$g(m+1,0) = g(m,1)$

$g(m+1,n+1) = g(m,g(m+1,n))$

Der Funktionswert g(2,1) kann folgendermaßen berechnet werden:

$g(2,1) = g(1,g(2,0)) = g(1,g(1,1)) = g(1,g(0,g(1,0))) = g(1,g(0,g(0,1))) = g(1,g(0,2)) = g(1,3) = g(0,g(1,2)) = g(0,g(0,g(1,1))) = g(0,g(0,g(0,g(1,0)))) = g(0,g(0,g(0,g(0,1)))) = g(0,g(0,g(0,2))) = g(0,g(0,g(0,3))) = g(0,4) = 5$

Die Berechnungsstrategie besteht darin, immer auf den innersten Funktionsterm eine der drei Gleichungen anzuwenden, was jeweils für genau eine Gleichung möglich ist. Die Gleichungen sind so beschaffen, daß dieses Verfahren immer terminiert.

Das folgende Produktnetz in Abb. 6.19 modelliert dieses Berechnungsverfahren. Da die entstehenden Terme einheitlich geklammert sind, und nur die Funktion g auftritt, können diese Terme jeweils eindeutig durch eine entsprechende Folge natürlicher Zahlen dargestellt werden.

Abb. 6.19

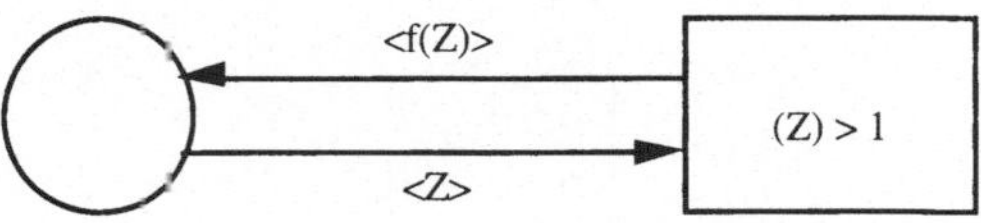

Mit einer Marke <m.n> auf der Stelle als Anfangsmarkierung entsteht ein Erreichbarkeitsgraph, der nur aus einer Schaltfolge besteht. Diese endet mit einer Totmarkierung, bei welcher der Funktionswert g(m,n) als Marke auf der Stelle liegt. Die einzelnen Rechenschritte werden von der Funktion f durchgeführt.

Im Vorspann wird die Funktion $f : A \rightarrow A$ mittels einer Hilfsfunktion $h : NAT\_0 \times NAT\_0 \times \rightarrow A$ definiert. Dabei ist $A = NAT\_0^*$, $h(X,Y) = Y+1$, falls $X = 0$, $h(X,Y) = (X-1).1$, falls $Y = 0$ und $h(X,Y) = (X-1).X.(Y-1)$ sonst , und

$f(Z) = \text{seg}(Z,1,\ell(Z)-2).h(\text{seg}(Z,\ell(Z)-1,\ell(Z)-1),\text{seg}(Z,\ell(Z),\ell(Z)))$, falls $\ell(Z) > 1$ und $f(Z) = ::$ sonst. Der Definitionsbereich der Stelle ist A.

7   Ausdrucksstärke der Produktnetze

Die bisher betrachteten Beispiele haben gezeigt, daß sich so unterschiedliche Dinge wie der Auf- und Abbau von Kommunikationsverbindungen, der FIFO-Transport von Nachrichten oder gar die komplexen Berechnungen der Ackermannfunktion mit Produktnetzen beschreiben lassen. Das wirft natürlich die Frage auf, wie sich die Produktnetze generell in die Landschaft der formalen Beschreibungsmittel einordnen. Bekanntermaßen ist eines der allgemeinsten Beschreibungsmittel das Konzept der Turingmaschine, mit dem sich ja alle algorithmischen Vorgänge darstellen lassen [HU, Pet]. In diesem Kapitel soll jetzt gezeigt werden, daß Produktnetze in ihrer Ausdrucksstärke äquivalent den Turingmaschinen sind.

Eine *Turingmaschine* hat einen endlichen Kontrollmechanismus, ein in Felder unterteiltes einseitiges unendliches Eingabeband und einen Bandkopf, der zu einem Zeitpunkt genau ein Feld bearbeiten kann. Die Felder des Bandes sind durch natürliche Zahlen gekennzeichnet Jedes Feld kann genau eines aus einer endlichen Menge von Bandsymbolen enthalten.

Anfangs enthalten die Felder 1 bis n ($n \geq 0$) das Eingabewort, wobei es sich um eine Zeichenkette handelt, deren Symbole aus einer Teilmenge der Bandsymbole stammen. Die verbleibenden unendlich vielen Felder enthalten jeweils ein Leerzeichen, das ein spezielles Bandsymbol ist und nicht zu den Eingabesymbolen gehört.

In einem Rechenschritt führt die Turingmaschine - in Abhängigkeit von dem gerade durch den Bandkopf gelesenen Bandsymbol und dem Zustand des endlichen Kontrollmechanismus - folgende Schritte aus:

(1) Sie ändert den Zustand

(2) Sie schreibt ein Symbol in das gelesene Bandfeld. Dabei ersetzt sie was dort geschrieben stand.

(3)   Sie bewegt den Bandkopf um ein Feld nach rechts oder links.

Formal wird eine deterministische Turingmaschine beschrieben durch $T = (\mathbb{Q}, \Gamma, \Sigma, \delta, q_0, B)$.

$\mathbb{Q}$ ist die Menge der Zustände von T,

Γ das Bandalphabet, $\Sigma \subset \Gamma \setminus \{B\}$ das Eingabealphabet,

$\delta : \mathbb{Q} \times \Gamma \to \mathbb{Q} \times \Gamma \times \{L,R\}$ die partielle Übergangsfunktion,

q_0 der Anfangszustand aus $\mathbb{Q}$ und

B das Leerzeichen aus Γ.

Zu Beginn einer Berechnung sei das Band mit einem Wort $w \in \Sigma^*$ beschrieben, und zwar beginnend mit dem Feld 1.

Die Zustandsbeschreibung von T, auch *Konfiguration* genannt, wird als uqv geschrieben. Dabei ist q aus $\mathbb{Q}$ der gegenwärtige Zustand von T; uv ist die Zeichenkette aus Γ^*, die den Bandinhalt bis zum am weitesten rechts stehenden und vom Blank verschiedenen Symbol oder bis zum Symbol links des Kopfes darstellt - je nachdem, was weiter rechts steht.

Um Verwirrung zu vermeiden wird angenommen, daß $\mathbb{Q}$ und Γ disjunkt sind. Des weiteren wird angenommen, daß der Bandkopf das am weitesten links stehende Symbol von v liest oder - falls v = ε - ein Blank.

Ein *Rechenschritt* von T wird wie folgt definiert:

Sei $X_1...X_{i-1}qX_i...X_n$ eine Konfiguration und $\delta(q,X_i) = (p,Y,L)$.
Falls $i - 1 = n$ gilt, dann ist X_i ein B .

Für $i = 1$ gibt es keine Folgekonfiguration, da sich der Bandkopf nicht über das linke Bandende hinaus bewegen darf.

Für $i > 1$ ist die *Folgekonfiguration* definiert als: $X_1...X_{i-2}pX_{i-1}YX_{i+1}...X_n$. Dafür wird auch $X_1...X_{i-1}qX_i...X_n \to X_1...X_{i-2}pX_{i-1}YX_{i+1}...X_n$ geschrieben. Falls ein Suffix von $X_{i-1}YX_{i+1}...X_n$ vollständig aus Blanks besteht, dann wird dieses Suffix gelöscht.

Ist $\delta(q,X_i) = (p,Y,R)$, dann gilt $X_1...X_{i-1}qX_i...X_n \to X_1...X_{i-1}YpX_{i+1}...X_n$ Dabei ist zu beachten, daß im Fall $i - 1 = n$ die Zeichenkette $X_{i+1}...X_n$ leer ist.

Eine Konfiguration ist eine *Haltekonfiguration*, falls für sie keine Folgekonfiguration definiert ist. Eine *Berechnung* in T ist eine Folge von Rechenschritten. Die *Anfangskonfiguration* ist also $\varepsilon q_0 w$.

In Abb. 7.1 ist ein markiertes Produktnetz **P** ohne Verbots- und Abräumkanten angegeben, welches **T** "simuliert". Die Definitionsbereiche der Stellen sind $D_{Zustand} = \mathbb{Q}$, $D_{Position} = NAT\_0$ und $D_{Band} = \Gamma^*$. Die Anfangsmarkierung ist im Netz eingezeichnet.

Dieses Netz ist gewissermaßen eine Verallgemeinerung des Produktnetzes aus Abb. 6.19. Die einzelnen Rechenschritte der Turingmaschine werden durch das Schalten der Transition T1 dargestellt.

Abb. 7.1

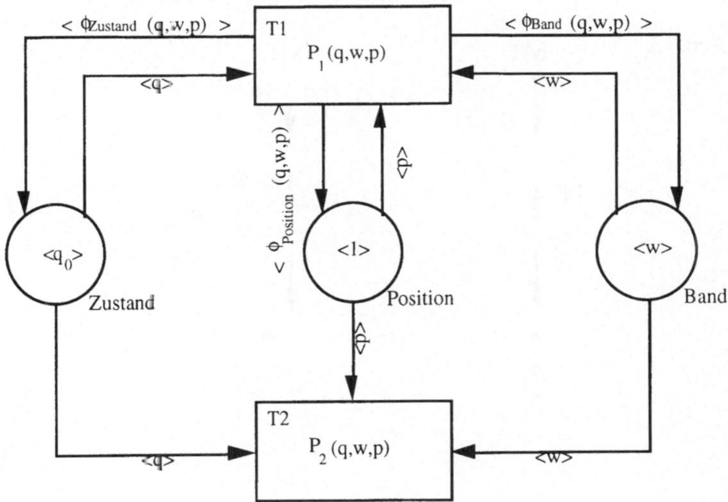

In [Ni1] ist gezeigt, wie sich die benutzten Funktionen

$\phi_{Zustand}$: $\mathbb{Q} \times \Gamma^* \times NAT\_0 \to \mathbb{Q} \cup \{'halt'\}$,

$\phi_{Position}$: $\mathbb{Q} \times \Gamma^* \times NAT\_0 \to NAT\_0 \cup \{'halt'\}$ und

ϕ_{Band} : $\mathbb{Q} \times \Gamma^* \times NAT\_0 \to \Gamma^* \cup \{'halt'\}$

sowie die Transitionsinschriften P_1 und P_2 in einem Vorspann zu **P** definieren lassen.

Die Funktion $\phi_{Zustand}(q,w,p)$ liefert den Nachfolgezustand von **T**, wenn sich **T** zuvor im Zustand q befindet, das Band mit dem Wort w beschrieben ist und der Schreib - Lesekopf an der p-ten Bandzelle positioniert ist. Die Funktionen $\phi_{Position}(q,w,p)$ und $\phi_{Band}(q,w,p)$ liefern entsprechend die neue Position des Schreib - Lesekopfes und den neuen Bandinhalt.

$P_1(q,w,p)$ ist genau dann erfüllt, wenn **T** im Zustand q mit Bandinhalt w und dem Schreib- / Lesekopf an der p-ten Bandzelle nicht stoppt. $P_2(q,w,p)$ ist als logisches Komplement von $P_1(q,w,p)$ genau dann erfüllt, wenn **T** unter diesen Voraussetzungen stoppt.

Für das so konstruierte Produktnetz ist unmittelbar ersichtlich, daß im Erreichbarkeitsgraphen jede Markierung höchstens eine Nachfolgemarkierung besitzt. Der Erreichbarkeitsgraph besitzt also eine der drei in Abb. 7.2 angegebenen Strukturen.

Abb. 7.2

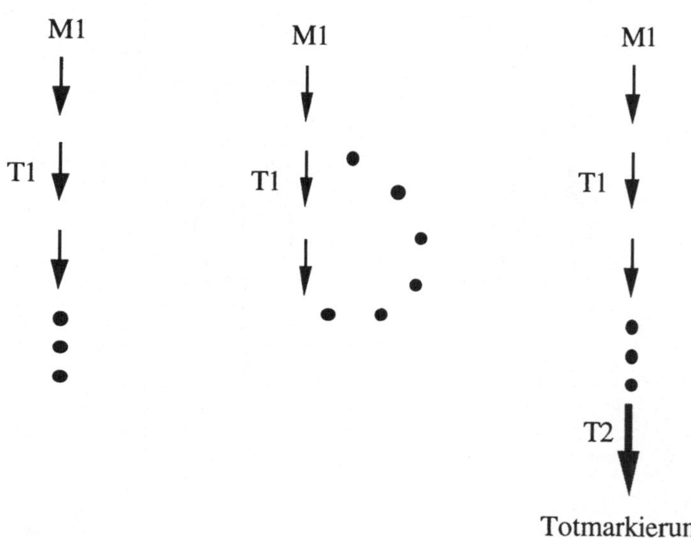

Bis auf die eine mögliche Totmarkierung, welches die leere Markierung ist, lassen sich die dabei auftretenden Markierungen in eindeutiger Weise den Konfigurationen der Turingmaschine zuordnen. Damit beschreibt der Erreichbarkeitsgraph genau eine Berechnung von T.

Hinweis

Mit diesen Überlegungen ist gezeigt, daß Produktnetze (schon ohne Verbots- und Abräumkanten) die gleiche Ausdrucksstärke wie Turingmaschinen besitzen, daß sie also den vollständigen Berechenbarkeitsbegriff abdecken. Das hat natürlich, wie bei allen universellen Beschreibungsmitteln, negative Auswirkungen auf die algorithmische Entscheidbarkeit wichtiger Eigenschaften.

Bekanntlich ist das *Halteproblem* für Turingmaschinen nicht entscheidbar [HU, Pet], was bedeutet, daß es keinen Algorithmus gibt, der für beliebige Turingmaschinen mit beliebigen Anfangskonfigurationen entscheidet, ob eine Haltekonfiguration erreichbar ist. Zur Übertragung dieser Nichtentscheidbarkeitsaussage auf Produktnetze ist folgende Beobachtung wichtig:

T stoppt genau dann nach endlich vielen Zustandsübergängen, wenn in **P** eine Markierung erreichbar ist, unter der T2 aktiviert ist, was genau dann der Fall ist, wenn in **P** die leere Markierung erreichbar ist. Das ist ebenfalls äquivalent dazu, daß in **P** eine Totmarkierung erreichbar ist.

Beachtet man noch, daß bei einem endlichen Erreichbarkeitsgraphen die Existenz von Totmarkierungen entscheidbar ist, dann sind folgende Fragen für Produktnetze ohne Verbots- und Abräumkanten und damit natürlich auch für beliebige Produktnetze algorithmisch nicht entscheidbar:

(1) Ist eine gegebene Markierung aus der Anfangsmarkierung erreichbar?

(2) Enthält der Erreichbarkeitsgraph Totmarkierungen?

(3) Ist der Erreichbarkeitsgraph endlich?

Die etwas informellen Argumentationen zu den Nichtentscheidbarkeitsaussagen finden sich vollständig formalisiert in [Ni1].

Hinweis Gerade bezüglich der Aussage (3) ist es wichtig, daß, wie in Kapitel 5 gezeigt wurde, für eine Transition zu einer gegebenen Markierung die endlich vielen Nachfolgemarkierungen berechnet werden können. Damit kann ein Erreichbarkeitsgraph schrittweise algorithmisch aufgebaut werden. Ein solches Verfahren bricht genau dann ab, wenn der Erreichbarkeitsgraph endlich ist.

Die Endlichkeit des Erreichbarkeitsgraphen einer Spezifikation hängt meistens vom gewählten Abstraktionsniveau ab. Es hat sich an vielen Beispielen gezeigt, daß gerade im Bereich der verteilten Systeme oft ein Abstraktionsniveau gefunden werden kann, das einerseits zu einem endlichen Erreichbartkeitsgraphen führt und andererseits aber auch noch die Untersuchung interessanter Systemeigenschaften ermöglicht.

8   Das Alternating Bit Protokoll

Das Alternating Bit Protokoll (kurz: AB-Protokoll [Sn]) beschreibt die Datentransferphase eines verbindungsorientierten Fehlererkennungs- und -behebungsprotokolls. Es handelt sich um ein Sicherungsprotokoll, das die einseitige Datenübermittlung zwischen zwei Benutzerinstanzen unterstützt: Datenblöcke werden fehlerfrei und Reihenfolge erhaltend vom sendenden System zum empfangenden System transferiert.

Vorausgesetzt wird, daß zuvor zwei Benutzer ausgewählt sind und eine Verbindung zwischen ihnen etabliert ist, die sich in der Datenphase befindet. Auf- und Abbau der Verbindung sind also nicht modelliert.

Der Beschreibungstechnik des OSI-Referenzmodells [Is1] folgend wird in diesem Kapitel zunächst der Dienst definiert, der durch das Protokoll zu erbringen ist und danach das Protokoll selbst. Das Protokoll setzt nicht auf dem "blanken Draht" zwischen den Benutzern auf, sondern nimmt seinerseits eine unterlagerte Dienstleistung in Anspruch, die jedoch nicht dem vom Protokoll zu erbringenden Dienst genügt [Ec].

Die formale Definition der Dienste und des zugehörigen AB-Protokolls wird nachfolgend jeweils als Produktnetz gegeben.

8.1   Zu erbringender Dienst

Der vom AB-Protokoll zu erbringende Dienst ist in Abb. 8.1 als Produktnetz definiert. Der Dienst beschreibt den Zweck des Protokolls, der darin besteht, eine beliebige Anzahl von Dateneinheiten von einem Benutzer (dem Produzenten der Dateneinheiten) zum anderen Benutzer (dem Konsumenten der Dateneinheiten) ohne Verlust und unter Erhaltung der Reihenfolge zu transferieren.

Zur Dienstanforderung gehört, daß der Produzent nicht beliebig viele Dateneinheiten an den Konsumenten schicken kann, ohne zwischendurch von ihm informiert zu werden, daß er die Dateneinheiten auch schritthaltend konsumieren kann. Genauer gilt: Der Konsument quittiert jede Dateneinheit und der Produzent schickt erst dann die nächste Dateneinheit, wenn er die entsprechende Quittung erhalten hat. Hierdurch wird Flußkontrolle spezifiziert; Produktions- und Konsumtionsgeschwindigkeit sind synchronisiert.

Zwei Sichtweisen auf das in Abb. 8.1 gegebene Produktnetz sind nachfolgend bedeutsam und werden durch die Partitionen Π_S und Π_D der Transitionsmenge {S, TSD, TED, E, TEA, TSA} formal gefaßt:

- Die Partition Π_S mit den Blöcken {S,TSD,TSA} und {E,TEA,TED} trennt Aktionen im System des Produzenten von Aktionen im System des Konsumenten (Systemschnitt).

- Die Partition Π_D mit den Blöcken {S}, {E} und {TSD,TED, TEA,TSA} trennt Aktionen der beiden Dienstbenutzer {S} bzw. {E} von Aktionen des Diensterbringers (Dienstschnitt).

S modelliert die Produktion der Dateneinheit DATA. Es wird angenommen, daß jeder Dateneinheit eine zwar beliebige, aber endliche Länge zukommt. Deswegen kann sie und ihre Transferierung zum Konsumenten mit Hilfe diskreter Marken und Aktionen modelliert werden. Aus Gründen der Vereinfachung wird hier auf eine Unterscheidung der nacheinander produzierten Dateneinheiten verzichtet (also nicht DATA1, DATA2,...).

E dient der Konsumtion der transferierten Dateneinheit und der Erzeugung einer Quittung ACK (ACKnowledgement). Wie im Fall der vom Produzenten verschickten Dateneinheit wird die Quittung und ihr Transfer mit Hilfe diskreter Marken und Aktionen modelliert.

Mit TSD und TED wird die Dateneinheit DATA vom Produzenten zum Konsumenten übertragen und mit TEA und TSA die zugehörige Quittung in umgekehrter Richtung. Erst nach Empfang der Quittung soll eine neue Dateneinheit produziert werden.

Vorspann für das in Abb. 8.1 gegebene Produktnetz:

A = {DATA, ACK}

Definitionsbereiche der Stellen:

D_x = A für alle Stellen x

Abb. 8.1

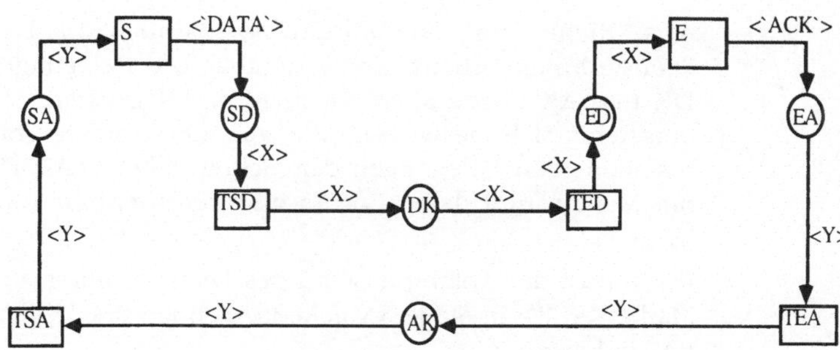

Als Anfangsmarkierung MB0 sei eine Marke <ACK> in Stelle SA gewählt. Alle anderen Stellen seien unmarkiert:

$MB0_{SA}$ = < ACK > und $MB0_x$ = Ø für alle anderen Stellen x.

Unter dieser Anfangsmarkierung ist die Transition S aktiviert (und sonst keine). Durch das Schalten von S entsteht die Nachfolgemarkierung MB1, die wie folgt definiert ist:

$MB1_{SD}$ = <DATA> und $MB1_x$ = Ø für alle anderen Stellen x.

Unter MB1 ist die Transition TSD aktiviert (und sonst keine). Durch das Schalten von TSD entsteht die Nachfolgemarkierung MB2, die wie folgt definiert ist:

$MB2_{DK}$ = <DATA> und $MB2_x$ = Ø für alle anderen Stellen x.

Entsprechend führt nacheinander

- das Schalten von TED von Markierung MB2 nach MB3, wobei nur Stelle ED die Marke <DATA> enthält,

- das Schalten von E von Markierung MB3 nach MB4, wobei nur Stelle EA die Marke <ACK> enthält,

- das Schalten von TEA von Markierung MB4 nach MB5, wobei nur Stelle AK die Marke <ACK> enthält, und schließlich

- das Schalten von TSA von Markierung MB5 nach MB0.

Der hiermit bestimmte Erreichbarkeitsgraph enthält die gesamte Information des Modells. Eine Dienstbeschreibung läßt sich als Teil dieser Information fassen: ein Dienst ist charakterisiert durch die Auswahl geeigneter Abläufe im Produktnetz, im vorliegenden Fall durch die von MB0 ausgehende und auch wieder nach MB0 zurückführende Transitionsfolge [S,TSD,TED,E,TEA,TSA] samt zugehörigen Markierungen.

Aus Sicht der Dienstbenutzer sind Schaltvorgänge im Diensterbringer ebensowenig sichtbar wie Belegungen der Stellen DK und AK (siehe auch die in Abb. 3.9 gezeigte Sichtweise). Es empfiehlt sich deswegen, die aus der obigen Transitionsfolge resultierenden Belegungen der "Schnittstellen" SA, SD, ED und EA mit Marken und deren Folgen als Dienstdefinition heranzuziehen [EP3].

Danach ist der Anfangszustand des Dienstes durch Vorliegen einer Marke <ACK> in Stelle SA gekennzeichnet; die Stellen SD, ED und EA sind leer.

- Das Schalten von S ändert diesen Zustand dahingehend, daß jetzt eine Marke <DATA> in Stelle SD vorhanden ist, während die übrigen drei Stellen leer sind. Das Aufbringen der Marke kann als Aufforderung des Dienstbenutzers an den Diensterbringer aufgefaßt werden, eine Dateneinheit zu übertragen (DATA request).

- Das Schalten von TSD bewirkt, daß die Marke <DATA> von der Schnittstelle entfernt wird. Alle Schnittstellen sind leer. Das Entfernen der Marke kann als Entgegennahme des Requests durch den Diensterbringer aufgefaßt werden.

- Das Schalten von TED bewirkt, daß die Schnittstelle ED die Marke <DATA> erhält. Die drei übrigen Stellen sind leer. Das Aufbringen der Marke kann als Angebot des Diensterbringers an den Dienstbenutzer aufgefaßt werden, eine Dateneinheit entgegenzunehmen (DATA indication).

- Das Schalten von E ändert diesen Zustand dahingehend, daß die Marke <DATA> von Stelle ED entfernt wird und eine Marke <ACK> auf Stelle EA abgelegt wird. Die übrigen drei Stellen sind leer. Das Entfernen der Marke <DATA> kann als Entgegennahme der Dateneinheit durch den Benutzer gedeutet werden und das Aufbringen der Marke <ACK> als Aufforderung des Dienstbenutzers an den Diensterbringer, eine Quittung zu übertragen (ACK request).

- Das Schalten von TEA bewirkt, daß die Marke <ACK> von der Schnittstelle entfernt wird. Alle Schnittstellen sind leer. Das Entfernen der Marke kann als Entgegennahme des Requests durch den Diensterbringer aufgefaßt werden.

- Das Schalten von TSA schließlich bewirkt, daß die Schnittstelle SA die Marke <ACK> erhält. Die drei übrigen Stellen sind leer. Das Aufbringen der Marke kann als Angebot des Diensterbringers an den Dienstbenutzer aufgefaßt werden (ACK indication).

Nach dieser Betrachtung läßt sich die Diensterbringung als Folge der "Dienstelemente" [Is2] DATA rq., DATA ind., ACK rq. und ACK ind. an der Dienstschnittstelle deuten.

8.2 Benutzter Dienst

Der vom AB-Protokoll benutzte Dienst ist in Abb. 8.2 als Produktnetz definiert (vgl. auch Kap. 2). Er besteht in der Übertragung von Dateneinheiten von einem Sender zu einem Empfänger, wobei die Übertragung reihenfolgeerhaltend, aber verlustbehaftet ist.

Für diesen Dienst ist eine Partition Π_U der Transitionsmenge {TS, TR, FCS-true, FCS-false} bedeutsam, die aus den Blöcken {TS}, {TR} und {FCS-true, FCS-false} besteht. Die beiden ersten Blöcke charakterisieren die beiden Dienstbenutzer und der dritte Block den Diensterbringer. Die Stellen s-send und s-receive sind demnach die Dienstschnittstellen.

TS modelliert die Übergabe eines Sendeauftrags an den Diensterbringer. Es wird angenommen, daß jeder zu sendenden Dateneinheit eine zwar beliebige, aber endliche Länge zukommt. Deswegen kann sie und ihre Transferierung zum Empfänger mit Hilfe diskreter Marken und Aktionen modelliert werden.

TR modelliert die Entgegennahme einer transferierten Dateneinheit durch den Empfänger.

Vorspann für das in Abb. 8.2 gegebene Produktnetz:

U = {AB-DATA}

Definitionsbereiche der Stellen:

$D_{s\text{-send}} = D_{s\text{-receive}} = U$

Abb. 8.2

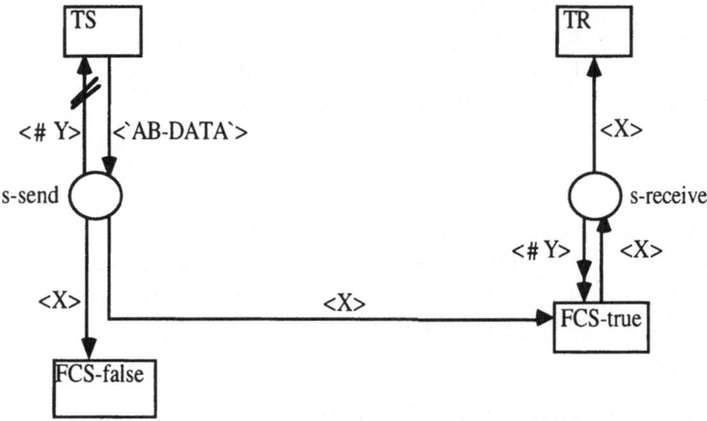

FCS-true und FCS-false modellieren die Übertragung einer Dateneinheit vom Sender zum Empfänger. Folgender Unterschied besteht zwischen den beiden Transitionen:

Der Diensterbringer fügt im sendenden System jeder zu übertragenden Dateneinheit eine Prüfinformation hinzu, die sog. frame check sequence (kurz: FCS) [Ci3].

Der Diensterbringer im empfangenden System prüft für jede transferierte Dateneinheit, ob die von ihm selbst nach der Übertragung erstellte FCS mit der übereinstimmt, die der Sender errechnet und der Dateneinheit vor der Übertragung mitgegeben hat.

Die Transition FCS-true modelliert den Fall der Übereinstimmung beider Berechnungen und FCS-false den Fall der Nicht-Übereinstimmung. Im ersten Fall bietet der Diensterbringer dem Benutzer des empfangenden Systems die Dateneinheit an (die FCS wird vorher entfernt), im zweiten Fall nicht.

Als Anfangsmarkierung ME0 sei die leere Markierung gewählt:

$$ME0_{s\text{-send}} = ME0_{s\text{-receive}} = \varnothing$$

Unter dieser Anfangsmarkierung ist die Transition TS aktiviert (und sonst keine). Durch das Schalten von TS entsteht die Nachfolgemarkierung ME1, die wie folgt definiert ist:

$$ME1_{s\text{-send}} = \text{<AB-DATA>} \quad \text{und} \quad ME1_{s\text{-receive}} = \varnothing.$$

Unter ME1 sind die beiden Transitionen FCS-true und FCS-false aktiviert (und sonst keine). Durch das Schalten von FCS-true entsteht die Markierung ME2, die wie folgt definiert ist:

$ME2_{s\text{-send}} = \emptyset$ und $ME2_{s\text{-receive}} = <AB\text{-}DATA>$.

Durch das Schalten von FCS-false wird Markierung ME0 wieder erreicht.

Abb. 8.3 (vgl. auch Kap. 2) zeigt alle von ME0 aus erreichbaren Markierungen und alle zugehörigen Schaltfolgen [Ec].

Die Markierung ME3 ist dabei wie folgt definiert:

$ME3_{s\text{-send}} = ME3_{s\text{-receive}} = <AB\text{-}DATA>$.

Wie aus der Erreichbarkeitsanalyse in Abb.8.3 ersichtlich, besteht die Belegung der Dienstschnittstellen s-send und s-receive entweder aus der leeren Markierung (ME0), einer Marke in s-send (ME1), einer Marke in s-receive (ME2) oder je einer Marke in beiden Stellen (ME3). Es treten also niemals zwei oder mehr Marken in einer Stelle auf.

Das bedeutet, daß in der obigen Spezifikation sowohl für den Sender als auch für den Empfänger die Pufferkapazität für nur eine Nachricht ausgelegt ist. Das Übertragungsmedium hat keine Speicherkapazität.

Wie aus Abb. 8.2 weiterhin ersichtlich, ist die Sendegeschwindigkeit nicht an die Empfangsgeschwindigkeit angepaßt; anders als im Datenphasenprotokoll in Kap.3 besteht damit die Gefahr, daß der Empfänger von gesendeten Dateneinheiten "überflutet" wird: die von s-receive nach FCS-true führende Abräumkante zusammen mit der in Gegenrichtung führenden Ausgangskante bewirken, daß mit dem Schalten von FCS-true eine "im Empfangspuffer abgelegte" Dateneinheit von einer neu ankommenden überschrieben wird.

Transition FCS-true modelliert also die verlustfreie Übertragung sowie ggf. die Überschreibung der vorhergehenden Dateneinheit, falls diese von TR nicht rechtzeitig aus s-receive abgenommen wurde (keine Synchronisation zwischen Sender und Empfänger).

In Abb. 8.2 sind demnach zwei unterschiedliche "Fehlertypen" berücksichtigt, nämlich FCS-Fehler und Überschreiben. Beide Fehlertypen haben nichts miteinander zu tun, d. h. Überschreiben tritt auch dann auf, wenn im Modell der Abb. 8.2 die Transition FCS-false entfernt wird.

Abb. 8.3

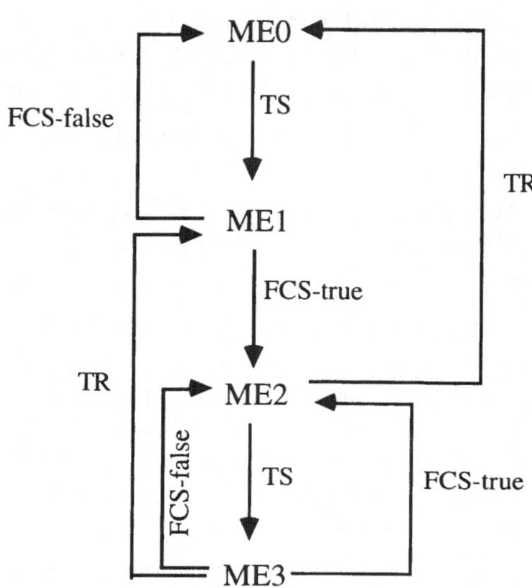

Der in Abb. 8.3 gezeigte Erreichbarkeitsgraph enthält die gesamte Information des Modells. Auch hier läßt sich eine Dienstbeschreibung als Teil dieser Information fassen: in diesem Fall wird der vom AB-Protokoll benutzte Dienst durch den gesamten Erreichbarkeitsgraphen charakterisiert. Die Markierungen MEi selbst sind Schnittstellenbelegungen (es gibt für diese Markierungen keine aus Sicht der "Dienstpartition" Π_U inneren Stellen).

Danach ist der Anfangszustand des Dienstes durch eine leere Schnittstelle charakterisiert (ME0).

- Das Schalten von TS ändert diesen Zustand dahingehend, daß jetzt eine Marke <AB-DATA> in Stelle s-send vorhanden ist, während Stelle s-receive leer ist. Das Aufbringen der Marke kann als Aufforderung des Dienstbenutzers an den Diensterbringer aufgefaßt werden, eine Dateneinheit zu übertragen (AB-DATA request).

- Das Schalten von FCS-true bewirkt, daß die Marke <AB-DATA> von s-send entfernt und nach s-receive "transportiert" wird. Dieser Schaltvorgang kann als Entgegennahme des Requests durch den Dienstbenutzer und auch als Anbieten der korrekt übertragenen

Dateneinheit an den Empfänger gedeutet werden (AB-DATA indication).

- Das Schalten von TR ändert den Zustand der Schnittstelle dahingehend, daß eine Marke von s-receive entfernt wird. Das Entfernen der Marke <AB-DATA> von Stelle s-receive kann als Entgegennahme der Dateneinheit durch den Benutzer gedeutet werden. Die von diesem Schaltvorgang nicht betroffene Stelle s-send ist entweder leer oder sie enthält eine Marke <AB-DATA>.

Wegen der Transition FCS-false gehört nicht zu jedem AB-DATA rq. auch ein AB-DATA ind. und wegen der modellierten Überschreibung wird nicht jede AB-DATA ind. vom Benutzer abgenommen.

8.3   Definition des Protokolls

Die Aufgabe des AB-Protokolls besteht nun darin, für den Produzenten und den Konsumenten den in Abschnitt 8.1 definierten Dienst zu erbringen. Das AB-Protokoll besteht aus einer Senderinstanz und einer Empfängerinstanz, die unter Inanspruchnahme des in Abschnitt 8.2 definierten Übertragungsdienstes miteinander kommunizieren. Abb. 8.4 illustriert die Lage der beiden Instanzen des AB-Protokolls.

Die Senderinstanz ist über die "Schnittstellen" s1 und s2 mit dem Produzenten verbunden und die Empfängerinstanz über s7 und s8 mit dem Konsumenten.

Der Produzent fordert durch Ablegen einer Marke <DATA> in Stelle s2 die Senderinstanz auf, diese Dateneinheit dem Konsumenten zuzustellen (DATA rq.).

Hierzu muß die Senderinstanz mit der Empfängerinstanz kommunizieren. Das geschieht dadurch, daß sie eine Marke <AB-DATA> in Stelle s6 ablegt und damit den unterlagerten Dienst auffordert, die Dateneinheit zur Empängerinstanz zu übertragen (AB-DATA rq.).

Im positiven Fall wird in Stelle s11 eine Marke <AB-DATA> abgelegt (AB-DATA ind.).

Die Empfängerinstanz nimmt die Marke ab und legt eine Marke <DATA> in die Stelle s7 ab (DATA ind.).

Nachdem der Konsument die Dateneinheit abgenommen hat, wird er sie quittieren. Hierzu legt er eine Marke <ACK> auf Stelle s8 ab. Mit dieser Dateneinheit fordert der Konsument die Empfängerinstanz auf, die Quittung dem Produzenten zuzustellen (ACK rq.).

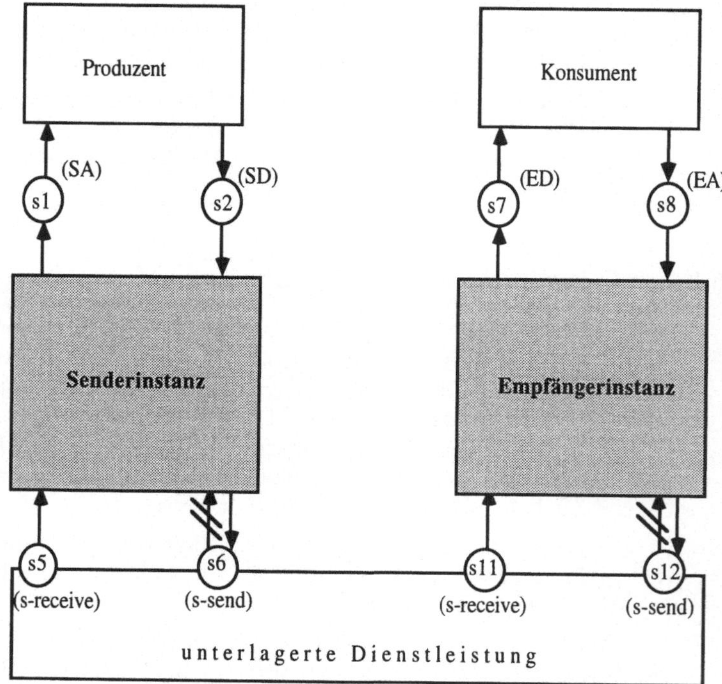

Abb .8.4

Hierzu muß die Empfängerinstanz mit der Senderinstanz kommunizieren. Das geschieht dadurch, daß sie eine Marke <AB-DATA> in Stelle s12 ablegt und damit den unterlagerten Dienst auffordert, die Dateneinheit zur Senderinstanz zu übertragen (AB-DATA rq.).

Im positiven Fall wird in Stelle s5 eine Marke <AB-DATA> abgelegt (AB-DATA ind.).

Die Senderinstanz nimmt die Marke ab und legt eine Marke <ACK> in die Stelle s1 ab (ACK ind.). Jetzt kann der Produzent die Quittung entgegennehmen und eine weitere Dateneinheit an den Konsumenten schicken.

Wie diesem Beispiel für einen Ablauf entnommen werden kann, wird der unterlagerte Dienst zweimal benötigt: einmal um die Dateneinheit vom Produzenten zum Konsumenten zu übertragen und sodann, um die zugehörige Quittung vom Konsumenten zum Produzenten zu übertragen.

Die Spezifikation der Sender- und Empfängerinstanz des AB-Protokolls als Produktnetz ist bislang nicht erörtert worden. Diese Instanzen müssen sich "nach oben" wie von Produzent und Konsument erwartet verhalten und "nach unten" wie die Benutzer des in Abschnitt 8.2 spezifizierten Dienstes. Die Spezifikation von Produzent, Konsument und Erbringerteil des unterlagerten Dienstes kann den bisher eingeführten Diensten entnommen werden. Abb.8.5 skizziert diese Netzteile. Auf Beschriftungen wird hierbei verzichtet.

Abb. 8.5

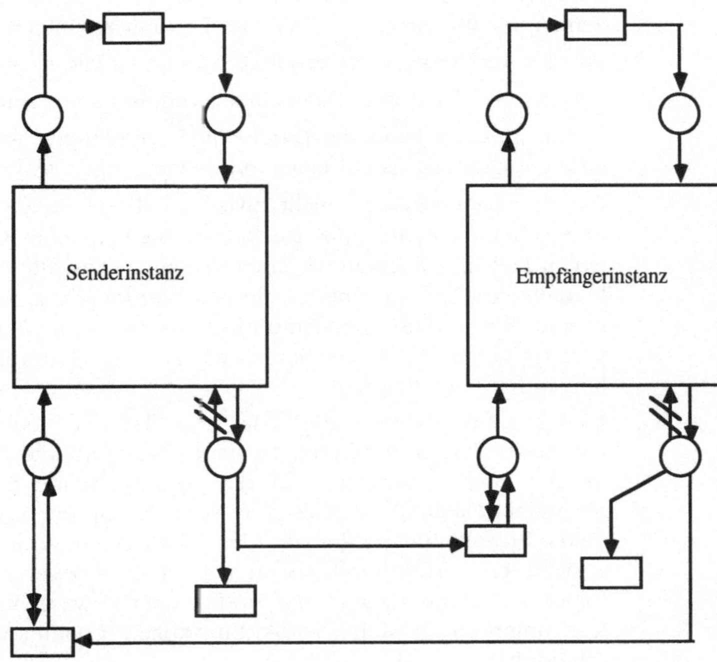

Der oben geschilderte Ablauf ist nicht der einzig mögliche; wegen der beiden Fehlertypen für den unterlagerten Dienst können in beiden Übertragungsrichtungen Dateneinheiten verloren gehen.

Das Protokoll muß also die funktionale Differenz zwischen dem Dienst, der benutzt wird, und dem Dienst, der zu erbringen ist, überbrücken. Gemeinsam haben Sender- und Empfängerinstanz die Aufgabe, eine verlustfreie und reihenfolgeerhaltende Datenübertragung trotz möglichen Verlustes von Nachrichten und Quittungen im unterlagerten Dienst zu gewährleisten.

Der Lösung dieses Problems liegt folgende Strategie zugrunde:

Die Senderinstanz wiederholt die Aussendung eines vom Produzenten erhaltenen DATA rq.-Element solange, bis sie eine Quittung für die übertragene Dateneinheit empfängt. Diese Wiederholung wird in (realen) Protokollimplementierungen durch Timer gesteuert. Nur infolge eines derartigen Quittungsempfangs aktiviert die Senderinstanz das ACK ind. Element, das dem Produzenten erlaubt, ein neues DATA rq.-Element zu initiieren.

Für das Ausbleiben einer erwarteten Quittung gibt es zwei Gründe:

- zum einen kann eine Dateneinheit verloren gegangen sein,

- zum anderen kann die Dateneinheit empfangen worden sein, aber die Quittung darauf kann verloren gegangen sein.

Da eine Senderinstanz nicht zwischen diesen beiden Gründen unterscheiden kann, muß sie bei Ausbleiben einer Quittung in jedem Fall die Dateneinheit erneut senden: dies führt im zweiten betrachteten Fall zu einer Nachrichtenverdopplung. Daraus folgt unmittelbar, daß die Empfängerinstanz mit Nachrichtenverdopplungen und die Senderinstanz mit Quittungsverdopplungen fertig werden muß.

Eine grobe Analyse des Problems zeigt, daß der Produzent schon ein neues DATA rq. initiieren kann, während die Empfängerinstanz noch Quittungen auf die vorausgehende Dateneinheit abhandelt. Daraus folgt, daß eine Numerierung benötigt wird, die beide Protokollinstanzen zur Identifikation von Dateneinheiten verwenden. Hierdurch lassen sich jeweils zwei aufeinander folgende Dateneinheiten des Produzenten bzw. Quittungen des Konsumenten in den Protokollinstanzen voneinander unterscheiden.

Dazu versieht die Senderinstanz die zu sendenden Dateneinheiten mit der Nummer 0 oder 1 (Send Count, kurz: SC) und die

Empfängerinstanz vergleicht diese Nummer mit der von ihr erwarteten Nummer (Receive Count, kurz: RC). Auch die Quittungen werden numeriert: alle von der Empfängerinstanz gesendeten Quittungen erhalten die Nummer der zugehörigen Dateneinheit. Wie die Analyse zeigt [Ec] (siehe auch Kap. 14) genügt die Modulo 2 Numerierung auch für das AB-Protokoll (vgl. hingegen die Anwendung in Kap. 10, wo eine Modulo 3 Numerierung benötigt wird).

Das Protokoll ist durch das Produktnetz gemäß Abb. 8.6 definiert. Die Partition Π_{AB} der Transitionsmenge {S,...,TAV} mit den Blöcken {S} (Produzent), {E} (Konsument), {TSA, TSD, TAN, TDW} (Senderinstanz), {TED, TEA, TAW} (Empfängerinstanz) und {TD, TDV, TA, TTAV} (unterlagerte Dienstleistung) charakterisiert die Komponenten der Produktnetzspezifikation.

Transitionen der Senderinstanz:

• TSD modelliert die Entgegennahme einer Marke <DATA> von Stelle SD und das Ablegen der mit der Nummer 0 oder 1 versehen-
en Marke in Stelle SDK (Erstaussendung einer Dateneinheit).

• TSA modelliert die Entgegennahme der erwarteten Quittung (Marke in Stelle SAK) und Anbieten an den Produzenten (Marke <ACK> in Stelle SA). Die Quittung gilt als erwartet, wenn ihre Nummer (RC) mit der von der Senderinstanz erwarteten Nummer (SC) übereinstimmt.

• TDW modelliert alle weiteren Aussendungen der mit TSD erstmalig gesendeten Dateneinheit. Diese Aussendungen sind in der Spezifikation der Abb.8.6 nach Erstaussendung beliebig oft möglich, sobald Stelle SDK leer ist und keine erwartete Quittung (TSA schaltet im Fall der erwarteten Quittung) eingetroffen ist. In realen Protokollen wird TDW eine Aktion der Protokollinstanz auf einen "time-out" bedeuten. Der time-out-Fall entsteht dadurch, daß mit jeder Aussendung einer Dateneinheit ein Timer aufgezogen wird, der nach einiger Zeit das time-out-Ereignis erzeugt, sofern er nicht vorher abgestellt wurde (etwa nach Erhalt einer erwarteten Quittung).

• TAN modelliert die Entgegennahme (und das Wegwerfen) einer nicht erwarteten Quittung (Marke in Stelle SAK). Die Quittung gilt als nicht erwartet, wenn ihre Nummer (RC) nicht mit der von der Senderinstanz erwarteten Nummer (SC) übereinstimmt.

Transitionen der Empfängerinstanz:

• TED modelliert den Empfang einer Dateneinheit mit erwarteter Nummer (Marke in Stelle EDK) und Anbieten an den Konsumenten (Marke <DATA> in Stelle ED). Die Dateneinheit trägt eine erwartete Nummer, wenn $SC = (RC + 1)\,\%2$ gilt.

• TEA modelliert die Entgegennahme einer vom Konsumenten erzeugten Quittung (Marke <ACK> in Stelle EA) und das Ablegen der mit der Nummer 0 oder 1 versehenen Quittung in Stelle EAK. Die Nummer der Quittung ist die gleiche wie bei der zugehörigen (und ohne Nummer mit TED an den Konsumenten gereichte) Dateneinheit.

• TAW modelliert den Empfang einer nicht erwarteten Dateneinheit (Marke in EDK) und ihre Quittierung (Marke in EAK). Die nicht erwartete Dateneinheit wird von der Empfängerinstanz weggeworfen; die Quittung trägt die gleiche Nummer wie die zugehörige Dateneinheit.

Die Senderinstanz enthält zwei blockinterne Stellen:

- Stelle SW enthält die Dateneinheiten (ohne Nummer) für Wiederholungszwecke und

- Stelle SZ enthält den aktuellen SC-Wert der Modulo-2-Numerierung.

Die Empfängerinstanz enthält ebenfalls zwei blockinterne Stellen:

- Stelle EW garantiert, daß gemäß des zu erbringenden Dienstes eine Dateneinheit erst dann quittiert werden kann, wenn der Konsument die Dateneinheit abgenommen hat und

- Stelle EZ enthält den Empfangsfolgezähler, mit dessen Hilfe entschieden werden kann, ob es sich bei einer empfangenen Dateneinheit um die Originalnachricht oder um ein Duplikat einer zuvor empfangenen Dateneinheit handelt.

Die Startsituation für das in Abb. 8.6 spezifizierte AB-Protokoll ist durch die folgende Anfangsmarkierung M0 definiert:

- $M0_{SA}$ = < ACK >

- $M0_{SZ}$ = < 0 >   (Sendefolgezähler SC auf 0)

- $M0_{EW}$ = < K >

- $M0_{EZ}$ = < 0 >   (Empfangsfolgezähler RC auf 0)

- $M0_S$ = $\emptyset$ für alle anderen Stellen s.

Vorspann für das in Abb.8.6 gegebene Produktnetz:

A = {DATA, ACK}

B = {0, 1}

C = {K}

Definitionsbereiche der Stellen:

$$D_{SA} = D_{SD} = D_{SW} = D_{ED} = D_{EA} = A$$

$$D_{SZ} = D_{EZ} = B$$

$$D_{SAK} = D_{SDK} = D_{EDK} = D_{EAK} = B \times A$$

$$D_{EW} = C$$

Zu Beginn dieses Abschnitts war eine Folge von Dienstelementen betrachtet worden, die den einfachsten Fall einer Diensterbringung durch das AB-Protokoll darstellt. Dieser Folge von Dienstelementen entspricht in Abb.8.6 die Transitionsfolge [S, TSD, TD, TED, E, TEA, TA, TSA], die von M0 zu einer Markierung Mx führt, die bis auf Sendefolgezähler und Empfangsfolgezähler mit M0 übereinstimmt:

- Unter der Anfangsmarkierung M0 ist die Transition S aktiviert (und sonst keine). Durch das Schalten von S (ein DATA rq. wird vom Produzenten auf die Dienstschnittstelle abgelegt) entsteht die Nachfolgemarkierung M1 mit:

$$M1_{SD} = <\text{DATA}>, \quad M1_{SZ} = <0>, \quad M1_{EW} = <K>, \quad M1_{EZ} = <0>$$
und $M1_S = \emptyset$ für alle anderen Stellen s.

- Unter M1 ist die Transition TSD aktiviert (und sonst keine). Durch das Schalten von TSD (DATA rq. wird abgenommen und ein mit 1 numeriertes Dienstelement auf die untere Dienstschnittstelle abgelegt) entsteht die Nachfolgemarkierung M2 mit:

$$M2_{SW} = <\text{DATA}>, \quad M2_{SZ} = <1>, \quad M2_{SDK} = <1, \text{DATA}>,$$
$$M2_{EW} = <K>, \quad M2_{EZ} = <0> \text{ und } M2_S = \emptyset \text{ für alle anderen}$$
Stellen s.

- Unter M2 ist u.a. die Transition TD aktiviert (daneben auch TDV). Durch das Schalten von TD (der mit 1 numerierte DATA rq. wird zur Empfängerinstanz transferiert, ein FCS-Fehler tritt nicht auf) entsteht die Nachfolgemarkierung M3 mit:

$$M3_{SW} = <\text{DATA}>, \quad M3_{SZ} = <1>, \quad M3_{EW} = <K>, \quad M3_{EZ} = <0>,$$
$$M3_{EDK} = <1, \text{DATA}> \text{ und } M3_S = \emptyset \text{ für alle anderen Stellen s.}$$

Abb. 8.6

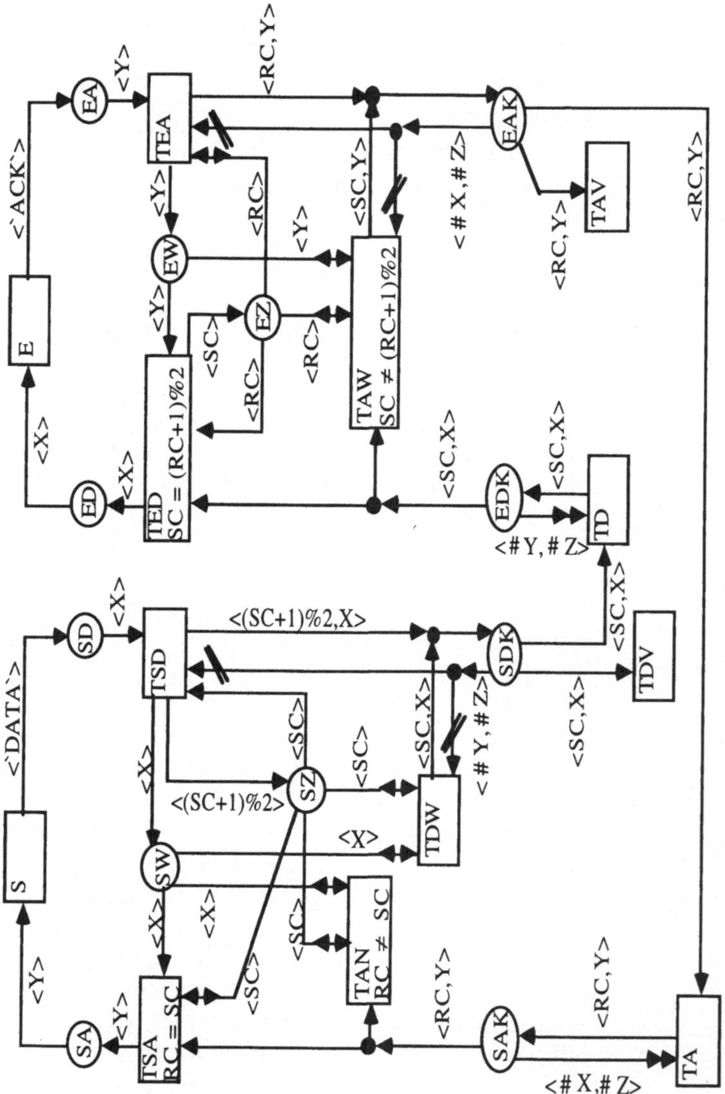

- Unter M3 ist u. a. die Transition TED aktiviert (daneben auch als "time-out-Fall" die Transition TDW). Durch das Schalten von TED (ein DATA ind. wird vom Diensterbringer auf die Dienstschnittstelle abgelegt und damit dem Konsumenten angeboten) entsteht die Nachfolgemarkierung M4 mit:

$M4_{SW}$ = < DATA >, $M4_{SZ}$ = < 1 >, $M4_{ED}$ = < DATA >, $M4_{EZ}$ = <1> und $M4_S$ = $\emptyset$ für alle anderen Stellen s.

- Unter M4 ist u. a. die Transition E aktiviert (daneben auch als "time-out-Fall" die Transition TDW). Durch das Schalten von E (das Element DATA ind. wird vom Konsumenten abgenommen und ein ACK rq. auf die Dienstschnittstelle abgelegt) entsteht die Nachfolgemarkierung M5 mit:

$M5_{SW}$ = < DATA >, $M5_{SZ}$ = < 1 >, $M5_{EA}$ = < ACK >, $M5_{EZ}$ = < 1 > und $M5_S$ = $\emptyset$ für alle anderen Stellen s.

Nach dem Schalten von TEA (ACK rq. wird abgenommen und ein mit 1 numeriertes Dienstelement auf die untere Dienstschnittstelle abgelegt), TA (der mit 1 numerierte ACK rq. wird zur Senderinstanz transferiert, ein FCS-Fehler tritt nicht auf) und TSA (ein ACK ind. wird vom Diensterbringer auf die Dienstschnittstelle abgelegt und damit dem Produzenten angeboten) entsteht schließlich Markierung Mx mit:

Mx_{SA} = < ACK >, Mx_{SZ} = < 1 >, Mx_{EW} = < K >, Mx_{EZ}= < 1 > und Mx_S = $\emptyset$ für alle anderen Stellen s. Nach einer weiteren Inanspruchnahme des Dienstes wird aus Mx wieder M0 erreicht.

Alle anderen Markierungen entstehen entweder aus FCS-Fehlern (Schalten von TDV bzw. TAV) oder aus nicht angepaßter Sende- und Empfangsgeschwindigkeit (vorzeitiges Schalten von TDW). Im letzten Fall kann es auch zu Überschreibungen kommen.

Eine Verifikation dieses Protokolls wird in Kapitel 14 gegeben.

Das AB-Protokoll ist das vielleicht bekannteste Beispiel eines Fehlererkennungs- und Behebungsprotokolls. Die hier diskutierten Mechanismen finden sich in abgewandelter und oft verallgemeinerter Form in zahlreichen praktisch verwendeten Kommunikationsprotokollen wieder [Ci3].

Die Spezifikation des AB-Protokolls als Schichtenprotokoll mit zu erbringender und unterlagerter Dienstleistung in der in diesem Kapitel verwendeten Weise wurde in [Ec] gegeben.

Als Datenphasenprotokoll bedarf das AB-Protokoll einer Einbettung in ein Auf- und Abbauprotokoll; eine derartige

Einbettung wurde für einen komplexen Fall in [BE1] behandelt. Eine erste Orientierung für diese Einbettung liefert das in Kap.4 behandelte Auf- und Abbauprotokoll: mit dem Übergang in die Datenphase wird jede Protokollinstanz ihren Anteil an der Anfangsmarkierung des Datenphasenprotokolls "setzen". Es ist Aufgabe des Auf-Abbauprotokolls dafür zu sorgen, daß diese Setzung in konsistenter Weise erfolgt (Normierung). In der Abbauphase werden alle Marken des Datenphasenprotokolls durch geeignete Verwendung von Abräumkanten "abgesaugt".

9 Das ISDN-D-Kanalprotokoll

Die Fortschritte in der Entwicklung elektronischer Bauelemente führte in den 70´ er Jahren u. a. zur Digitalisierung weiter Bereiche der Nachrichtentechnik. Dieser Vorgang war dem Zusammenwachsen der Nachrichtentechnik mit der Datenverarbeitung förderlich.

Das *ISDN* (Integrated Services Digital Network) ist das Ergebnis eines längeren Prozesses fortschreitender Digitalisierung des Fernsprechnetzes. Es versucht den Bedürfnissen sowohl der Sprachanwender als auch der Datenanwender gerecht zu werden [Ci1].

Aus Sicht der Benutzer des ISDN spielt das D-Kanalprotokoll (als "Netzzugangsprotokoll") eine wesentliche Rolle. Es wird nachfolgend vorgestellt.

9.1 Lage des ISDN-D-Kanalprotokolls

Ein Benutzer (auch Teilnehmer genannt) wird an einem der "Bezugspunkte" (z. B. S-, T-, U- Bezugspunkt) an das ISDN-Netz angeschlossen. Der Begriff "Bezugspunkt" [Ci2] wird hier nicht erklärt. Grob gesprochen verbergen sich dahinter die technischen Merkmale einer Verbindung zwischen Vermittlungsstelle (VSt) und dem Teilnehmer.

Der Basisanschluß stellt dem Teilnehmer am S_0- Bezugspunkt

- zwei Nutzkanäle (*B-Kanäle*, je 64 kbit/s) und

- einen Signalisierungskanal (*D-Kanal*, 16 kbit/s)

zur Verfügung.

Abb. 9.1 zeigt eine Bezugskonfiguration für einen ISDN-Teilnehmer in zwei unterschiedlichen Darstellungen, einmal anschaulich mit individuell gewähltem Gerätetyp (PC mit ISDN-

Karte für Sprach- und Datenanwendungen), Kabel, Stecker, Steckdose u. s. w. und einmal aus Sicht der Kanalstruktur (zwei B-Kanäle, die mit B1 und B2 benannt sind und ein D-Kanal), die den Zugang des ISDN-Endgeräts zum Netz kennzeichnet. Das ISDN-Endgerät ist entweder ein einzelnes Gerät oder stellt eine Konfiguration von bis zu acht Einzelgeräten an einem sog. "passiven Bus" dar [Ci3].

ISDN-Endgeräte unterstützen entweder einen einzigen Dienst (Beispiel ist etwa ein Telefon, das nur für den Telefondienst verwendet werden kann) oder sie unterstützen mehrere Dienste (beispielsweise PC´s mit ISDN-Karten wie in Abb. 9.1, die mehrere Sprach- und Datendienste anbieten können).

Abb. 9.1

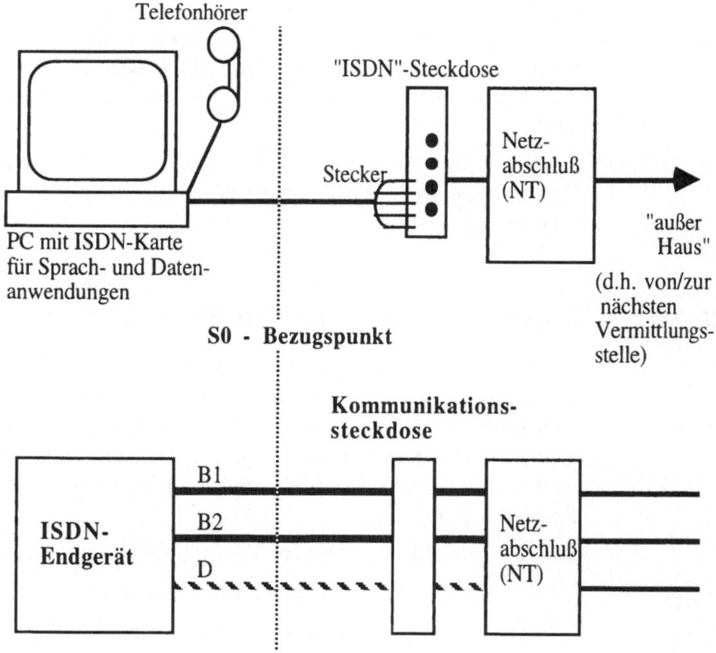

Das D-Kanalprotokoll ist im D-Kanal realisiert, andere Protokolle im allgemeinen im B-Kanal. Beim Telefonieren beispielsweise wird die gesamte zum Verbindungsauf- und abbau gehörende Information, also etwa die Wahlinformation, vom D-Kanalprotokoll übertragen; die Sprachinformation, die in der Datenphase der Verbindung zwischen den Teilnehmern ausgetauscht wird, hingegen über einen B-Kanal.

Diese Trennung von Steuer- und Nutzinformation wird "Outbandsignalling"- Prinzip genannt. Der Vorteil dieses Prinzips liegt darin, daß ein eigener Übertragungsweg für die Steuerinformation bereitsteht, der deswegen auch nicht durch hohe Nutzinformationsvolumina oder durch die evtl. schlechte Verfügbarkeit der Nutzkanäle behindert werden kann; Nachteile liegen u. a. darin, daß für Datenkommunikation (hier im Gegensatz zu Sprachkommunikation gebraucht) ein erhöhter Synchronisierungsaufwand zwischen D- und zugehörigem B-Kanal entstehen kann.

In Abb. 9.2 wird der Aspekt des Netzzugangs zum ISDN über das D-Kanalprotokoll illustriert und eine Verbindung zwischen dem Teilnehmer des Endgeräts A und dem Teilnehmer des Endgeräts X skizziert.

Wenn A eine Verbindung nach X aufbaut, wird dieser Aufbauwunsch durch das D-Kanalprotokoll zunächst der (Orts-) Vermittlungsstelle A signalisiert; u. a. wird auch der für die Verbindung gewünschte B-Kanal der Ortsvermittlung mitgeteilt. Falls keine Gründe dem weiteren Aufbau entgegenstehen (ein Ablehnungsgrund durch die VSt A ist etwa "kein B-Kanal verfügbar") wird der Ruf durch das Netz "weitergereicht" (gezackte Linie zwischen VSt A und VSt X). Die Zielvermittlungsstelle VSt X wird über das D-Kanalprotokoll das Endgerät X ansprechen. Zustimmung oder Ablehnung des ankommenden Rufs durch X wird über das D-Kanalprotokoll der VSt X mitgeteilt, die ihrerseits diese Zustimmung/Ablehnung durch das Netz zurück zur VSt A propagiert. Dort wird über das D-Kanalprotokoll das Ergebnis dem rufenden Teilnehmer A mitgeteilt. Im positiven Fall ist jetzt ein B-Kanal zwischen A und X durchgeschaltet, über den die Datenphase abgewickelt werden kann.

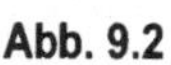

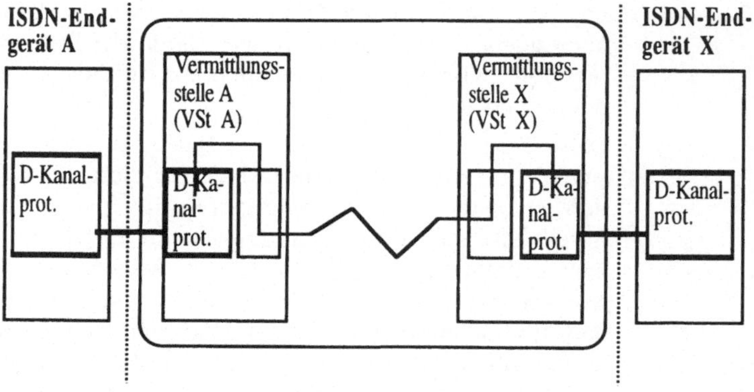

Abb. 9.2

Wie der Abb. 9.2 entnommen werden kann, ist das D-Kanalprotokoll nicht Ende-zu-Ende zwischen den Teilnehmern A und X definiert, sondern jeweils nur an der entsprechenden S_0-Schnittstelle. Zwischen den VSts sind in der Regel andere Protokolle definiert (z. B. wird hierfür das CCITT Nr.7 Protokoll verwendet [Ci4]).

Demnach sind Nachrichten des D-Kanalprotokolls zunächst nur für jeweils einen S_0-Bezugspunkt definiert. Da der Zweck in der Regel jedoch in einer Kommunikation zwischen ISDN-Teilnehmern liegt (in der Abb. 9.2 die Teilnehmer A und X), haben einige Protokollelemente zusätzlich eine Ende-zu-Ende Bedeutung.

In Abb. 9.3 ist eine Einordnung des D-Kanalprotokolls aus Sicht des OSI-Referenzmodells [Is1] vorgenommen worden. Die Abbildung mit dem Aufzeigen aufeinander aufbauender Funktionsschichten, Dienste und Dienstzugangspunkte (service access point, kurz SAP) ist hinreichend suggestiv und bedarf deswegen nicht der Einführung der hier benutzten OSI-Konzepte.

Die Teilnehmer A und X werden hier als OSI-Endsysteme aufgefaßt. Die vom D-Kanalprotokoll erbrachten Leistungen gehören der Vermittlungsschicht (und unterlagerte) an. Die Schicht 3-Funktionalität des Protokolls ist in der Abbildung durch Schraffur hervorgehoben.

Signalisierungskanal (D-Kanal) und Nutzkanäle (B-Kanäle) sind gemäß dem oben erwähnten Outband-signalling Prinzip in den Schichten 2 und 3 logisch voneinander getrennt [Ci3, PKGP]. Zu beachten ist, daß die in Abb. 9.3 gezeigten Instanzen des D-Kanalprotokolls nicht miteinander umgehen, sondern - wie in Abb. 9.2 illustriert - jede der beiden Instanzen ihre Partnerinstanz im zugehörigen Vermittlungsknoten (VSt A bzw. VSt X) findet.

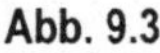

Abb. 9.3

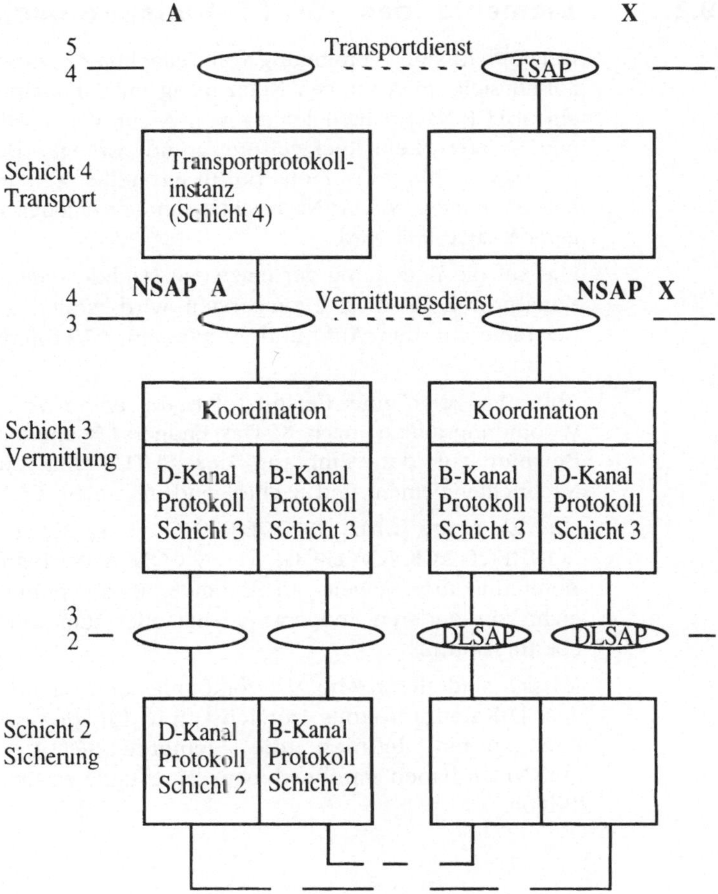

B-Kanalprotokolle der Schichten 2 und 3 werden nur in der Datenkommunikation (nicht in der Sprachkommunikation) verwendet.

Um im Fall der Datenkommunikation die Transportprotokollinstanz [Is4] unabhängig zu machen von dieser speziellen Art der Diensterbringung in den unterlagerten Schichten, wird eine Koordinationsfunktion eingeführt [Ci3].

9.2   Elemente des ISDN-D-Kanalprotokolls

Der Aufbau einer Verbindung von Teilnehmer A zum Teilnehmer X äußert sich am A-seitigen Netzzugang im D-Kanalprotokoll durch ein SETUP-Nachrichtenelement von A zur VSt A. Diese Nachricht wird - sofern kein Rückweisungsgrund vorliegt - durch das Netz propagiert bis zur Zielvermittlungsstelle X. Dort wird ein entsprechendes SETUP-Nachrichtenelement erzeugt, das dem Endgerät X zugestellt wird.

Ehe auf die Bedeutung der einzelnen Nachrichtenelemente des D-Kanalprotokolls kurz eingegangen wird, sollen zunächst zwei Beispiele für den Auf- und Abbau einer Verbindung gegeben werden.

Abb. 9.4 zeigt eine Beispielfolge für einen von A initiierten Verbindungsaufbau nach X. Das Endgerät X antwortet in diesem Beispiel auf den Empfang des SETUP mit einem ALERT-Nachrichtenelement und nachfolgend mit einem CONNECT.

Die Elemente CALL PROCEEDING (kurz CALL PROC) und CONNECT ACKNOWLEDGE (kurz CON ACK) betreffen nur die Kommunikation jeweils an einem S_0-Bezugspunkt und werden nicht vom anderen Endgerät erzeugt oder zum anderen Endgerät übertragen [Ci2].

An sich sind alle in Abb. 9.4 vorkommenden Nachrichtenelemente des D-Kanalprotokolls zunächst nur für den jeweiligen S_0-Bezugspunkt definiert; die Elemente SETUP, ALERT und CONNECT haben darüber hinaus eine Ende-zu-Ende Bedeutung [PKGP].

Abb. 9.4

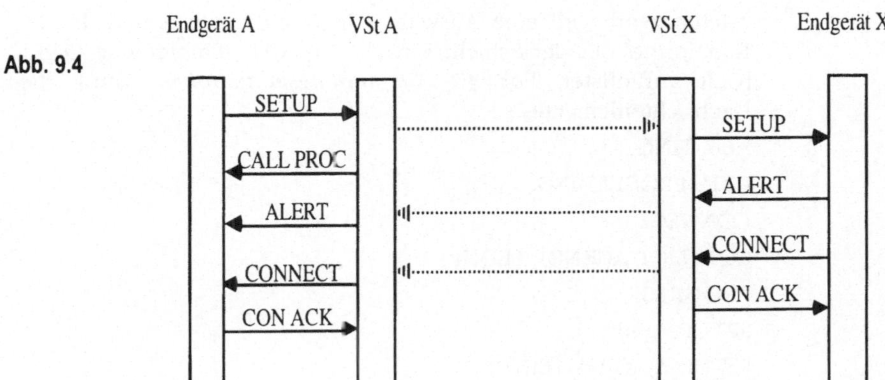

Abb. 9.5 zeigt einen Beispielsfall für den Abbau einer zwischen A
und X bestehenden Verbindung aus der Datenphase heraus. A
initiiert den Abbau durch Aussenden eines DISCONNECT-
Nachrichtenelements zur VSt A. Diese Nachricht wird durch das
Netz propagiert und erzeugt in der VSt X eine DISCONNECT-
Nachricht, die zum Endgerät X übertragen wird. Zusätzlich wird
der DISCONNECT an jedem S_0-Bezugspunkt und unabhängig
voneinander mit RELEASE und in Gegenrichtung RELEASE
COMPLETE bestätigt.

Abb. 9.5

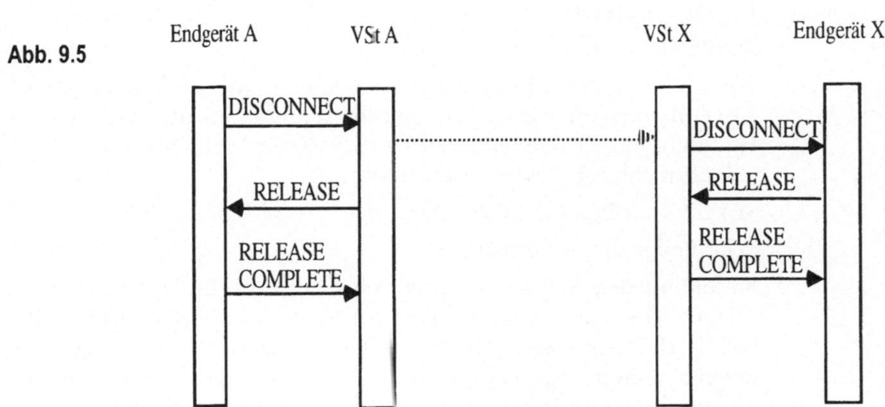

Nachfolgend wird eine Auswahl von Protokollelementen des D-Kanalprotokolls der Schicht 3 nach der CCITT-Empfehlung Q.931 [Ci2] aufgelistet. Für die *Verbindungsaufbauphase* sind die Nachrichtenelemente

ALERTING,

CALL PROCEEDING,

CONNECT,

CONNECT ACKNOWLEDGE,

PROGRESS,

SETUP, und

SETUP ACKNOWLEDGE

definiert und für die *Verbindungsabbauphase* die Nachrichtenelemente

DISCONNECT,

RELEASE und

RELEASE COMPLETE.

Darüber hinaus gibt es für verschiedene - hier nicht diskutierte - Zwecke weitere Nachrichtenelemente, z. B.

FACILITY,

INFORMATION,

RESUME,

RESUME ACKNOWLEDGE,

RESUME REJECT,

SUSPEND, u. s. w.

Zu einigen der oben genannten Elemente wird jetzt eine Kurzinformation gegeben. Erläuterungen sind vor dem Hintergrund des Telefondienstes zu verstehen (z. B. "Freizeichen"), jedoch nicht auf diesen beschränkt.

SETUP (...,CR,...,CI,...,OA,...,DA,...):

Vom Endgerät zur Vermittlung:

Einleitung des Aufbaus einer Verbindung vom Endgerät mit der Adresse OA zum Endgerät mit der Adresse DA. Der Parameter CR (Call Reference) dient der "Prozeßkennung" der Verbindung an jeweils einem S_0-Bezugspunkt. Der Parameter CI (Channel Identification) bezeichnet den gewünschten B-Kanal (B1- oder B2-Kanal). Weitere Parameter werden hier nicht betrachtet.

Von der Vermittlung zum Endgerät:

Es liegt eine ankommende Verbindung (ein ankommender Ruf) vor. Der Parameter CI bezeichnet hier den vom Netz angebotenen B-Kanal.

CALL PROCEEDING (...,CR,...CI,...):

Vom Endgerät zur Vermittlung:

Die angeforderte Verbindung wird behandelt; weitere Aufbauinformation wird nicht mehr akzeptiert.

Von der Vermittlung zum Endgerät:

Die angeforderte Verbindung wird behandelt; weitere Aufbauinformation wird nicht mehr akzeptiert.

ALERT (...,CR,...CI,...):

Vom Endgerät zur Vermittlung:

Das angerufene Endgerät ist zur Annahme der Verbindung (des Rufs) in der Lage.

Von der Vermittlung zum Endgerät:

Netzseitig konnte die Verbindung bis zur Zielvermittlung aufgebaut werden. Das gerufene Endgerät ist zur Annahme des Rufs in der Lage ("Freizeichen").

CONNECT (...,CR,...,RA,CI,...):

Vom Endgerät zur Vermittlung:

Die ankommende Verbindung (der ankommende Ruf) wurde vom gerufenen Endgerät (Adresse RA) angenommen. RA muß mit DA nicht übereinstimmen (z. B. bei Anrufumleitung).

Von der Vermittlung zum Endgerät:

Die Verbindung (der Ruf) ist durchgeschaltet (in der Regel der Beginn der Gebührenpflicht).

Von den beiden an einem S_0-Bezugspunkt zusammenarbeitenden Instanzen des D-Kanalprotokolls wird die Instanz im Endgerät nach [Ci2] auch "Q.931 protocol control, user side" und die Instanz im Netzknoten "Q.931 protocol control, network side" genannt. Beide Instanzen interagieren über FIFO-Kanäle. Jede Instanz ist "nach oben" abgeschlossen durch eine "call control", die das jeweilige Benutzerverhalten aus Sicht des D-Kanalprotokolls beinhaltet. Abb. 9.6 zeigt diese Struktur.

Die Schnittstelle zwischen Benutzer und zugehöriger Protokollinstanz heißt "Call control/Protocol control"-Schnittstelle (kurz *CP-Schnittstelle*). An der CP-Schnittstelle sind Schnittstellenelemente definiert, über die die Protokollinstanz Aufträge entgegennimmt bzw. Meldungen abliefert (vgl. etwa Kap. 4, dortige Abb. 4.9).

Beispielsweise wird der Wunsch des rufenden Teilnehmers eine Verbindung aufzubauen, an der CP-Schnittstelle auf das Schnittstellenelement SETUP rq abgebildet, das seinerseits ein SETUP Nachrichtenelement im D-Kanalprotokoll zur Folge hat.

Abb. 9.6

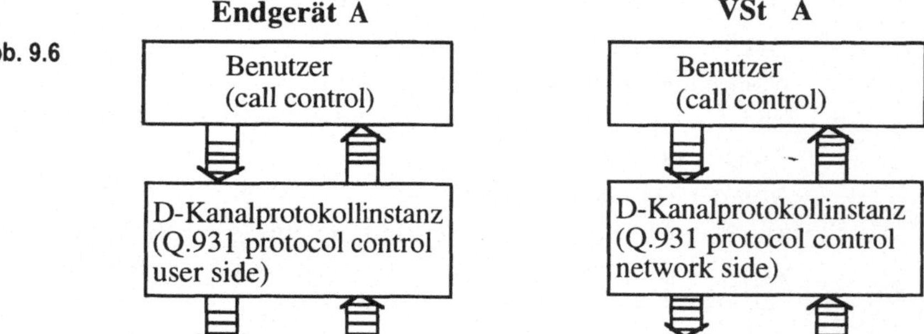

In der VSt wird nach Empfang einer SETUP Nachricht von der Protokollinstanz an der dortigen CP-Schnittstelle ein SETUP ind Schnittstellenelement erzeugt.

Abb. 9.7 zeigt eine Nachrichtenfolge zwischen einem Endgerät und zugehöriger VSt (vgl. in Abb. 9.4 und Abb. 9.5 die Protokollelemente zwischen Endgerät A und VSt A) und die zugehörigen Schnittstellenelemente an der CP-Schnittstelle auf.

Abb. 9.7

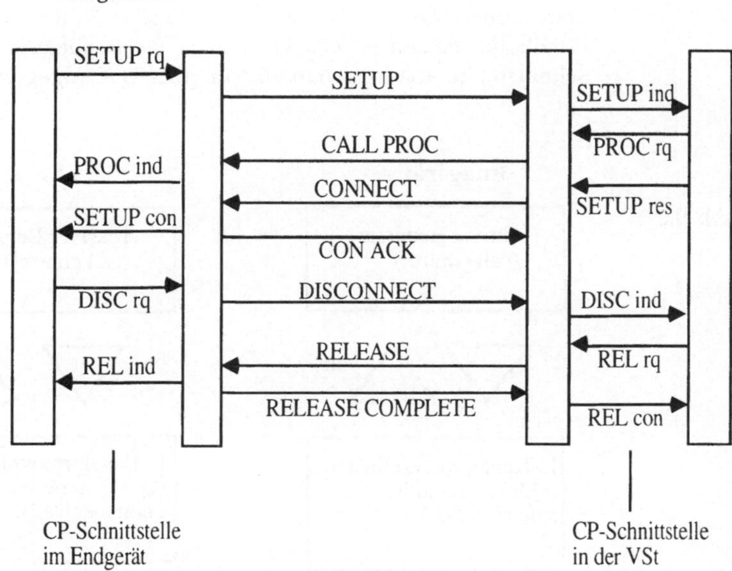

Das Beispiel zeigt an den in Abb. 9.7 benannten Schnittstellen einen von Teilnehmer A initiierten Verbindungsaufbau und den nachfolgenden - ebenfalls von A initiierten - Verbindungsabbau.

9.3 Ein Produktnetzmodell

In [Sc] wurden Teile des ISDN-D-Kanalprotokolls mit Produktnetzen spezifiziert und analysiert. Ein Modell entsprach dabei der in den Abb. 9.6 und Abb. 9.7 illustrierten Sichtweise. Nachfolgend wird auf diese Arbeit Bezug genommen.

Das Produktnetz bestand aus den vier in Abb. 9.6 gegebenen Blöcken, wobei die Kommunikation zwischen ihnen durch vier FIFO-Kanäle unterstützt wurde. Abb. 9.8 zeigt die Grobstruktur der Produktnetzspezifikation.

Jede Protokollinstanz und jeder Benutzer wird durch ein Teilnetz spezifiziert. Jeder der vier Blöcke der Abb. 9.8 steht für ein derartiges Teilnetz. Das Teilnetz "D-Kanalprotokollinstanz, Q.931 user side rufender Teil" enthält 34 Transitionen, die entsprechende "network side" 35 Transitionen. Die Benutzer enthalten 26 bzw. 29 Transitionen. Die Anzahl der blockinternen Stellen beträgt für die Protokollinstanzen jeweils 11 und für die Benutzer 13 bzw. 8. Als Schnittstellen treten genau die in Abb. 9.8 angegebenen Stellen auf.

Abb. 9.8

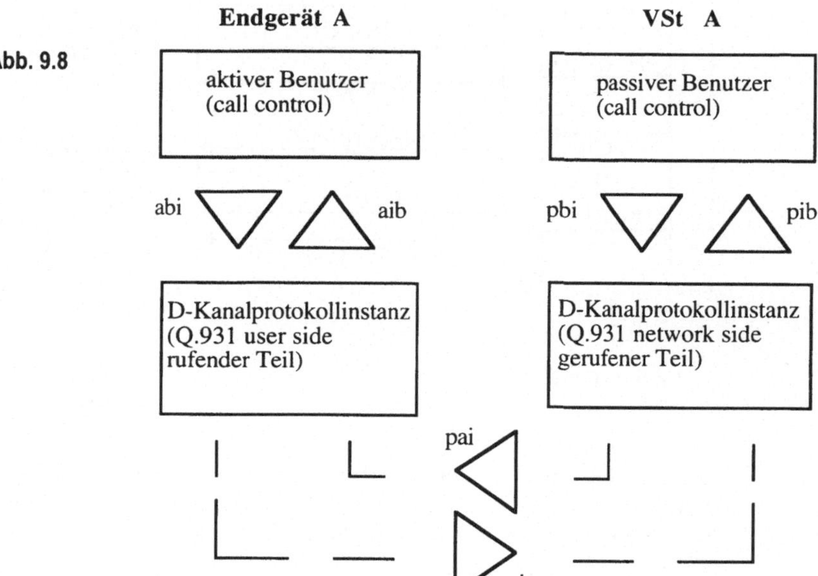

Ein Aufbauwunsch des aktiven Benutzers äußert sich im FIFO-Kanal abi durch ein SETUP rq Schnittstellenelement. Wenn die darunterliegende Protokollinstanz dem Wunsch entsprechen kann, signalisiert sie dies der VSt durch eine SETUP-Nachricht in api. Die dortige Protokollinstanz reagiert auf den ankommenden SETUP mit Erzeugen des Schnittstellenelements SETUP ind in pib, u. s. w.

Abb. 9.9 skizziert einen kleinen Ausschnitt der Protokollinstanz im Endgerät. Kantenanschriften und Transitionsinschriften fehlen ebenso wie die formale Spezifikation der FIFO-Kanäle; letztere sind lediglich angedeutet.

Abb. 9.9

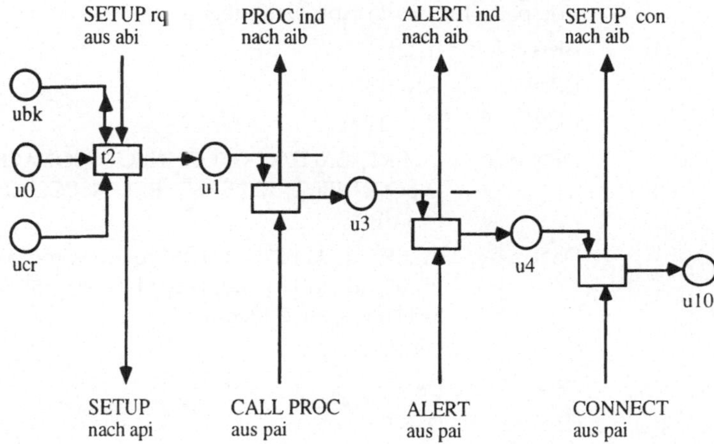

Die Zustände der Q.931 user side [Ci2] sind hier mit ui bezeichnet. u0 ist der "Null"-Zustand, u1 der "Call initiated"-Zustand, u3 der Zustand "Outgoing call proceeding", u4 der Zustand "Call delivered" und u10 der Zustand "Active". Die anderen in der Q.931 definierten Zustände treten in dieser Skizze nicht auf.

Im Zustand u1 kann statt eines CALL PROC Nachrichtenelements auch ein ALERT oder gleich ein CONNECT in pai liegen. Diese Situationen sind in Abb. 9.9 nicht modelliert. Es ist auch möglich, daß im Zustand u1 ein RELEASE COMPLETE aus pai empfangen wird oder vom eigenen Benutzer ein DISCONNECT rq in abi abgelegt wird (diese Möglichkeiten sind den in Kap. 4 geschilderten Abbruchmöglichkeiten ähnlich). Entsprechendes gilt auch für die anderen Zustände ui.

Die Stelle ucr enthält Nummern, die der Prozeßkennung dienen (vgl. Parameter CR in Abschnitt 9.2) und in Stelle ubk ist geeignete Information zur Wahl eines B-Kanals vorhanden.

Abb. 9.10 zeigt die Transition t2 der Abb. 9.9 in der Detailspezifikation. In der Produktnetzspezifikation sind SETUP rq und SETUP Elemente in abi und api, die über die Transition t2 miteinander verknüpft sind: t2 entnimmt dem FIFO-Kanal abi das Element SETUP rq ("dequeue" bzgl. abi) und fügt dem Kanal api das Element SETUP hinzu ("enqueue" bzgl. api).

Vorspann für das in Abb. 9.10 gegebene Produktnetz:

BK =   {1, 2}

UZ =   {k}

NCR =   {1,...,127}

DPN =   {ALERT, CALLPROC, CONNECT, CONACK,
            DISCONNECT, RELEASE, RELEASECOMPLETE,
            SETUP}

DSN =   {ALERTrq, ALERTind, DISCrq, DISCind, PROCrq,
            PROCind, RELrq, RELind, SETUPrq, SETUPind,
            SETUPres, SETUPcon}

CP =   DPN*

CS =   DSN*

CT =   DSN$^+$

Unter Verwendung der Standardfunktionen ℓ (Länge) und seg (Segment) werden die Funktionen rest und letzt wie folgt definiert:

rest: $CS \rightarrow CS$ mit rest (y) = seg (y, 1, ℓ(y) -1)   und

letzt: $CT \rightarrow DSN$ mit letzt (y) = seg (y, ℓ(y), ℓ(y))

Abb. 9.10

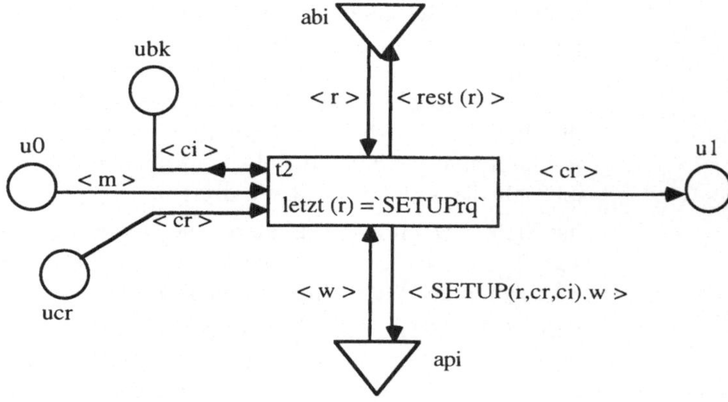

Definitionsbereiche der Stellen:

D_{u0} =   UZ

D_{ucr} = D_{u1} =   NCR

$$D_{ubk} = BK$$
$$D_{abi} = CS$$
$$D_{api} = CP$$

Wenn das Element am Ende der in abi abgelegten Folge ein SETUP rq ist und wenn die Stellen u0, ubk und ucr jeweils mindestens eine Marke enthalten, dann kann Transition t2 schalten.

Der Schaltvorgang läßt sich kurz wie folgt beschreiben:

- aus abi wird (über die Variable r) die vollständige Folge der Elemente entnommen, das Element am Ende entfernt (hier SETUP rq) und die Restfolge (über die Funktion rest(r)) nach abi zurückgelegt,

- aus u0 wird (über die Variable m) eine Marke entnommen; dadurch wird überprüft, ob sich die Protokollinstanz im Grundzustand befindet

- aus ucr wird (über die Variable cr) eine keiner Transaktion (Verbindung) aktuell zugeordnete Call reference entnommen, die jetzt von der neuen Transaktion als Prozeßkennung für das Instanzenpaar an der A-Seite der Verbindung (vgl. Abb. 9.2) verwendet wird,

- aus ubk wird (über die Variable ci) Information zur Ermittlung des gewünschten B-Kanals ausgelesen,

- aus api wird (über die Variable w) die vollständige Folge der Elemente entnommen, als erstes Element SETUP (r,cr,ci) hinzugefügt und die so verlängerte Folge nach api zurückgelegt,

- nach u1 die für die Transaktion verwendete Call reference abgelegt.

letzt (r) = `SETUPrq` in Transition t2 prüft, ob das Element am Ende der Folge in abi ein SETUP rq ist.

In Vereinfachung der in [Sc] gegebenen Spezifikation wurde in Abb. 9.10 auf die Behandlung einiger Parameter (z. B. Adressinformation) verzichtet. Die Liste der modellierten Protokollelemente und Parameter sowie weitere Annahmen sind in [Sc] beschrieben. Der dortigen Modellierung lag die Annahme zugrunde, daß kein Element verloren geht oder verfälscht wird.

9.4   Anmerkungen zur Analyse

Eine Anfangsmarkierung im betrachteten Modell besteht aus

- je einer leeren Folge auf den sechs Stellen, die die FIFO-Kanäle repräsentieren (also auf den Stellen abi, aib, pbi, pib, api und pai),

- je einer Marke im Zustand 0 der vier Teilnetze (z. B. eine Marke in u0),

- lokalen Kennungen in den Teilnetzen zur Verarbeitung von Adressinformation,

- Call references in den beiden Protokollinstanzen (z. B. Marken in ucr),

- Informationen über weitere Parameter (z. B. Marken in ubk mit entsprechender Information).

Unter einer derartigen Anfangsmarkierung ist im aktiven Benutzer (vgl. Abb. 9.8) eine Transition aktiviert, die ein SETUP rq Element in abi ablegt. Danach ist u. a. die oben betrachtete Transition t2 aktiviert, die den SETUP rq dem FIFO-Kanal abi entnimmt und ein SETUP Protokollelement in den FIFO-Kanal api ablegt. Abb. 9.11 illustriert diese beiden Schaltschritte in einem Zeit-Ereignis-diagramm. Auf Parameterangaben wurde hierbei verzichtet.

Abb. 9.11

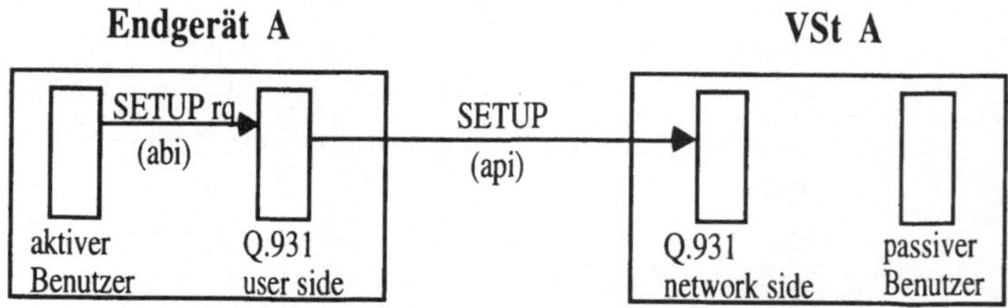

Eine Fortsetzung dieser Schaltungen führt auf das in Abb. 9.7 gezeigte Diagramm. Die dort als Beispiel ausgeführte Signalisierung für einen geglückten Verbindungsaufbau samt Anbindung an die Benutzer und einen daran anschließenden vom aktiven Benutzer eingeleiteten Abbau stellt eine Folge entsprechender Schaltungen von Transitionen der Spezifikation dar.

Erreichbarkeitsanalysen, die sämtliche Schaltfolgen durchspielten, die sich aus einem von Teilnehmer A initiierten Aufbauwunsch ergaben, führten z. T. auf mehr als 10.000 Markierungen. Diese Zahl spiegelt die Vielfalt der Möglichkeiten für den Aufbau mit nachfolgendem Abbau von Verbindungen und des Abbaus einer im Aufbau befindlichen Verbindung durch das D-Kanalprotokoll wider.

Aus der Inspektion des Erreichbarkeitsgraphen ließen sich u. a. Situationen finden in denen das Q.931 Protokoll unangemessen reagiert; beispielsweise reagiert die Q.931 user side nach Aussenden eines SETUP (also im Zustand "Call initiated") nicht angemessen, wenn sie anschließend eine DISCONNECT Nachricht von der Q.931 network side empfängt: diese wird nämlich als "unexpected message" aufgefaßt, was zu einem "STATUS-Handshake" führt [Ci2]; es genügt hier jedoch, den eingeleiteten Abbau der Verbindung fortzusetzen.

Aus Sicht des aktiven Benutzers A sind in Abb. 9.7 die Elemente SETUP rq, SETUP con und DISC rq von Bedeutung, da sie zum einen den Aufbau bzw. Abbau einer Verbindung einleiten und zum anderen - wie aus den Abb. 9.4, Abb. 9.5 und Abb. 9.7 zu entnehmen ist - auf Protokollelemente führen, die durch das Netz zum Endgerät des Partners propagiert werden. Wenn in der zu Abb. 9.7 gehörenden Schaltfolge alle anderen Schaltschritte ausgeblendet werden und zwar derart, daß Reihenfolgen erhalten bleiben [EP3, Pr6], so ergibt sich eine verkürzte Schaltfolge, die an der CP-Schnittstelle im Endgerät genau die Sequenz "SETUP rq SETUP con DISC rq" repräsentiert. Abb. 9.12 illustriert diese Situation.

Derartige Sichtweisen lassen sich auch auf den als Automaten aufgefaßten vollständigen Erreichbarkeitsgraphen anwenden ([EP3] und Kap.11). Das Ergebnis dieser Vorgehensweise ist ein Automat - wie als Beispiel in Abb 9.13 dargestellt - , der nur noch die zuvor ausgewählten Schaltungen repräsentiert und deswegen in der Regel sehr viel kleiner sein wird, ohne jedoch an den Reihenfolgen etwas geändert zu haben.

Formal werden solche Sichtweisen durch Schaltfolgenhomomorphismen (siehe Kap. 11) beschrieben. Ausgehend vom Erreichbarkeitsgraphen können für die Bilder der Schaltfolgen minimale Automatendarstellungen bestimmt werden. Abb. 9.13 stellt den Minimalautomaten dar.

Abb. 9.12

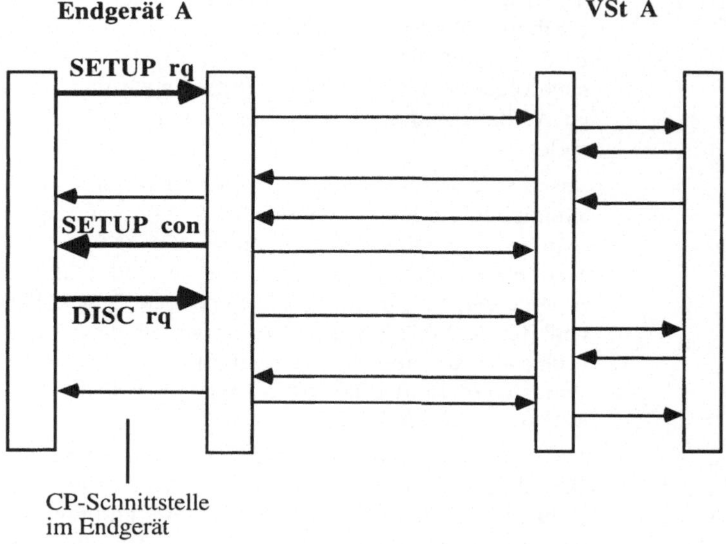

Zusammen mit dem Nachweis, daß dieser Homomorphismus schlicht (siehe Kap. 15) oder im Erreichbarkeitsgraph jede Markierung von jeder anderen aus erreichbar ist (wie im Beispiel des Kap. 4), zeigt Abb. 9.13, daß jeder Aufbauwunsch des aktiven

Abb.9.13

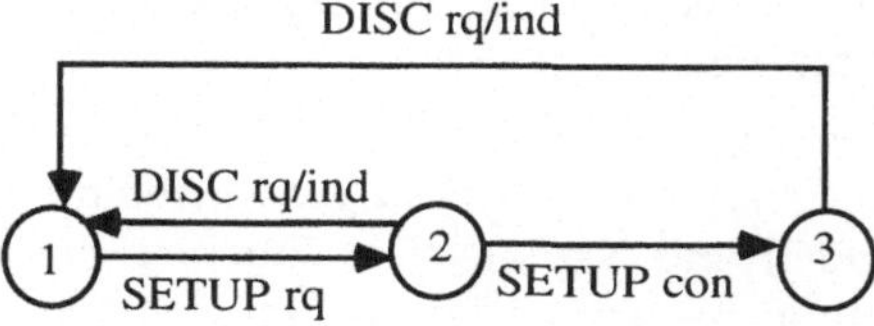

Benutzers A entweder zum Aufbau der Verbindung führt - mit nachfolgendem Abbau aus der Datenphase heraus (Zustand 3 repräsentiert die Datenphase aus Sicht der CP-Schnittstelle im Endgerät) - oder im Aufbau selbst (Zustand 2) zum Abbau führt. Es treten z. B. keine Deadlocks auf.

In Kapitel 3 wurde ein Modell zur Flußkontrolle eingeführt, in dem die beiden Kooperationspartner (Produzent und Konsument) über Zähler verfügten, mit deren Hilfe die Anzahl der vom Produzenten gefüllten Eimer und die Anzahl der vom Konsumenten geleerten Eimer hochgezählt wurden. Da das gesamte System flußkontrolliert war, überstieg die Differenz der Zählerstände nicht einen festen Wert.

Ein anderes Beispiel für die Verwendung von verteilten Zählern stellt das Schachspiel dar. Hier läßt sich ein Modell annehmen, in dem jeder Spieler über einen Zähler verfügt, mit dem die von ihm gespielten Züge gezählt werden. Der Spieler mit dem ersten Zug wird seinen Zähler von Null auf Eins erhöhen, nachfolgend wird der Spielpartner seinen Zähler mit dem ersten Gegenzug erhöhen u. s. w. Die Zähler werden hier streng abwechselnd hochgezählt, weswegen die Differenz der beiden Zähler niemals größer als eins sein wird. Der Endstand der Zähler steht erst mit dem Spielende fest.

Verallgemeinernd läßt sich folgendes Modell als Abstraktion einer Kooperation zwischen räumlich verteilten Partnern einführen [Pr4]:

Das Modell besteht darin, daß sich zwei autonome Systeme A und B (jedes System als Mensch und/oder Maschine aufgefaßt) die gemeinsame Aufgabe stellen, zwei Zähler XA (zum System A gehörend) und XB (zum System B gehörend) derart zu erhöhen, daß die Differenz ihrer beiden Werte einen zuvor festgesetzten Betrag c nicht überschreitet. Hierbei soll vorausgesetzt werden, daß A nur den Zähler XA und B nur den Zähler XB verändern kann. Das Kooperationsziel läßt sich durch die Beziehung

(*) $|XA - XB| \leq c$, $c \in NAT\_0$

zwischen den beiden Zählern beschreiben, wobei Endzählerstände dazugehören können.

Im allgemeinen wird angenommen, daß die Partner nicht über ein gemeinsames Gedächtnis verfügen (bei Rechnern kein gemeinsamer Speicher), sondern über Nachrichtenaustausch miteinander kommunizieren.

Die Realisierung des Kooperationsziels (*) hängt von weiteren Annahmen über das Verhalten der Kooperationspartner und die Fähigkeiten des zur Verfügung stehenden Kommunikationsmediums ab (Fehlermodelle):

a)   mit welchem Fehlverhalten der Partner ist zu rechnen?

b)   welches Fehlverhalten der von den Partnern benutzten Kommunikationsmedien muß in Betracht gezogen werden?

Bzgl. a) wird in der Regel ausgeschlossen, daß Kooperationspartner nicht für den gesamten Vorgang zur Verfügung stehen (etwa durch "höhere Gewalt") oder daß sie sich "böswillig" verhalten. Vorausgesetzt wird auch ihre Fähigkeit, Kommunikationsmedien korrekt benutzen zu können.

Bzgl. b) wird in der Regel ausgeschlossen, daß die Kommunikation zwischen A und B nicht zustande kommt bzw. dauerhaft gestört wird. Beim Transport von Information auftretende Fehler der Kommunikationsmedien können den Benutzern gemeldet werden oder auch nicht.

Abb. 10.1

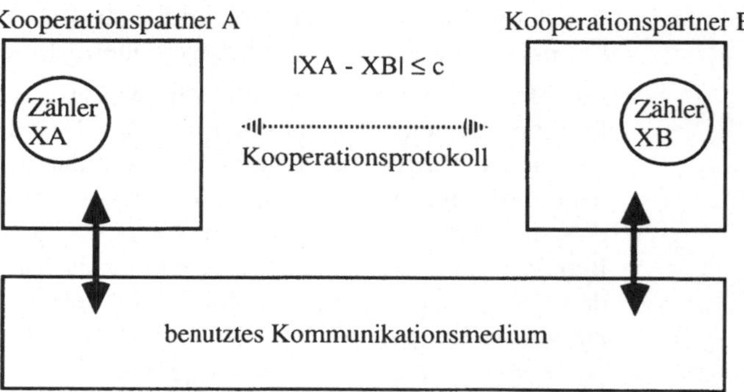

Abb. 10.1 skizziert das Modell. Das Kooperationsprotokoll zwischen den Partnern ist so zu wählen, daß u. a. die Bedingung $|XA - XB| \leq c$ erfüllt ist.

Wie die obige Abbildung zeigt, gehen A und B nicht direkt miteinander um (das Kooperationsprotokoll wird abgebildet auf Funktionen des Kommunikationsmediums), sondern erfahren nur dann etwas über den anderen, wenn sie von diesem eine Nachricht empfangen haben; diese Nachricht kann aber höchstens den Zustand des Partners zum Zeitpunkt der Produktion der Nachricht widerspiegeln, nicht jedoch einen "neueren" Zustand. Der Empfänger erfährt also nur etwas über die Vergangenheit des Partners, nicht über dessen Gegenwart. Diesen *Defekt der Verteiltheit* hat man bei der Realisierung verteilter Systeme zu berücksichtigen (unabhängig von der zusätzlichen Problematik der Behandlung auftretender Komponenten- und Kommunikationsfehler).

Abb. 10.2

a)

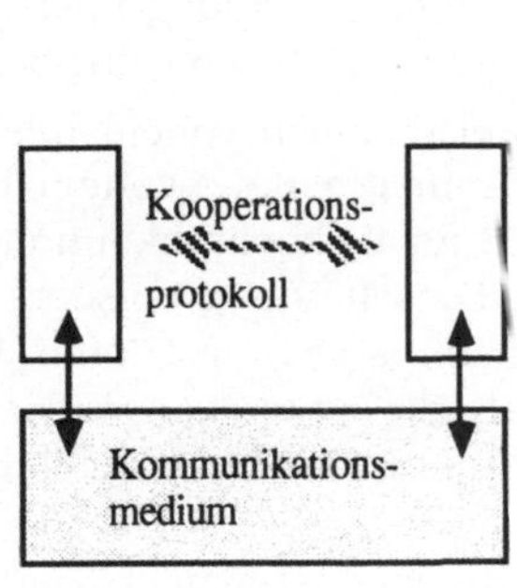

b)

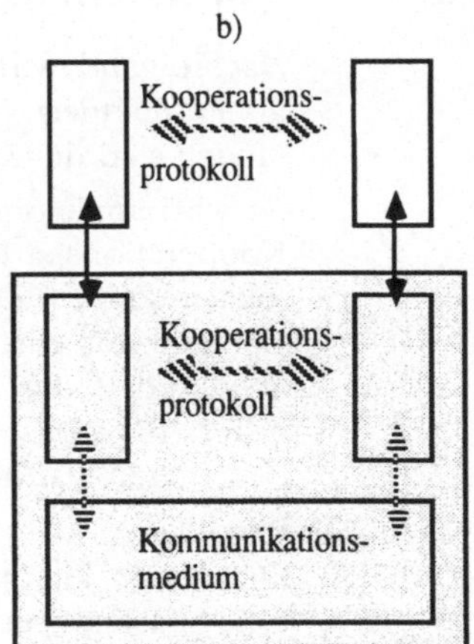

Mit der Festlegung eines Endekriteriums für die Kooperation (zuvor oder während der Kooperation) stellt sich die Frage der Beendigungsproblematik [BO2] von Kooperationen zwischen verteilten Systemen: wann darf ein Partner annehmen, daß der andere Partner die Kooperation als beendet ansieht [Pr4]? Es wurden weiterhin keine Aussagen dazu gemacht, wie die obige

Vereinbarung zustande gekommen ist (dazu ist eine zuvor abzu-
wickelnde Kooperation notwendig!). Noch weiter zurückgehend
führt dieses Problem zu der Frage nach dem "Anfangskontext", der
ohne vorherige Kooperation bei beiden Partnern vorausgesetzt
werden muß.

Der Unterschied zwischen Kooperationsprotokoll und Protokollen
des Kommunikationsmediums ist kein absoluter, sondern hängt u.
a. von der im Modell angenommenen Sichtweise ab, wie Abb.
10.2 zeigt.

In Abb. 10.2 wird angenommen, daß die Kooperationsleistung des
Modells a) im Modell b) dazu benutzt wird, eine auf a) aufbau-
ende Kooperationsleistung zu modellieren. Das Kooperationsprotokoll des Modells a) stellt aus der Sichtweise des Modells b)
dann ein Protokoll des unterlagerten Kommunikationsmediums
dar.

10.1   Formalisierung der Aufgabe

Nachfolgend wird eine spezielle Ausprägung des Zählermodells
als Produktnetz spezifiziert. Zur Unterscheidung vom allgemeinen
Modell sind die Zähler ZL und ZR (statt XA und XB) benannt.

Es wird angenommen, daß zwei räumlich voneinander getrennte
Kooperationspartner A und B unabhängig voneinander einen
lokalen Zähler (ZL für A und ZR für B) hochzählen und daß dieser
Vorgang auf eine unterlagerte Dienstleistung aufsetzt, die darauf
achtet, daß die Zählerstände um keinen größeren Wert als 1
differieren. Das bedeutet, daß die unterlagerte Dienstleistung
denjenigen Partner "bremsen" muß, der zu schnell hochzählen
möchte.

Eine derart knappe Beschreibung läßt noch Fragen offen, die für
eine Formalisierung der Antwort bedürfen (angenommenes
Fehlverhalten der Partner/ der benutzten Dienstleistung, besteht
eine Master/Slave-Relation der Kooperationspartner, u. s. w.).

Abb. 10.3 zeigt die gewählte formale Spezifikation der
Anforderung, deren Annahmen und Eigenschaften nachfolgend
erläutert werden.

Mit dem Kooperationspartner A sind der Zähler ZL und die Transitionen A1 und A2 verbunden und mit B der Zähler ZR und die Transitionen B1 und B2.

Die Partition Π_s der Transitionsmenge mit den Blöcken {A1,A2,L1,L2} und {B1,B2,R1,R2} definiert einen Systemschnitt. Der erste Block beschreibt das System des Kooperationspartners A und der zweite Block das System des Kooperationspartners B. Die beiden Stellen s9-13 und s12-10 sind aus Sicht dieser Partition Randstellen, alle anderen Stellen sind systemintern.

Die Partition Π_d der Transitionsmenge mit den Blöcken {A1,A2}, {B1,B2} und {L1,L2,R1,R2} definiert einen Dienstschnitt. Die ersten beiden Blöcke definieren die Dienstbenutzer A und B und der dritte Block den Diensterbringer. Aus Sicht dieser Partition sind s3 und s4 die Randstellen zwischen A und dem Diensterbringer und s7 und s8 die Randstellen zwischen B und dem Diensterbringer. Diese beiden Schnittstellen sind in Abb. 10.2 durch Schraffur hervorgehoben. Alle anderen Stellen sind bzgl. der betrachteten Partition intern.

Transition A1 modelliert den Wunsch von A den lokalen Zähler ZL zu erhöhen, und Transition B1 modelliert den Wunsch von B den lokalen Zähler ZR zu erhöhen. Die aktuellen Werte der Zähler selbst bleiben unverändert.

Transition A2 (analog B2) entnimmt über die Variable ALT den aktuellen Zählerstand und ersetzt ihn über die Variable NEU durch einen Wert, den der Diensterbringer anbietet.

L1 nimmt den Erhöhungswunsch des Benutzers A entgegen und transferiert ihn zum System des Partners B. Analog nimmt R1 den Erhöhungswunsch des Benutzers B entgegen und transferiert ihn zum System des Partners A.

Transition L2 (analog R2) empfängt den Erhöhungswunsch und bietet ihn dem Dienstbenutzer an.

Ein Fehlverhalten wird weder bei den Kooperationspartnern noch bei der unterlagerten Dienstleistung angenommen. Letztere Annahme wird in Abschnitt 10.2 jedoch aufgegeben.

Vorspann für das in Abb. 10.3 gegebene Produktnetz:

Z = {k}

E = {erhöhe}

Definitionsbereiche der Stellen:

$$D_{ZL} = D_{ZR} = D_{s4} = D_{s8} = D_{s17} = D_{s20} = NAT\_0$$
$$D_{s1} = D_{s2} = D_{s5} = D_{s6} = D_{s16} = D_{s20} = Z$$
$$D_{s3} = D_{s7} = E \times NAT\_0$$
$$D_{s9\text{-}13} = D_{s12\text{-}10} = E$$

Abb. 10.3

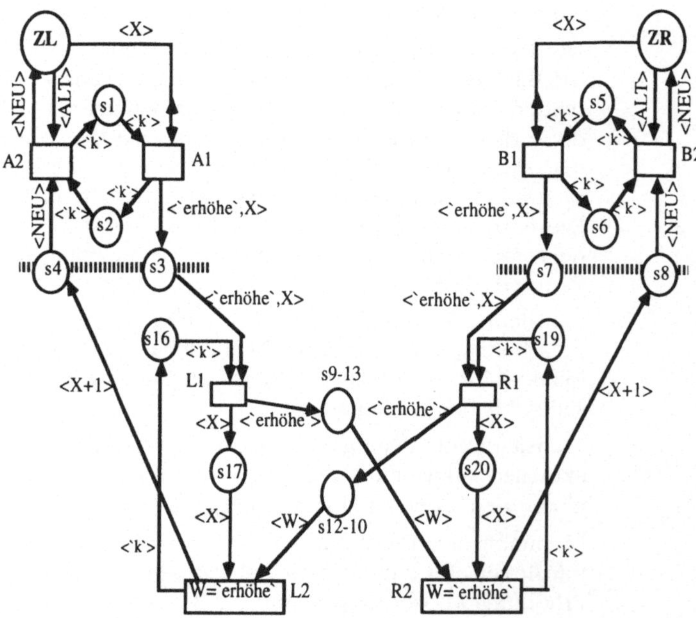

Nachfolgend wird eine Anfangsmarkierung für das Produktnetz der
Abb. 10.3 gegeben und einige Transitionsfolgen betrachtet. Aus
diesen Transitionsfolgen ergeben sich auch weitere Annahmen,
die für das formale Modell gemacht wurden.

Als Anfangsmarkierung M0 wird gewählt:

- $M0_{ZL} = M0_{ZR} = <0>$
- $M0_{s1} = M0_{s5} = M0_{s16} = M0_{s19} = <k>$
- $M0_{si} = \emptyset$ für alle anderen Stellen si.

Unter der Anfangsmarkierung M0 sind die Transitionen A1 und B1 aktiviert (und sonst weiter keine Transition). Das Schalten der einen Transition deaktiviert nicht die andere (Nebenläufigkeit der Aktivierung). Die Kooperationspartner können also unabhängig voneinander eine Erhöhung ihres lokalen Zählers beantragen (kein Master-Slave Verhalten). Wie zu sehen ist, verändert das Schalten von A1 (bzw. B1) nicht den aktuellen Stand des jeweiligen Zählers.

Sei jetzt angenommen, daß A1 schaltet. Hierdurch entsteht aus M0 die Nachfolgemarkierung M1, die wie folgt definiert ist:

- $M1_{ZL} = M1_{ZR} = \;<0>$

- $M1_{s2} = M1_{s5} = M1_{s16} = M1_{s19} = \;<k>$

- $M1_{s3} = \;<\text{erhöhe},0>$

- $M1_{si} = \;\emptyset$ für alle anderen Stellen si.

Der Erhöhungswunsch des Kooperationspartners A wird mitsamt dem aktuellen Zählerstand über die "Schnittstelle" s3 an die unterlagerte Dienstleistung weitergegeben.

Durch das Schalten von B1 entsteht aus M0 die Nachfolgemarkierung M2, die wie folgt definiert ist:

- $M2_{ZL} = M2_{ZR} = \;<0>$

- $M2_{s1} = M2_{s6} = M2_{s16} = M2_{s19} = \;<k>$

- $M2_{s7} = \;<\text{erhöhe},0>$

- $M2_{si} = \;\emptyset$ für alle anderen Stellen si.

Der Erhöhungswunsch des Kooperationspartners B wird mitsamt dem aktuellen Zählerstand über die "Schnittstelle" s7 an die unterlagerte Dienstleistung weitergegeben.

Zwei mit A1 beginnende Transitionsfolgen werden jetzt betrachtet.

1. Transitionsfolge [A1, L1, B1, R1, R2, B2, L2, A2]:

A möchte seinen lokalen Zähler erhöhen (beim ersten Mal von 0 auf 1). Das Schalten von A1 teilt dies der unterlagerten Dienstleistung mit (Markierung M1).

Die lokale Instanz nimmt durch das Schalten von L1 diesen Wunsch zur Kenntnis und sendet ihn an das zu B gehörende System. Aus Markierung M1 entsteht die Markierung M3:

- $M3_{ZL} = M3_{ZR} = \;<0>$

- $M3_{s2} = M3_{s5} = M3_{s19} = \;<k>$

- $M3_{s17} = \;<0>$

- $M3_{s9\text{-}13}$ = <erhöhe>
- $M3_{si}$ = $\emptyset$ für alle anderen Stellen si.

Wenn der Partner B keinen Wunsch zum Erhöhen seines eigenen Zählers hat, bleibt das gesamte System in diesem Zustand (Wartestellung). Sei also angenommen, daß auch B seinen lokalen Zähler erhöhen möchte.

Das Schalten von B1 teilt dies der unterlagerten Dienstleistung mit. Aus Markierung M3 entsteht die Markierung M4:

- $M4_{ZL}$ = $M4_{ZR}$ = <0>
- $M4_{s2}$ = $M4_{s6}$ = $M4_{s19}$ = <k>
- $M4_{s7}$ = <erhöhe,0>
- $M4_{s17}$ = <0>
- $M4_{s9\text{-}13}$ = <erhöhe>
- $M4_{si}$ = $\emptyset$ für alle anderen Stellen si.

Der Diensterbringer nimmt durch das Schalten von R1 diesen Wunsch zur Kenntnis und sendet ihn an das zu A gehörende System. Aus Markierung M4 entsteht die Markierung M5:

- $M5_{ZL}$ = $M5_{ZR}$ = <0>
- $M5_{s2}$ = $M5_{s6}$ = <k>
- $M5_{s17}$ = $M5_{s20}$ = <0>
- $M5_{s9\text{-}13}$ = $M5_{s12\text{-}10}$ = <erhöhe>
- $M5_{si}$ = $\emptyset$ für alle anderen Stellen s

Durch das Schalten von R2 wird festgestellt, daß auch A seinen Zähler erhöhen möchte, was die unterlagerte Dienstleistung als weitere Voraussetzung für das Gewähren der Erhöhung des eigenen Zählers ZR ansieht und signalisiert dies dem Partner B. Aus Markierung M5 entsteht die Markierung M6:

- $M6_{ZL}$ = $M6_{ZR}$ = <0>
- $M6_{s2}$ = $M6_{s6}$ = $M6_{s19}$ = <k>
- $M6_{s17}$ = <0>
- $M6_{s12\text{-}10}$ = <erhöhe>
- $M6_{s8}$ = <1>
- $M6_{si}$ = $\emptyset$ für alle anderen Stellen si.

Durch das Schalten von B2 wird Zähler ZR auf den Wert 1 gesetzt und der Kooperationspartner B ist in der Lage, einen weiteren Wunsch zur Erhöhung seines lokalen Zählers abzusetzen (Transition B1 ist wieder aktiviert). Zu beachten ist, daß unter der bisher erreichten Markierung (die Mx genannt sei) ZL und ZR nicht über den gleichen Wert verfügen (Mx_{ZL} = <0> und Mx_{ZR} = <1>).

Das Schalten von L2 bewirkt, daß die unterlagerte Dienstleistung dem Kooperationspartner A anzeigt, daß der Zähler ZL erhöht werden kann und das nachfolgende Schalten von A2 erhöht ZL auf den Wert 1.

2. Transitionsfolge [A1, L1, B1, R1, R2, B2, B1, L2, A2]:

Diese Transitionsfolge unterscheidet sich von der vorigen lediglich dadurch, daß zwischen den Transitionen B2 und L2 Transition B1 ein zweites Mal schaltet.

Das bedeutet, daß B nicht gehindert wird, einen neuen Erhöhungswunsch abzusetzen unabhängig davon, ob der vorherige Wunsch auf Seite A bereits zu einer Erhöhung geführt hat oder nicht.

Die unterlagerte Dienstleistung sichert unsichtbar für B zu, daß ZR nicht den Wert 2 annehmen kann, ohne daß ZL zuvor den Wert 1 angenommen hat.

Nachdem B1 ein zweites Mal geschaltet hat und bevor L2 schaltet, befinden sich zwei Erhöhungswünsche in Stelle s12-10. Da die Marken identisch sind, spielt die Reihenfolge der Abnahme durch Transition L2 keine Rolle. Das Modell in Abb. 10.3 ist zwar nicht Reihenfolge erhaltend, jedoch werden die Abläufe im Netz dadurch nicht beeinflußt.

Ohne Schwierigkeit lassen sich Transitionsfolgen konstruieren, in denen der linke Zähler dem rechten um eins voreilt und der rechte Zähler anschließend zwei Erhöhungen seines Zählers ausführen kann, ohne daß zwischendurch auf der Seite A eine Zählererhöhung stattfindet, u. s. w.

10.2   Endekriterien und Anmerkungen zur Analyse

Solange kein Endekriterium (z. B. ZL und ZR werden maximal bis 5 hochgezählt) verabredet wird, hält die Erreichbarkeitsanalyse nicht an.

Es soll jetzt angenommen werden, daß jeder Kooperationspartner aufhört, neue Erhöhungswünsche abzusetzen, sobald seine lokale Zählerinstanz den Wert 5 erreicht hat. Abb. 10.4 zeigt eine Modellierung dieses Endekriteriums: die Transitionen A1 und B1 erhalten jeweils die Transitionsinschrift X < 5. Sobald ZL (ZR) den Wert 5 erreicht hat, läßt sich Transition A1 (B1) nicht mehr aktivieren. Der Diensterbringer ist in Abb. 10.4 wie in Abb. 10.3 spezifiziert hinzuzufügen.

In Abb. 10.4 ist zusätzlich eine Transition FEHLER eingeführt, die genau dann schaltet, wenn für eine Markierung M die Bedingung $|M_{ZL} - M_{ZR}| \leq 1$ verletzt ist. Diese Bedingung ist in der Transition als Inschrift spezifiziert, die aussagt, daß für eine Markierung M entweder der Wert von ZL größer ist als der um eins erhöhte Wert von ZR oder daß der Wert von ZR größer ist als der um eins erhöhte Wert von ZL.

Mit dem Schalten der Transition FEHLER wird eine Marke <k> in der Stelle sf abgelegt; danach ist wegen der Verbotskante die Transition FEHLER nie mehr aktiviert.

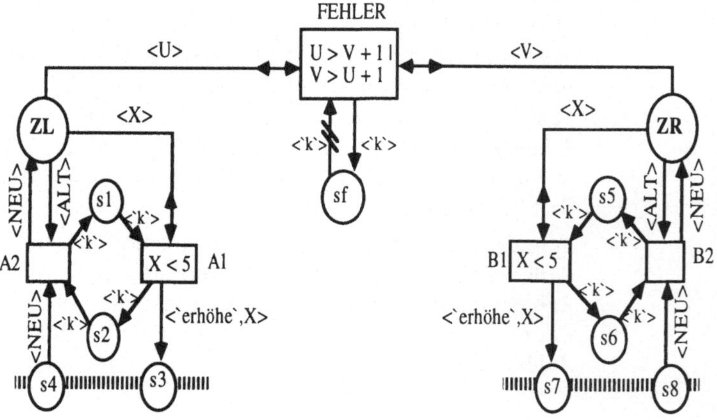

Abb. 10.4

Die Erreichbarkeitsanalyse dieses Modells mit der Produktnetzmaschine (siehe Kap. 14) unter der Anfangsmarkierung M0 führte auf 112 Markierungen. Die Endmarkierung Me mit

- $Me_{ZL} = Me_{ZR} = <5>$
- $Me_{s1} = Me_{s5} = Me_{s16} = Me_{s19} = <k>$
- $Me_{si} = \emptyset$ für alle anderen Stellen si.

war die einzige Totmarkierung. Die Transition FEHLER schaltete nicht. Also ist kein Verstoß gegen die Bedingung $|M_{ZL} - M_{ZR}| \leq 1$ aufgetreten.

Analog zur Argumentation des "globalen Zählers" in Kapitel 3 (dortige Abb. 3.6) ist die Transition FEHLER im allgemeinen nicht verteilt implementierbar. Der Spezifizierer kann jedoch, wie oben geschehen, diese Transition für Analysezwecke einführen. Er weiß dann, daß die Zusammenarbeit der beiden Kooperationspartner nach ihrer räumlichen Verteilung so synchronisiert ablaufen wird, daß die Zählerstände niemals um mehr als den Wert 1 differieren werden.

10.3 Modifikationen des Modells

Das bisher entwickelte Modell ging davon aus, daß beide Kooperationspartner gleichberechtigt sind. In diesem Abschnitt wird davon ausgegangen, daß nur der Kooperationspartner A eine Erhöhung der Zähler einleiten darf und B mitziehen muß. Abb. 10.5 modelliert einen solchen Fall. Auf die Angabe des Vorspanns und der Definitionsbereiche der Stellen soll hier verzichtet werden. Sie entsprechen den Angaben für das Modell in Abb. 10.3.

Eine Anfangsmarkierung Ma für das "Master-Slave"-Modell in Abb. 10.5 besteht aus:

- $Ma_{ZL} = Ma_{ZR} = <0>$
- $Ma_{s1} = Ma_{s6} = Ma_{s16} = Ma_{s19} = <k>$
- $Ma_{si} = \emptyset$ für alle anderen Stellen si.

Zu beachten ist, daß für die Anfangsmarkierung Stelle s6 (und nicht s5) eine Marke $<k>$ erhält.

Wie unschwer zu sehen ist, fordert A eine Erhöhung der Zähler an, erhöht seinen Zähler aber erst, nachdem zuvor B seinen Zähler erhöht hat. Der Zählerstand von ZR ist in dieser Modellierung also immer größer oder gleich dem Zählerstand von ZL.

Abb. 10.5

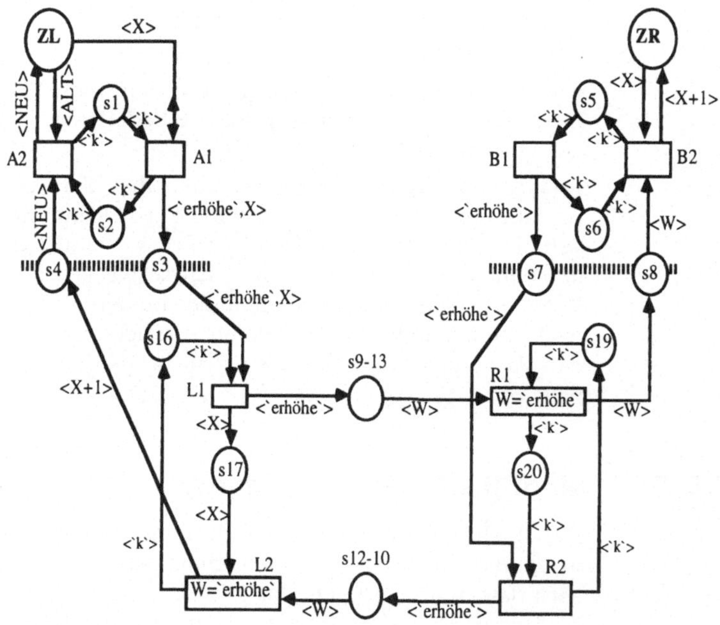

Die Modelle in Abb. 10.3 und Abb. 10.5 spezifizieren die
Verhaltensweisen "gleichberechtigte Erhöhung" und "A schreibt B
die Erhöhung vor". Entsprechend ist die Verhaltensweise "B
schreibt A die Erhöhung vor" zu modellieren. Das Zusammenlegen
aller drei Verhaltensweisen zu einem einzigen Modell führt zu vier
Bausteinen, die dem Disconnect-Baustein in Kapitel 4 sehr
ähnlich sind. Jeder Baustein modelliert einen Kooperationspartner oder den "lokalen Anteil" des Diensterbringers. Da sich die
nachfolgenden Informationen dieses Kapitels auf den Fall der
gleichberechtigten Erhöhung beziehen, werden die anderen
Verhaltensweisen hier nicht betrachtet.

10.4 Das unterlagerte Kommunikationsmedium

Bislang war ein Fehlverhalten sowohl der Kooperationspartner als
auch der unterlagerten Dienstleistung ausgeschlossen. In diesem

Abschnitt wird in Abschwächung der obigen Annahme der Transport von Nachrichten zwischen den Systemen A und B als fehlerhaft angenommen. Für die Kooperationspartner selbst wird auch weiterhin vorausgesetzt, daß sie sich nicht fehlerhaft verhalten.

Für die unterlagerte Dienstleistung wird ein formales Fehlermodell eingeführt.

Ausgangsmodell für alle hiermit zusammenhängenden Fragestellungen ist das in Abb. 10.3 spezifizierte Produktnetz.

Abb. 10.6

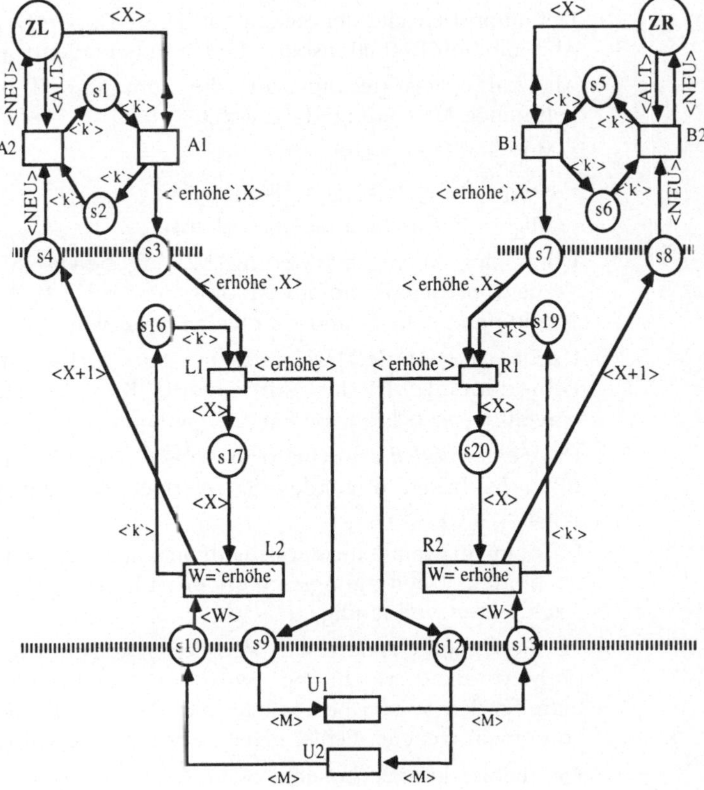

In einem ersten Schritt, der in Abb. 10.6 dargestellt ist, werden die Stellen s9-13 und s12-10 "auseinandergezogen". Diese Stellen waren Randstellen bzgl. der Partition Π_S. Ihr Auseinanderziehen verfeinert also die Dienstleistung, die die Kommunikation von Nachrichten zwischen den beteiligten Systemen beschreibt.

In Abb. 10.6 ist Stelle s9-13 zu den beiden Stellen s9 und s13 verfeinert worden, die über eine Transition U1 miteinander verbunden sind. Entsprechend wurde mit Stelle s12-10 verfahren. Dadurch werden jetzt zwei lokale Schnittstellen s9 und s10 für das System A und s12 und s13 für das System B sichtbar gemacht.

Der Vorspann für das in Abb. 10.6 gegebene Produktnetz stimmt mit dem des in Abb. 10.3 spezifizierten Modells überein; für die Definitionsbereiche der Stellen gilt: $D_{s9} = D_{s10} = D_{s12} = D_{s13} = E$. Alle anderen Definitionsbereiche sind unverändert geblieben.

Als Anfangsmarkierung wird die zum Modell der Abb. 10.3 gehörende Markierung M0 gewählt:

- $M0_{ZL} = M0_{ZR} = \langle 0 \rangle$
- $M0_{s1} = M0_{s5} = M0_{s16} = M0_{s19} = \langle k \rangle$
- $M0_{si} = \varnothing$ für alle anderen Stellen si.

Unter der Anfangsmarkierung M0 ergeben sich die gleichen Transitionsfolgen wie im Modell der Abb. 10.3 - sofern die Schaltungen von U1 und U2 eliminiert werden.

Durch die Modelländerung in Abb. 10.6 ist noch kein Fehlermodell für das unterlagerte Kommunikationsmedium eingeführt, jedoch der Boden dafür vorbereitet.

Das *Fehlermodell* selbst wird in Abb. 10.7 formal eingeführt [EP1, EP2]. Es bringt folgenden Sachverhalt zum Ausdruck (Eigenschaften F1 bis F4):

F1: ein im Kommunikationsmedium auftretender Fehler zerstört in beiden Übertragungsrichtungen alle im Netz befindlichen Nachrichten vollständig,

F2: jeder auftretende Fehler wird den Systemen A und B angezeigt (Fehlerindikation); hierbei wird eine evtl. noch nicht vom betreffenden System bearbeitete "alte" Fehlerindikation durch eine von einem weiteren Fehler erzeugte "neue" überschrieben,

F3: Fehler können beliebig oft und in beliebigen Zuständen der Systeme auftreten, jedoch sind die Kommunikationskanäle nicht auf Dauer gestört,

F4: jede *nach* einer Fehlerindikation empfangene Nachricht ist *nach* der entsprechenden Fehlerindikation für das andere System von diesem ausgesendet worden ("Phasentrennungseigenschaft").

Das Fehlermodell hat Auswirkungen auf die unterlagerte Dienstleistung und wird - durch die Art wie die Dienstleistung mit auftretenden Fehlern umgeht - auch auf die Kooperationspartner durchschlagen.

Vorspann für das in Abb. 10.7 gegebene Produktnetz:

$Z = \{k\}$

$E = \{erhöhe\}$

$F = \{f\}$

Die Definitionsbereiche der Stellen stimmen mit denen des in Abb. 10.6 spezifizierten Modells überein; für die Definitionsbereiche der neu hinzu gekommenen Stellen s11, s14 und s15 gilt:

$$D_{s11} = D_{s14} = D_{s15} = F$$

Alle anderen Definitionsbereiche sind unverändert geblieben.

Transition U3 modelliert das Auftreten von Fehlern im Rahmen des oben definierten Fehlermodells.

Als Anfangsmarkierung wird M0 gewählt; diese Markierung diente diesem Zweck schon für die in Abb. 10.3 und Abb. 10.6 spezifizierten Modelle. Unter M0 ist Stelle s15 unmarkiert und damit ist die Fehlertransition U3 niemals aktiviert: die Abläufe im Netz stimmen mit denen des in Abb. 10.6 gegebenen Modells überein.

Der eigentlich interessierende Fall ist jedoch dadurch gegeben, daß die obige Anfangsmarkierung um eine Marke <f> in Stelle s15 erweitert wird. Die nachfolgenden Informationen beziehen sich auf diese Anfangsmarkierung.

In Abb. 10.7 wird das Auftreten eines Fehlers durch das Schalten der für diese Zwecke eingeführten Transition U3 (Fehlertransition) modelliert. Wie aus den Abräumkanten von s9, s10, s12 und s13 nach Transition U3 ersichtlich ist, werden alle sich auf diesen Stellen befindlichen Marken entfernt (Eigenschaft F1).

Fehlerindikationen für System A werden in Stelle s11 abgelegt, wobei Überschreiben auftritt. Fehlerindikationen für System B werden in Stelle s14 abgelegt, wobei ebenfalls Überschreiben auftritt (Eigenschaft F2).

Abb. 10.7

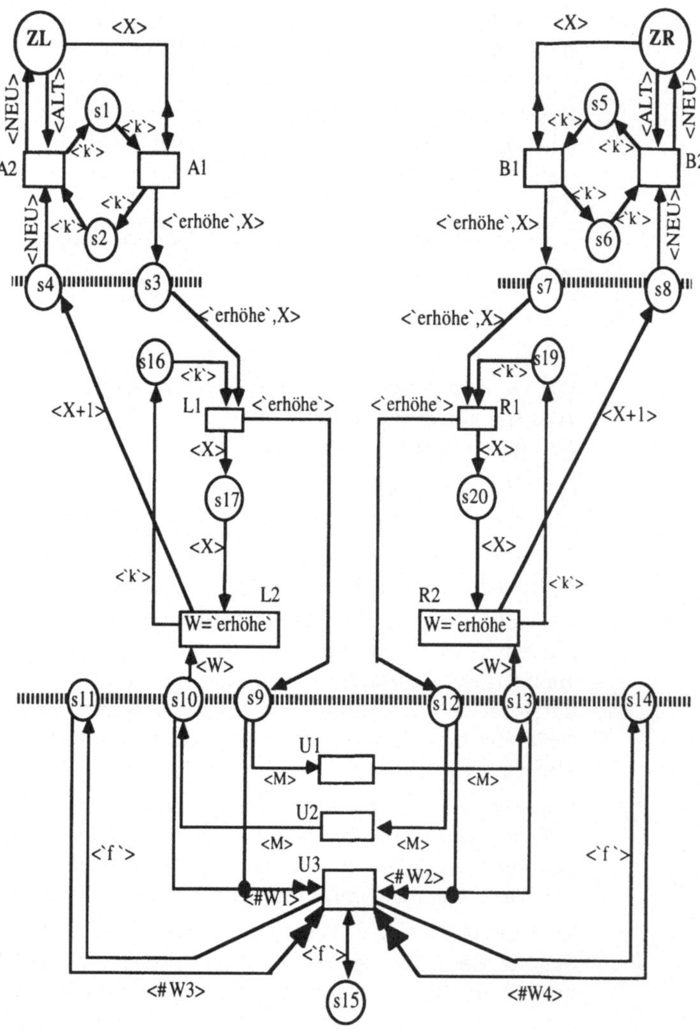

Eine Marke <f> in s15 ist einzige Bedingung für die Aktivierung
von U3. Da s15 über eine Lesekante mit Transition U3 verbunden
ist, verändert sich die Markierung von s15 nicht. Demnach können
Fehler beliebig oft auftreten. Da andererseits eine aktivierte

Transition (hier U3) nicht schalten muß, sind Schaltfolgen
möglich, in denen U3 nicht vorkommt (Eigenschaft F3).

Abb. 10.8

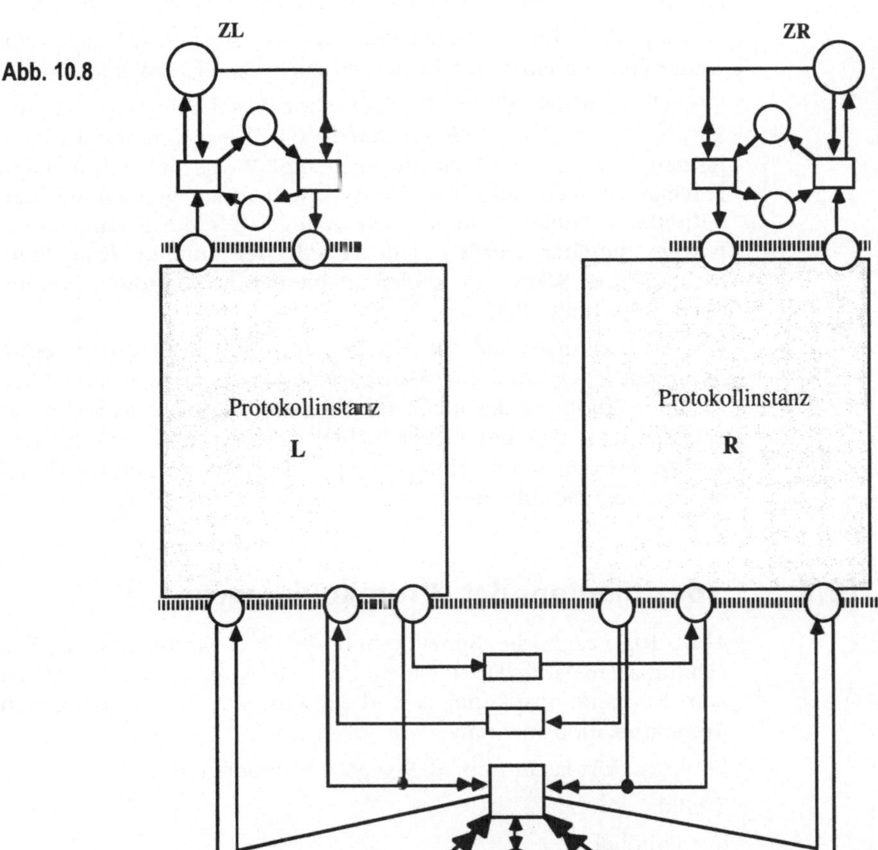

Nachdem U3 geschaltet hat, sind die Stellen s9, s10, s12 und s13
unmarkiert und die Stellen s11 und s14 enthalten jeweils genau
eine Marke <f>. Diese Markenbelegung ist unabhängig von der
Markenbelegung dieser Stellen vor dem Schalten von U3. Aus der
Fehlerindikation in s11 (bzw. s14) kann das sendende System
keine Rückschlüsse ziehen, ob eine vor dem Erhalt der Indikation

abgeschickte Nachricht vom anderen System empfangen und ausgewertet werden konnte oder nicht. Jedoch ist sichergestellt, daß eine nach dem Auftreten einer Fehlerindikation empfangene Nachricht auch nach der entsprechenden Fehlerindikation für das andere System von diesem ausgesendet wurde (Eigenschaft F4).

Wie aus der Abb. 10.7 zu entnehmen ist, können die Instanzen weder Fehlerindikationen bemerken noch darauf reagieren.

Gesucht sind deshalb zwei (identische) Protokollinstanzen L und R, wie sie in Abb. 10.8 zusammen mit ihren Kommunikationsrändern skizziert sind, die in geeigneter Weise mit auftretenden Fehlersituationen umgehen. Dabei wird in Kauf genommen, daß auftretende Fehler in ihren Auswirkungen für die Kooperationspartner sichtbar werden, jedoch soll der anfangs festgelegte "Schlupf" der Werte der Zählervariablen nicht vergrößert werden (siehe Abschnitt 10.3).

Die Auswirkungen auf die Kooperationspartner bestehen darin, daß nicht jeder Erhöhungswunsch eines Partners auch tatsächlich zu einer Erhöhung des eigenen Zählers führen muß; es soll sogar zulässig sein, daß der eigene Zähler um den Wert eins zurückgesetzt werden kann, ohne daß jedoch eine "Rückentwicklung" bereits erreichter übereinstimmender Zählerstände eintritt.

10.5   Spezifikation der Protokollinstanzen

Abb. 10.9 zeigt die Spezifikation der Protokollinstanz L. Die Schnittstellen sind dabei wie in Abb. 10.7 benannt, also s3, s4 zum Kooperationspartner A und s9, s10, s11 zum unterlagerten Kommunikationsmedium.

Vorspann für das in Abb. 10.9 gegebene Produktnetz:

$Z = \{k\}$

$E = \{erhöhe\}$

$P = \{x \in NAT\_0 \mid x < 3\}$

$C = E \cup P$

$F = \{f\}$

Definition der Funktion g in Form einer verkürzten Darstellung der Fallunterscheidung:

$$g : \text{NAT\_0} \times P \times P \rightarrow \text{NAT\_0} \quad \text{mit:}$$

$$g(X,0,0) = X$$

$$g(X,0,1) = X$$

$$g(X,0,2) = X\text{-}1$$

$$g(X,1,0) = X\text{-}1$$

$$g(X,1,1) = X$$

$$g(X,1,2) = X$$

$$g(X,2,0) = X$$

$$g(X,2,1) = X\text{-}1$$

$$g(X,2,2) = X$$

Abb. 10.9

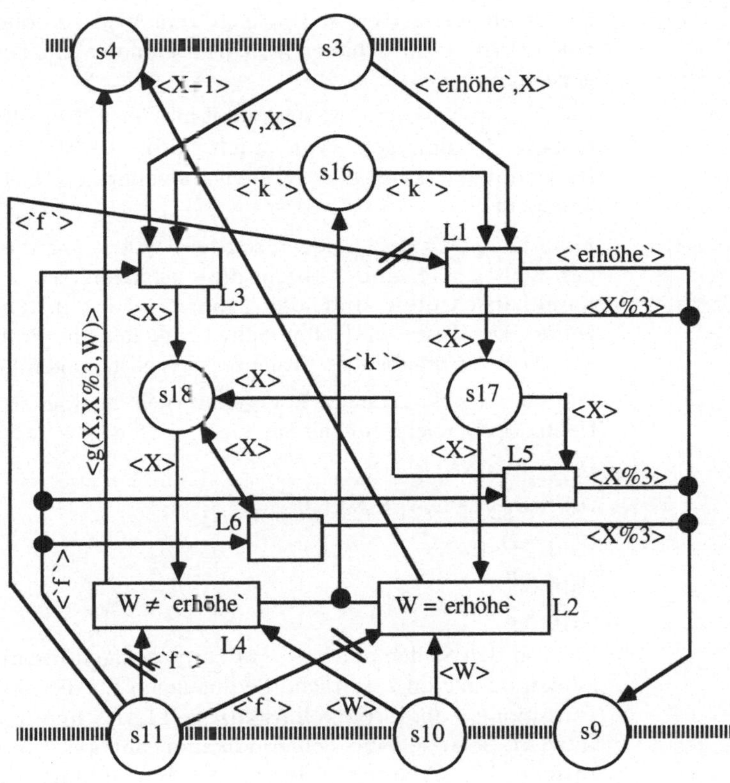

Definitionsbereiche der Stellen:

$D_{s3} = E \times NAT\_0$

$D_{s4} = D_{s17} = D_{s18} = NAT\_0$

$D_{s9} = D_{s10} = C$

$D_{s11} = F$

$D_{s16} = Z$

Die Transitionen L1 und L2 in Abb. 10.9 entsprechen den gleichbenannten Transitionen in den Modellen der Abb. 10.3 und Abb. 10.7.

Die Transitionen L3, L4 und L5 werden nur im Fehlerfall verwendet: sie senden den aktuellen Zählerstand modulo3 (also X%3) aus.

Transition L4 schaltet im fehlerfreien Fall, jedoch nur dann, wenn der empfangene Wert W ungleich dem Wert "erhöhe" (also 0, 1 oder 2) ist. Dem Schalten von L4 ist immer ein Fehler vorausgegangen.

Die Protokollinstanz R ist strukturell mit der in Abb. 10.9 gezeigten Instanz L identisch (vgl. auch Abb. 10.10); lediglich die Benennungen sind den Namenskonventionen des Systems B angepaßt.

Abb. 10.10 skizziert beide Instanzen, wobei auf die Anbindung der Stellen s11 und s14 an die Instanzen sowie auf einige Kantenanschriften und die Transitionsinschriften verzichtet wurde. Der Leser wird ohne Schwierigkeiten die Protokollinstanz R nach den Vorgaben der Instanz L vervollständigen können.

Für die Protokollinstanz R ergeben sich analog zu L folgende Definitionsbereiche für die Stellen:

$D_{s7} = E \times NAT\_0$

$D_{s8} = D_{s20} = D_{s21} = NAT\_0$

$D_{s12} = D_{s13} = C$

$D_{s14} = F$

$D_{s19} = Z$

Die von den Stellen s11 bzw. s14 zur jeweiligen Instanz führenden Kanten definieren zusätzliche Bedingungen für die Aktivierung der Transitionen der Protokollinstanzen: L1, L2 und L4 sind nicht aktiviert, solange eine Fehlerindikation auf s11 zur Behandlung ansteht; L3, L5 und L6 leiten die Behandlung einer Fehlerindikation ein (die Indikation wird von s11 entfernt). Entsprechendes gilt für s14 und die Protokollinstanz R.

Die Protokollinstanzen L und R enthalten die in den Abb. 10.4 und Abb. 10.7 modellierten Verhaltensweisen, die durch die Transitionen L1 und L2 bzw. R1 und R2 definiert sind. In Abwesenheit von Fehlern wird nach wie vor diese Verhaltensweise gewählt.

Abb. 10.10

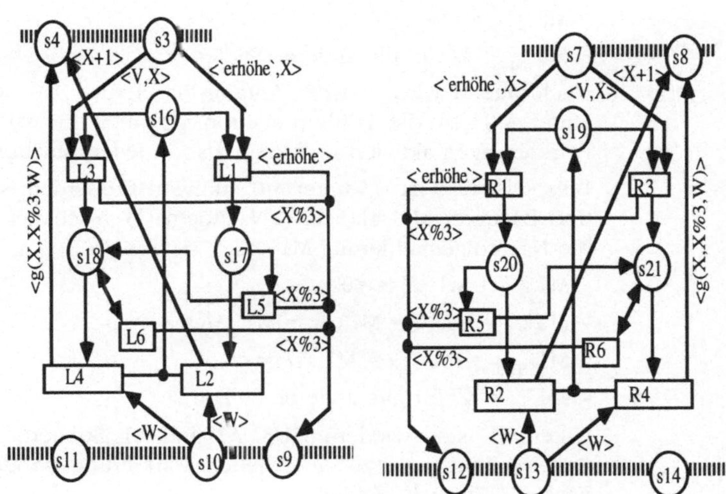

Die beiden Protokollinstanzen L und R lassen sich zu einem vollständigen Modell ergänzen, indem die in Abb. 10.7 gezeigten Kooperationspartner (die Struktur oberhalb der Schnittstellen s3, s4 bzw. s7, s8) und das unterlagerte Kommunikationsmedium (die Struktur unterhalb der Schnittstellen s9, s10, s11 bzw. s12, s13, s14) hinzugefügt werden.

Vorspann und Definitionsbereiche der Stellen ergeben sich dann in direkter Weise durch Zusammenfassen der einzelnen Anteile.

Zwei Anfangsmarkierungen M0 und M´0 werden nun definiert. M0 stimmt mit der zu Abb. 10.3 gehörenden Markierung überein; es gilt also:

- $M0_{ZL} = M0_{ZR} = <0>$

- $M0_{s1} = M0_{s5} = M0_{s16} = M0_{s19} = <k>$

- $M0_{si}$ = $\emptyset$ für alle anderen Stellen si.

Mit M0 als Anfangsmarkierung ist die Fehlertransition U3 niemals aktiviert: die Abläufe im Netz stimmen mit denen des in Abb. 10.6 gegeben Modells überein.

Die Markierung M0´ unterscheidet sich von M0 dadurch, daß zusätzlich die "Fehlerstelle" s15 markiert ist:

- $M0´_{ZL}$ = $M0´_{ZR}$ = <0>
- $M0´_{s1}$ = $M0´_{s5}$ = $M0´_{s16}$ = $M0´_{s19}$ = <k>
- $M0´_{s15}$ = <f>
- $M0´_{si}$ = $\emptyset$ für alle anderen Stellen si.

Nachfolgend wird von der Anfangsmarkierung M0´ ausgegangen. Unter M0´ ist die Fehlertransition U3 auch für alle Nachfolgemarkierungen aktiviert und kann also in jeder Situation schalten.

Beispielsweise ist U3 unter M0´ aktiviert (außerdem sind noch A1 und B1 unter M0´ aktiviert). Nachdem U3 geschaltet hat, entsteht die Nachfolgemarkierung M1´ mit:

- $M1´_{ZL}$ = $M1´_{ZR}$ = <0>
- $M1´_{s1}$ = $M1´_{s5}$ = $M1´_{s16}$ = $M1´_{s19}$ = <k>
- $M1´_{s11}$ = $M1´_{s14}$ = $M1´_{s15}$ = <f>
- $M1´_{si}$ = $\emptyset$ für alle anderen Stellen si.

Unter M1´ sind wiederum U3, A1 und B1 aktiviert. Das Schalten von U3 führt nicht zu einer neuen Markierung, sondern von M1´ nach M1´ zurück (Schleife).

Wenn unter M1´ jedoch Transition A1 schaltet, dann entsteht mit M2´ eine Nachfolgemarkierung, die den Wunsch des Kooperationspartners A nach einer Erhöhung des Zählers ZL ausdrückt:

- $M2´_{ZL}$ = $M2´_{ZR}$ = <0>
- $M2´_{s2}$ = $M2´_{s5}$ = $M2´_{s16}$ = $M2´_{s19}$ = <k>
- $M2´_{s3}$ = <erhöhe,0>
- $M2´_{s11}$ = $M2´_{s14}$ = $M2´_{s15}$ = <f>
- $M2´_{si}$ = $\emptyset$ für alle anderen Stellen si.

Anders als im fehlerfreien Fall kann die Protokollinstanz L dem Erhöhungswunsch nicht entsprechen. An Stelle der Transition L1 ist jetzt L3 aktiviert (außerdem U3 und B1). Wenn L3 schaltet, entsteht die Nachfolgemarkierung M3´ mit:

- $M3'_{ZL} = M3'_{ZR} = \langle 0 \rangle$
- $M3'_{s2} = M3'_{s5} = M3'_{s19} = \langle k \rangle$
- $M3'_{s18} = \langle 0 \rangle$
- $M3'_{s14} = M3'_{s15} = \langle f \rangle$
- $M3'_{si} = \varnothing$ für alle anderen Stellen si.

Wie aus den obigen Schaltungen ersichtlich ist, kann die Instanz L schon in ihrem Grundzustand (s16 markiert) in die Fehlerbehandlung eintreten. Es ist jedoch auch möglich, daß L1 schalten kann (s17 markiert) und daß danach erst U3 schaltet und damit die Nachfolgetransition L2 sperrt: in dieser Situation ist statt L2 jetzt L5 aktiviert.

Nachdem die Instanz über L3 oder L5 den Zustand "Fehlerbehandlung" (s18 markiert) erreicht hat, wird versucht, durch das Schalten von L4 die Fehlerbehandlung zu beenden. Falls weitere Fehlerindikationen auftreten, wird die Fehlerbehandlung statt dessen über L6 fortgesetzt. Erst wenn keine (weitere) Indikation in s11 vorliegt, wird die Fehlerbehandlung durch die Protokollinstanz durch das Schalten von L4 abgeschlossen.

Entsprechende Aussagen gelten für die Protokollinstanz R, wobei zu beachten ist, daß sich die beiden Instanzen in unterschiedlichen Situationen befinden können. Insbesondere ist nicht davon auszugehen, daß die Protokollinstanzen bei Mehrfachfehlern "gleich oft" auf Fehlersituationen reagieren (Fehlerindikationen werden überschrieben).

Die bisherige Diskussion läßt sich wie folgt als Hinzufügen von Verhaltensweisen Vi zu der Verhaltensweise des fehlerfreien Falls zusammenfassen:

- Verhaltensweise Va-L: Transitionsfolge [L3, L4]:

Im Zustand s16 und bei Vorliegen eines Erhöhungswunsches in s3 ist bei Vorliegen einer Fehlerindikation in s11 L1 nicht aktiviert, jedoch L3. Die Protokollinstanz L sendet nicht den Erhöhungswunsch aus, sondern $X\%3$ und geht in den Zustand s18 über. Falls kein weiterer Fehler auftritt und nachdem die Protokollinstanz R auf ihre Fehlerindikation (Marke in s14) reagiert hat, schaltet L4. Je nach eigenem Zählerstand X und empfangenem Wert W wird an s4 signalisiert, daß ZL entweder den Zählerstand X beibehalten kann oder daß er um 1 erniedrigt werden muß.

- Verhaltensweise Va-R: Transitionsfolge [R3,R4]:

analog zu Va-L

- Verhaltensweise Vb-L: Transitionsfolge [L1, L5, L4]:

Im Zustand s17 und bei Vorliegen einer Fehlerindikation in s11 ist L5 aktiviert, nicht jedoch L2. Die Protokollinstanz L sendet nicht noch einmal den Erhöhungswunsch aus, sondern X%3 und geht in den Zustand s18 über. Falls kein weiterer Fehler auftritt und nachdem die Protokollinstanz R auf ihre Fehlerindikation reagiert hat (Marke in s14), schaltet L4. Je nach eigenem Zählerstand X und empfangenem Wert W wird an s4 signalisiert, daß ZL entweder den Zählerstand X beibehalten kann oder daß er um 1 erniedrigt werden muß.

- Verhaltensweise Vb-R: Transitionsfolge [R1, R5, R4]:

analog zu Va-L

Die nachfolgend beschriebenen Verhaltensweisen beziehen sich auf Fehlerindikationen, die während einer Fehlerbehandlung auftreten. L6$^+$ steht dabei für eine nichtleere Folge von Schaltungen von Transition L6:

- Verhaltensweise Vc-L: Transitionsfolge [L3, L6+, L4] und

  Verhaltensweise Vd-L: Transitionsfolge [L1, L5, L6+, L4]:

Ein weiterer Fehler während einer Fehlerbehandlung (d.h. L4 hat noch nicht geschaltet) trifft die Instanz L immer im Zustand s18. In diesem Fall wird bei Vorliegen einer weiteren Fehlerindikation Transition L6 schalten und den Wert aussenden, der schon zuvor bei der Fehlerbehandlung ausgesendet wurde (*Idempotenz der Fehlerbehandlung* [EP2]). Die Transition L6 wird sooft schalten, bis die Bedingung für das Schalten von L4 erfüllt ist.

- Verhaltensweise Vc-R: Transitionsfolge [R3, R6+, R4] und

  Verhaltensweise Vd-R: Transitionsfolge [R1, R5, R6+, R4]:

analog zu Va-L

Die Funktion g ist für jede Protokollinstanz lokal implementierbar. Mit dem Schalten von L4 (bzw. R4) wertet sie die ihr zur Verfügung stehende Information, also den lokalen Zählerstand, den modulo 3 gefalteten lokalen Zählerstand und den modulo 3 gefalteten übermittelten Zählerstand des Kooperationspartners aus. Hieraus leitet sie den neuen lokalen Zählerstand ab. Dieser entspricht entweder dem alten oder dem um eins erniedrigten Stand.

Zu beachten ist, daß sich durch Verwendung der Funktion g die Zähler ZL und ZR nicht rückentwickeln: aus globaler Sicht beschreibt g die "Dienst"-Funktion min (M_{ZL}, M_{ZR}).

Wenn beispielsweise der aktuelle Wert von Zähler ZL 3 beträgt und wenn zum Zeitpunkt des Auftretens eines Fehlers der Zähler ZR den Wert 2 oder 3 oder 4 hat, dann sendet die Protokollinstanz L eine 0 aus (3%3) und die Protokollinstanz R eine 2 (2%3) oder eine 0 (3%3) oder eine 1(4%3), je nachdem ob ZR den aktuellen Wert 2, 3 oder 4 hat.

Nach der Definition von g bedeutet das, daß der neue Stand von ZL aus dem lokalen Zählerstand 3, dem modulo 3 gefalteten lokalen Zählerstand (also 0) und dem modulo 3 gefalteten übermittelten Zählerstand (also 2 oder 0 oder 1) ermittelt.

Für die Protokollinstanz L gilt dann:

- g(3,0,2) oder

- g(3,0,0) oder

- g(3,0,1).

Was bedeuten diese Annahmen für den Zähler ZR? Der neue Stand von ZR wird ermittelt aus dem eigenen lokalen Zählerstand, der nach Annahme 2 oder 3 oder 4 beträgt, dem jeweils dazugehörenden gefalteten Wert (also 2, 0 oder 1) und dem vom Partner A übermittelten Wert, hier also 0.

Für die Protokollinstanz R gilt dann:

- g(2,2,0) oder

- g(3,0,0) oder

- g(4,1,0).

Angenommen, die Zähler ZL und ZR haben vor Beginn der Fehlerbehandlung die Werte ZL = 3 und ZR = 2. Dann gilt nach der Fehlerbehandlung durch Protokollinstanz L: g(3,0,2) = 2 und es gilt nach der Fehlerbehandlung durch die Protokollinstanz R: g(2,2,0) = 2.

Nach dem Schalten von L4 und A2 ist ZL = 2 der neue Wert für A und nach dem Schalten von R4 und B2 ist ZR = 2 der neue Wert für B.

Die drei diskutierten Fälle lassen sich wie folgt zusammengefassen:

Zählerstände vor Fehlerbehandlung   nach Fehlerbehandlung

(3,2)   (2,2)

(3,3)   (3,3)

(3,4)   (3,3).

Unter der Anfangsmarkierung M0´ ergaben sich mit der Produktnetzmaschine (siehe Kap. 14) 1213 Markierungen, wenn das Endekriterium wie in Abb. 10.4 gewählt wurde, also beide Zähler bis fünf hochgezählt wurden. Die Beziehung $|M_{ZL} - M_{ZR}| \leq 1$ gilt für alle Markierungen M.

Die Zähler entwickelten sich nicht zurück. Es gab drei Totmarkierungen mit den Zählerwerten (5,5), (4,5) und (5,4).

Die Wertkombination (5,5) wird erreicht, wenn entweder kein Fehler während der Dauer der Kooperation aufgetreten ist (vgl. Abschnitt 10.2) oder wenn aus Sicht beider Protokollinstanzen alle vorliegenden Fehlerindikationen behandelt wurden.

Die beiden letzten Wertkombinationen in Totmarkierungen resultieren daraus, daß ein Kooperationspartner nach Erreichen des Wertes 5 für einen Zähler keinen weiteren Kommunikationsbedarf hat und deswegen die Transition A1 bzw. B1 gesperrt bleibt. Das hat zur Folge, daß die darunterliegende Protokollinstanz ihren Grundzustand (s16 bzw. s19) nicht verlassen kann und damit nicht auf eine ankommende Nachricht (X%3) reagieren kann (falls der Partner eine solche gesendet hat).

Dieses Verhalten kann nicht als Fehler gewertet werden: warum sollte ein Kooperationspartner noch irgendwelche Dienstleistungen dem Partner zur Verfügung stellen, wenn er aus seiner Sicht die Kooperation korrekt beendet hat?

Allerdings wird hierdurch auch das Problem der Beendigung einer verteilten Kooperation sichtbar. Für den Partner, der sich nicht im Endzustand befindet, bleibt in diesem Beispiel nur der Weg über den Abbruch der Fehlerprozedur und der lokalen Terminierung (nicht im Modell spezifiziert).

Ein anderer Weg bietet sich, wenn die Zähler nicht bis zu einem festen Wert hochgezählt, sondern zyklisch verändert werden (z. B. ZL und ZR werden modulo 6 hochgezählt). Hierdurch sind zumindest immer wieder Aktionen der Kooperationspartner möglich. Natürlich wird auch hierdurch nicht der Defekt der Verteiltheit "überlistet".

Allgemein sollten Fehler nicht dazu führen, daß Normalverhaltensweisen nicht wieder eingenommen werden können, da sonst verabredete Kooperationsziele evtl. nicht erreicht werden [Pr2].

Dabei ist - wie das obige Beispiel zeigt - zwischen zyklischen und nicht-zyklischen Prozessen zu unterscheiden. Nicht-zyklische Prozesse können "gegen Ende der Kooperation" in Situationen geraten, in denen nur noch lokale Aktionen zur Terminierung möglich sind (in der Regel Timer gesteuert), weil der Partner nicht mehr reagiert.

Weiterhin sollte die Anzahl der möglichen Fehlerzustände nicht von der Anzahl der Fehler abhängen, die während einer Fehlerbehandlung auftreten (Idempotenz der Fehlerbehandlung): im obigen Beispiel erweitert sich der Zustandsraum der "Normal-Verhaltensweise" durch das Auftreten eines ersten Fehlers. Beim Auftreten eines zweiten Fehlers während der Fehlerbehandlung des ersten Fehlers treten keine neuen Zustände mehr auf, jedoch noch neue Zustandsübergänge. Alle weiteren Fehler verändern auch hier nichts mehr [EP1].

Als Beispiel sei die Markierung M0´ betrachtet, die dem Zustandsraum der Normalverhaltensweise angehört. Ein erster Fehler in diesem Zustand führt auf die neue Markierung M1´ und mit einem zweiten Fehler in diesem Zustand tritt ein neuer Zustandsübergang auf (eine Schleife von M1´ nach M1´). Ein dritter und auch weitere Fehler in diesem Zustand verändern nichts mehr.

Das Zählermodell wurde in [EP1, Pr4] eingeführt und mehrere Strategien des Umgangs mit Fehlern (mit/ohne Rücksetzen der Zähler, mit/ohne Anfragephase) wurden dort diskutiert. Die für zyklische Modelle (d. h. Zähler werden zyklisch verändert, z. B. werden sie modulo 6 hochgezählt) sich ergebenden Erreichbarkeitsgraphen führten von der Anfangsmarkierung immer wieder zu Nachfolgemarkierungen, die die Verhaltensweise des Normalfalls einzunehmen gestatteten. Hierdurch ließen sich Lebendigkeitseigenschaften (siehe Kap. 15) wie Fortschrittsgarantie sicherstellen. Es zeigte sich weiter, daß sich die Zähler nicht zurückentwickelten und daß die Bedingung $|XA - XB| \leq 1$ für alle Markierungen eingehalten wurde. Diese beiden Aussagen beschreiben Beispiele für Sicherheitseigenschaften (siehe Kap. 15). Die Analogie des benutzten Fehlermodells zum X.25-Reset wurde in [Is2, Ci3] diskutiert.

11   Schaltfolgenhomomorphismen

Die Erreichbarkeitsgraphen von Produktnetzen können sehr groß
werden und sind deshalb zur direkten Betrachtung spezieller
Eigenschaften der Dynamik eines Netzes im allgemeinen unhand-
lich. In diesem Kapitel werden deshalb "vergröberte Sichtweisen"
von Erreichbarkeitsgraphen eingeführt. Betrachten wir als Beispiel
das unbeschriftete Netz in Abb. 11.1.

Die Anfangsmarkierung M1 dieses Netzes bestehe aus je einer
Marke auf den Stellen S1 und S8. Da, wie sich noch zeigen wird,
bei allen erreichbaren Markierungen dieses Beispiels auf jeder
Stelle höchstens eine Marke liegt, können die Markierungen durch
Listen der Stellen beschrieben werden, die eine Marke tragen. Also
M1 = (1,8) .

Das Netz modelliert zwei Systeme A und B, die sowohl interne
Aktionen ausführen als auch über die Stellen S6 und S7 mitein-
ander kommunizieren. Diese Stellen sind zur Verdeutlichung des
Nachrichtenflusses als Dreiecke dargestellt.

Die Erreichbarkeitsanalyse liefert einen Erreichbarkeitsgraphen mit
17 Markierungen, der in Abb. 11.2 dargestellt ist. Für die darin auftretenden Markierungen gilt:

M1 = (1,8)	M2 = (2,6,8)	M3 = (3,6,8)	M4 = (2,9)
M5 = (4,6,8)	M6 = (3,9)	M7 = (2,10)	M8 = (4,9)
M9 = (3,10)	M10 = (2,11)	M11 = (4,10)	M12 = (3,11)
M13 = (2,7,12)	M14 = (4,11)	M15 = (3,7,12)	
M16 = (4,7,12)	M17 = (5,12)		

Abb. 11.1

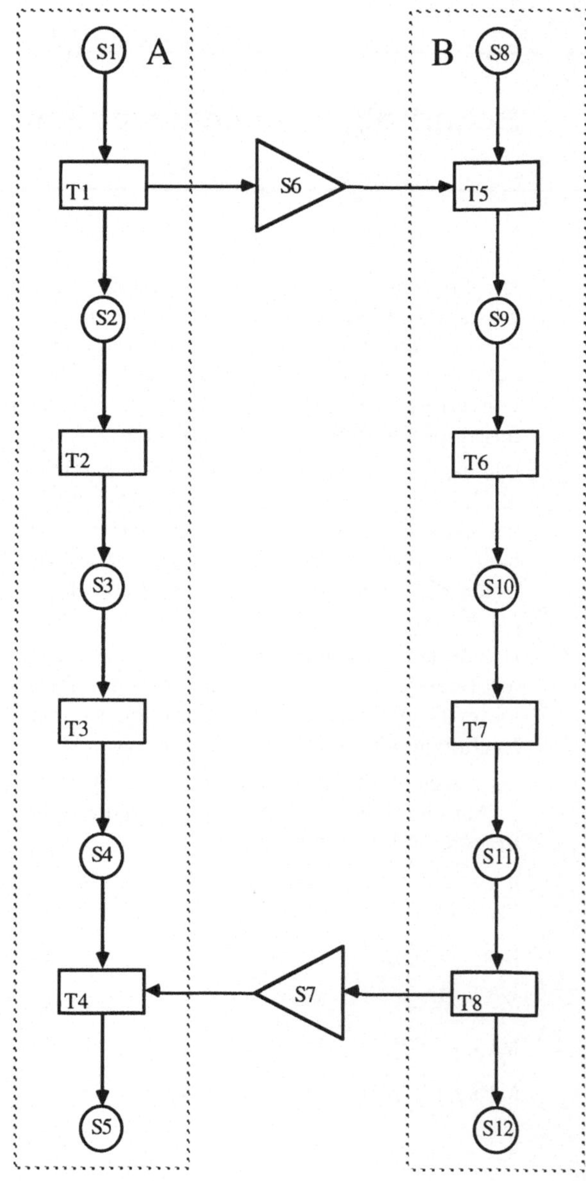

Abb. 11.2

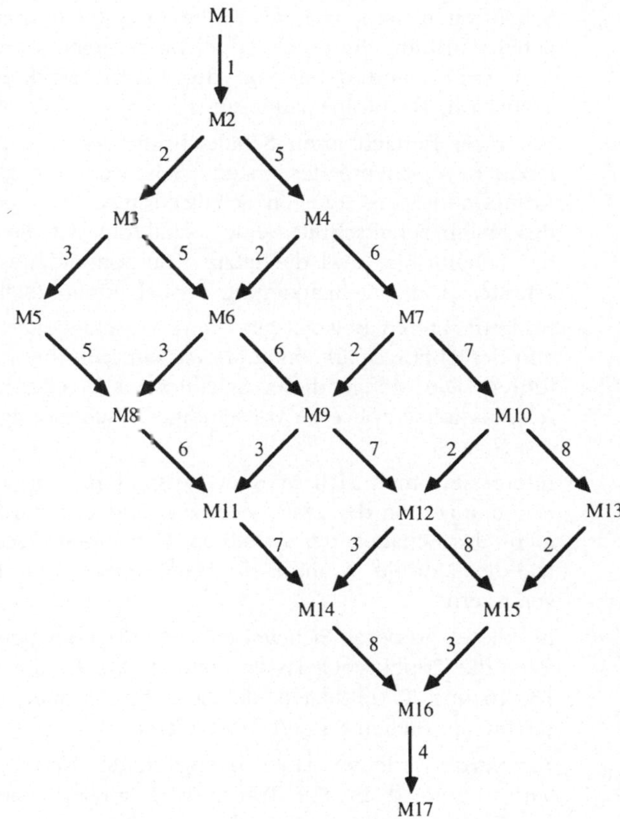

Der Erreichbarkeitsgraph enthält eine tote Markierung nämlich M17. Sie wird aus der Anfangsmarkierung z.B. durch folgende Schaltfolge erzeugt:

$$(M1,T1,M2)$$
$$(M2,T5,M4)$$
$$(M4,T2,M6)$$
$$(M6,T6,M9)$$
$$(M9,T3,M11)$$
$$(M11,T7,M14)$$
$$(M14,T8,M16)$$
$$(M16,T4,M17)$$

Schaltfolgen sind, wie im zweiten Kapitel definiert, Folgen von Schaltschritten, die durch Tripel beschrieben werden. Die einzelnen Tripel sind dabei von der Form: (Markierung, aktivierte Transition, Nachfolgemarkierung) .

Bei zwei benachbarten Schaltschritten einer Schaltfolge ist die letzte Komponente des ersten Schaltschrittes gleich der ersten Komponente des zweiten Schaltschrittes. Die erste Komponente des ersten Schaltschrittes einer Schaltfolge ist die Startmarkierung der Schaltfolge, und die letzte Komponente des letzten Schaltschrittes ist die Zielmarkierung der Schaltfolge (siehe Kapitel 2).

Im betrachteten Beispiel gibt es 15 verschiedene Schaltfolgen, die von der Anfangsmarkierung M1 zur einzigen toten Markierung M17 führen. Die Menge dieser Schaltfolgen ist ebenfalls wie der Erreichbarkeitsgraph eine vollständige Beschreibung der "Dynamik" des Netzes.

Interessiert man sich in dem Beispiel nur für den Aspekt der Kommunikation der zwei Systeme A und B, dann interessiert nicht mehr das Schalten der einzelnen Transitionen, sondern nur noch wie die "Module" A und B die Markierungen der Stellen S6 und S7 verändern.

Bei dieser gröberen Sichtweise können bei der betrachteten Schaltfolge die Tripel weggelassen werden, welche die Transitionen T2, T3, T6 und T7 enthalten, da diese Transitionen nicht die ausgezeichneten Stellen S6 und S7 tangieren.

Tangieren bedeutet dabei, bezüglich der Netztopologie benachbart zu sein; d. h. eine Transition T tangiert eine Stelle S, wenn von T nach S oder von S nach T eine Kante existiert.

Durch das Weglassen der entsprechenden Tripel entsteht somit die verkürzte Folge

$$(M1,T1,M2)$$

$$(M2,T5,M4)$$

$$(M14,T8,M16)$$

$$(M16,T4,M17) \quad .$$

Zur Beschreibung der gröberen Sichtweise enthält aber auch diese verkürzte Schaltfolge noch zuviel Information, denn es treten darin noch einzelne Transitionen auf sowie vollständige Markierungen des Netzes. Eine adäquate Darstellung hingegen ist die Folge :

$$(Q1,A,Q2)$$
$$(Q2,B,Q1)$$
$$(Q1,B,Q3)$$
$$(Q3,A,Q1) \qquad ,$$

wobei die Transitionen durch die entsprechenden Module und die Markierungen durch ihre Einschränkung auf die ausgezeichneten Stellen S6 und S7 ersetzt wurden. Es gilt also $Q1 = (\ )$, $Q2 = (6)$ und $Q3 = (7)$.

Man kann sich davon überzeugen, daß auch die anderen 14 Schaltfolgen, die von M1 zu M17 führen, bei diesem Vorgehen die obige Folge ergeben. Sie beschreibt damit komplett die Dynamik des Netzes unter der angegebenen Sichtweise.

Eine solche gröbere Sichtweise auf ein Netz wird *Projektion* genannt. Sie ist definiert durch eine Zuordnung der Transitionen des Netzes zu Modulen, d.h. durch die Festlegung einer Partition PT auf der Transitionsmenge T. In unserem Beispiel ist die Partition PT durch $PT = \{A,B\}$ mit $A = \{T1,T2,T3,T4\}$ und $B = \{T5,T6,T7,T8\}$ gegeben.

Greifen wir noch einmal das Flußkontrollbeispiel in Abb. 6.18 aus Kapitel 6 auf. Legen wir als konkrete Anfangsmarkierung der Stelle S zwei Nachrichten auf S, z. B. $<10> + <20>$, dann liefert die Erreichbarkeitsanalyse einen zyklenfreien Erreichbarkeitsgraphen mit 24 Markierungen. Darunter ist eine Totmarkierung, bei welcher die Nachrichten nicht mehr auf der Stelle S liegen, sondern auf R. Das zeigt die korrekte Modellierung des Nachrichtentransports von S nach R.

Zum Nachweis der FIFO - Eigenschaft des Nachrichtentransports von S nach R müssen alle Schaltfolgen von der Anfangsmarkierung bis zur Totmarkierung inspiziert werden. Da nur der Transport von S nach R interessiert, genügt eine vergröbernde Sichtweise, unter welcher die Stellen S und R ausgewählt werden. Sämtliche Transitionen des Netzes fassen wir zu einem Modul, dem SYSTEM, zusammen. Die Erreichbarkeitsanalyse liefert die folgenden unterschiedlichen Markierungen der Stellen S und R :

$$Q1_S = <10> + <20> \qquad\qquad Q1_R = \varnothing$$

$$Q2_S = <10> \qquad\qquad Q2_R = \varnothing$$

$$Q3_S = <20> \qquad\qquad Q3_R = \varnothing$$

$$Q4_S = \emptyset \qquad\qquad Q4_R = \emptyset$$

$$Q5_S = <10> \qquad\qquad Q5_R = <20>$$

$$Q6_S = <20> \qquad\qquad Q6_R = <10>$$

$$Q7_S = \emptyset \qquad\qquad Q7_R = <20>$$

$$Q8_S = \emptyset \qquad\qquad Q8_R = <10>$$

$$Q9_S = \emptyset \qquad\qquad Q9_R = <10> + <20>$$

Bestimmt man jetzt die Projektionen aller möglichen Schaltfolgen, die von der Anfangsmarkierung M1 zur Totmarkierung führen (es gibt 12 verschiedene), dann entstehen folgende 4 Bildfolgen :

(Q1, SYSTEM, Q2)	(Q1, SYSTEM, Q2)
(Q2, SYSTEM, Q4)	(Q2, SYSTEM, Q5)
(Q4, SYSTEM, Q7)	(Q5, SYSTEM, Q7)
(Q7, SYSTEM, Q9)	(Q7, SYSTEM, Q9)
(Q1, SYSTEM, Q3)	(Q1, SYSTEM, Q3)
(Q3, SYSTEM, Q4)	(Q3, SYSTEM, Q6)
(Q4, SYSTEM, Q8)	(Q6, SYSTEM, Q8)
(Q8, SYSTEM, Q9)	(Q8, SYSTEM, Q9)

An diesen 4 Bildfolgen läßt sich jetzt leicht die FIFO - Eigenschaft überprüfen (4 kurze Folgen versus 12 lange Folgen).

Wesentliche Voraussetzung für das soweit beschriebene Projektionsverfahren ist ein *endlicher, zyklenfreier* Erreichbarkeitsgraph. Unter dieser Voraussetzung gibt es nämlich nur endlich viele Schaltfolgen (beginnend mit der Anfangsmarkierung). Es genügt in diesem Fall nur die *maximalen* Schaltfolgen zu betrachten, die von der Anfangsmarkierung zu einer toten Markierung führen, denn diese enthalten die übrigen Schaltfolgen als Anfangsstücke. Diese endlich vielen maximalen Schaltfolgen lassen sich (prinzipiell) alle auflisten und ihre Bildfolgen dann berechnen.

Bei sehr vielen Schaltfolgen ist dieses Vorgehen allerdings nicht effizient und bei Erreichbarkeitsgraphen mit Zyklen nicht möglich, da es dann unendlich viele Schaltfolgen gibt. Zur Weiterent-

wicklung des Projektionsverfahrens betrachten wir das Beispielnetz mit einer kleinen Abänderung, wie in Abb. 11.3 dargestellt.

Abb. 11.3

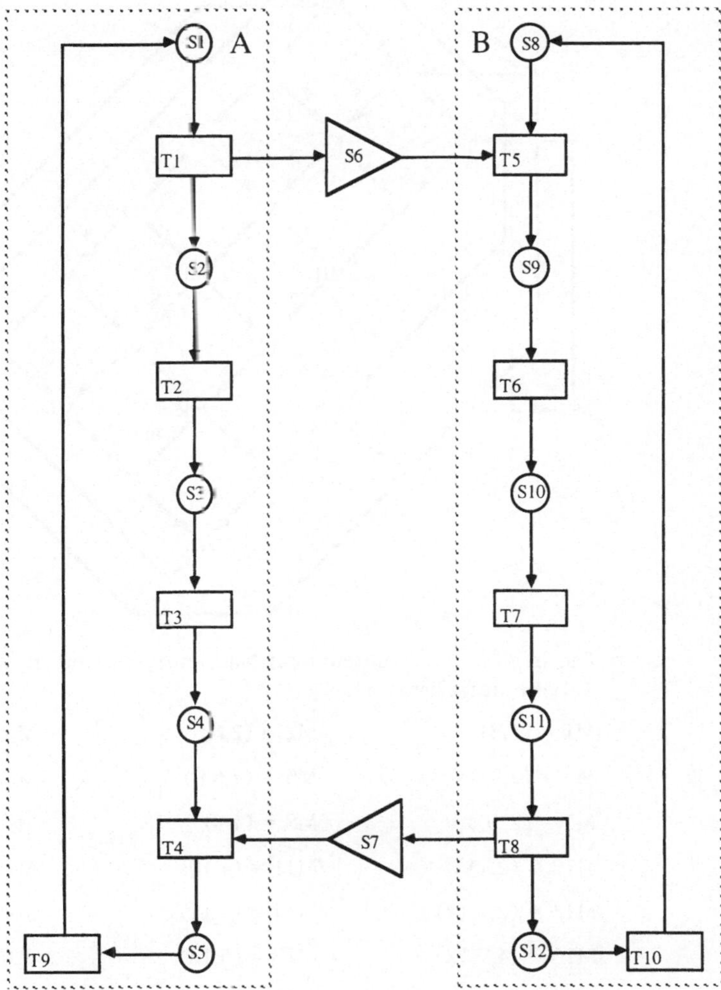

Die Erreichbarkeitsanalyse liefert den in Abb. 11.4 dargestellten
Erreichbarkeitsgraphen.

Abb. 11.4

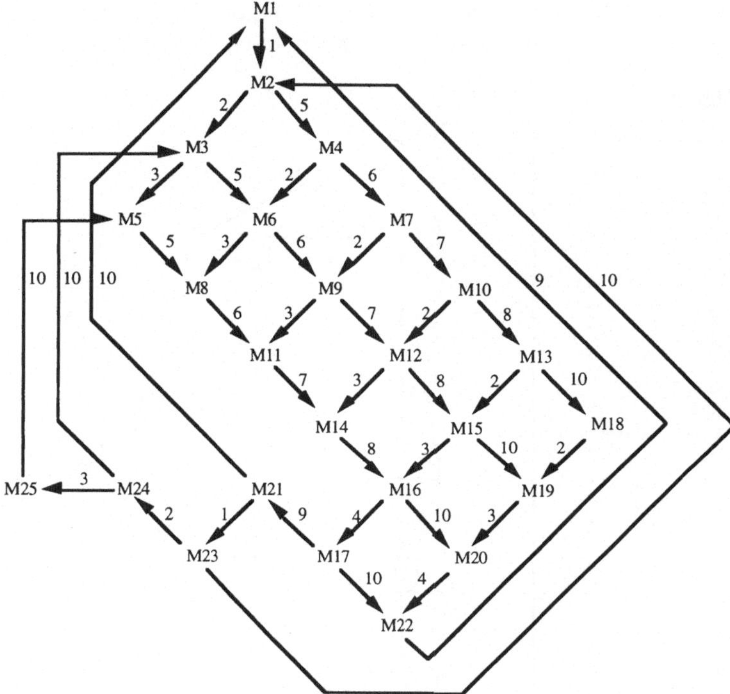

Die in Abb. 11.4 auftretenden Markierungen sind in nachfolgender Tabelle aufgelistet:

M1 = (1,8)	M2 = (2,6,8)	M3 = (3,6,8)
M4 = (2,9)	M5 = (4,6,8)	M6 = (3,9)
M7 = (2,10)	M8 = (4,9)	M9 = (3,10)
M10 = (2,11)	M11 = (4,10)	M12 = (3,11)
M13 = (2,7,12)	M14 = (4,11)	M15 = (3,7,12)
M16 = (4,7,12)	M17 = (5,12)	M18 = (2,7,8)
M19 = (3,7,8)	M20 = (4,7,8)	M21 = (1,12)
M22 = (5,8)	M23 = (2,6,12)	M24 = (3,6,12)
M25 = (4,6,12)		

Dieser Erreichbarkeitsgraph enthält Zyklen, wie beispielsweise in Abb. 11.5 dargestellt. Durch die Zyklen im Erreichbarkeitsgraphen entstehen beliebig lange und damit unendlich viele Schaltfolgen.

Abb. 11.5

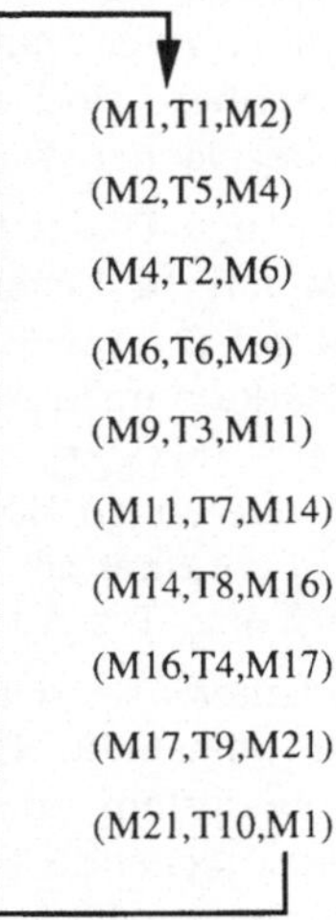

Prinzipiell ist die Menge aller Schaltfolgen, die mit der Anfangsmarkierung starten, eine komplette Beschreibung der Dynamik des Netzes, auch wenn diese Menge unendlich ist. Ausgehend von dieser Menge kann jetzt die Projektion allgemeiner definiert werden. Dazu werden Begriffe aus der Theorie der formalen Sprachen und Automaten benutzt.

Die Schaltfolgen wurden als Folgen spezieller Tripel dargestellt. Die Menge dieser Tripel wird jetzt als *Alphabet* Σ betrachtet, also $\Sigma = \{(M,T,M')\mid M,M' \in \mathbf{M}, T$ ist unter M aktiviert und erzeugt M' als Nachfolgemarkierung$\}$.

Das Alphabet Σ ist eine endliche Menge, wenn der Erreichbarkeitsgraph endlich ist. Die Schaltfolgen lassen sich jetzt als *Worte* über dem Alphabet Σ betrachten. Die Menge aller Schaltfolgen, deren Startmarkierung gleich der Anfangsmarkierung des Netzes ist, ist dann eine formale Sprache, die *Schaltfolgensprache* $L \subset \Sigma^*$. Σ^* ist dabei die Menge aller Worte über dem Alphabet Σ einschließlich des leeren Wortes ε.

Die Abbildung der Schaltfolgen im Projektionsverfahren läßt sich jetzt durch *Sprachhomomorphismen* ausdrücken. Dazu wird ein weiteres Alphabet $\Sigma´$ benötigt, welches die Tripel der Form (Q,MODUL,Q´) enthält, wobei Q und Q´ auf die Schnittstellen eingeschränkte erreichbare Markierungen sind und MODUL eine Klasse der Partition $\mathbb{PT}$ ist. *Schnittstellen* sind dabei die Stellen, die zu mindestens zwei Transitionen unterschiedlicher Blöcke der Partition benachbart sind (siehe Kapitel 2). Die Menge aller Schnittstellen bezeichnen wir mit $\mathbb{AS}$.

Für eine Teilmenge D der Stellenmenge $\mathbb{S}$ des Netzes und eine Markierung M aus $\mathbb{M}$ bezeichnet M|D die *Einschränkung der Markierung M auf D*. Eine Markierung M eines Netzes läßt sich als Familie der Markierungen Ms der einzelnen Stellen $s \in \mathbb{S}$ auffassen, also $M = (Ms)_{s \in \mathbb{S}}$. Die Einschränkung M|D ist dann die Familie der Markierungen Ms mit der kleineren Indexmenge D, also $M|D = (Ms)_{s \in D}$. Damit gilt $\Sigma´ = \{ (M|\mathbb{AS},A, M´|\mathbb{AS}) \mid (M,T,M´) \in \Sigma$ und $A \in \mathbb{PT}$ mit $T \in A \}$.

Wie schon erläutert, werden beim Projektionsverfahren in jeder Schaltfolge die einzelnen Tripel (M,T,M´) aus Σ, bei denen die Transition T mindestens zu einer ausgezeichneten Stelle benachbart ist, auf entsprechende Tripel aus $\Sigma´$ abgebildet und die anderen Tripel aus der Schaltfolge gestrichen. Das läßt sich jetzt durch eine Abbildung (*Projektionsabbildung*) $p : \Sigma \to \Sigma´ \cup \{\varepsilon\}$ beschreiben, wobei das Streichen von Tripeln durch das Abbilden auf das leere Wort ε beschrieben ist:

Def. 11.1 $p((M,T,M´)) = \varepsilon$ falls T nicht $\mathbb{AS}$ tangiert und $p((M,T,M´)) = (M|\mathbb{AS},A, M´|\mathbb{AS})$ mit $A \in \mathbb{PT}$ und $T \in A$ falls T $\mathbb{AS}$ tangiert. ◆

Die reihenfolgeerhaltende Abbildung der einzelnen Tripel der Schaltfolgen wird jetzt durch den Sprachhomomorphismus $p^* : \Sigma^* \to \Sigma´^*$ beschrieben, der durch p erzeugt wird (buchstabenweises Abbilden). Dieser Sprachhomomorphismus p^* wird *Projektionshomomorphismus* genannt. Das Bild der Schaltfolgensprache unter dem Projektionshomomorphismus wird *Projektionssprache* $L´ = p^*(L)$ genannt.

Die Idee, die vergröbernde Sichtweise der Projektion als Sprachhomomorphismus darzustellen, läßt sich auch allgemeiner fassen: Sei $\Sigma´´$ eine beliebige (endliche) Menge und $h : \Sigma \to \Sigma´´ \cup \{\varepsilon\}$ eine Abbildung. Eine solche Abbildung läßt sich wie bei den Projektionen in eindeutiger Weise (Reihenfolgeerhaltung) auf die Menge Σ^* fortsetzen. Dadurch wird ein *Schaltfolgenhomomorphismus* $h^* : \Sigma^* \to \Sigma´´^*$ definiert. Wir werden außer den Projektionen noch weitere Schaltfolgenhomomorphismen kennenlernen.

Unter der Voraussetzung der Endlichkeit des Erreichbarkeitsgraphen ist die Schaltfolgensprache L, welche die Dynamik des Netzes voll beschreibt, eine reguläre Sprache, denn der Erreichbarkeitsgraph kann in gewissem Sinn als *endlicher Automat* betrachtet werden, der L erkennt.

Dazu definieren wir den endlichen Automaten $A = (S,\Sigma,\delta,q0,F)$ mit

- der Zustandsmenge S mit $S = M$

- dem Alphabet Σ ,

- der partiellen Zustandsüberführungsfunktion $\delta : S \times \Sigma \to S$ mit $\delta(M,(M,T,M')) = M'$ falls $(M,T,M') \in \Sigma$ und ansonsten undefiniert,

- dem Anfangszustand $q0 \in S$ mit $q0 = M1$,

- und der Menge der Endzustände F mit $F = S$.

A ist im allgemeinen ein unvollständiger Automat, da d partiell ist. Die *Zustandsüberführungsfunktion* δ wird in der üblichen Weise von Buchstaben auf Worte (buchstabenweise Verarbeitung des Wortes von links nach rechts) zu einer partiellen Funktion δ^* erweitert; genauer : $\delta^* : S \times \Sigma^* \to S$ mit $\delta^*(q,\varepsilon) = q$ und $\delta^*(q,wx) = \delta(\delta^*(q,w),x)$ für $q \in S$, $x \in \Sigma$ und $w \in \Sigma^*$.

$\delta^*(q,wx)$ ist genau dann definiert, wenn sowohl $\delta^*(q,w)$ als auch $\delta(\delta^*(q,w),x)$ definiert sind. Ein Wort $w \in \Sigma^*$ wird genau dann von A *akzeptiert*, wenn $\delta^*(q0,w) \in F$ gilt. Für ein Wort $w \in \Sigma^*$ ist jetzt der Ausdruck $\delta^*(q0,w)$ genau dann definiert, wenn w eine Schaltfolge ist, die mit der Anfangsmarkierung beginnt. Da alle Zustände des Automaten als Endzustände ausgezeichnet wurden, führt ein Wort w genau dann vom Anfangszustand zu einem Endzustand, wenn $\delta^*(q0,w)$ definiert ist, also wenn w eine Schaltfolge ist. Damit ist A ein endlicher Automat, der die Sprache L erkennt, also ist L eine reguläre Sprache.

Hinweis

Die Zustandsüberführungsfunktionen endlicher Automaten werden üblicherweise auch als Graphen dargestellt, den sogenannten *Zustandsgraphen*. Die Knoten des Graphen sind die Zustände des Automaten, und die beschrifteten Kanten stellen die Zustandsübergänge dar, wobei im Graphen genau dann eine Kante vom Knoten q zum Knoten p führt und mit a beschriftet ist, wenn $\delta(q,a) = p$ gilt.

Der Unterschied zwischen dem Zustandsgraph des Automaten $\mathbb{A}$ und dem Erreichbarkeitsgraphen besteht lediglich in der Kantenbeschriftung: Im Erreichbarkeitsgraphen führt genau dann eine Kante von M nach M´ und ist mit T beschriftet, wenn im Zustandsgraphen eine Kante von M nach M´ führt und mit (M,T,M´) beschriftet ist.

Nach einem Satz aus der Theorie der formalen Sprachen [HU] ist das homomorphe Bild einer regulären Sprache ebenfalls regulär. Also ist das Bild L´ der Schaltfolgensprache L unter einem Schaltfolgenhomomorphismus regulär, d.h. es gibt einen endlichen Automaten $\mathbb{A}^{*}$, der L´ erkennt. Zur Konstruktion des Automaten $\mathbb{A}^{*}$ wird jetzt der Begriff des nichtdeterministischen Automaten benötigt.

Ein *nichtdeterministischer endlicher Automat* $\mathbb{A}$ = $(S,\Sigma,\delta,q0,F)$ ist definiert wie ein deterministischer endlicher Automat, jedoch mit einer anderen Definition der Zustandsüberführungsfunktion: $\delta : S \times (\Sigma \cup \{\varepsilon\}) \to 2^{S}$. (2^{S} bezeichnet die Menge aller Teilmengen von S.) Die Zustandsüberführungsfunktion

- ist eine totale Funktion,

- ist in der zweiten Komponente nicht nur für Buchstaben, sondern auch für ε definiert und

- hat als Bildbereich die Potenzmenge der Zustandsmenge.

Der Nichtdeterminismus tritt hierbei an zwei Stellen auf:

(1) Der Automat kann im allgemeinen in einem Zustand den nächsten Buchstaben oder ε verarbeiten. Solche Aktionen nennt man auch *interne Zustandsübergänge*.

 (2) Der Automat kann im allgemeinen beim gleichen "Verarbeitungsschritt" in unterschiedliche Nachfolgezustände übergehen.

Man beachte, daß für ein $(q,x) \in S \times (\Sigma \cup \{\varepsilon\})$ auch $\delta(q,x) = \emptyset$ auftreten kann. Ein solcher Fall bedeutet dann die Unvollständigkeit von $\mathbb{A}$..

Wie beim deterministischen Automaten, so wird auch beim nichtdeterministischen Automaten die Arbeitsweise formal durch eine Fortsetzung der Zustandsüberführungsfunktion auf Worte definiert : $d^{*} : S \times \Sigma^{*} \to 2^{S}$ mit $\delta^{*}(q,\varepsilon) = \{p \in S \mid$ es existieren $p_0,...,p_n \in S$ ($n \geq 0$) mit $q = p_0$, $p = p_n$ und $p_i \in d(p_{i-1},\varepsilon)$ für alle $1 \leq i \leq n \}$ und $\delta^{*}(q,wx) = \delta^{*}(\delta(\delta^{*}(q,w),x),\varepsilon)$ für $q \in S$, $x \in \Sigma$ und $w \in \Sigma^{*}$.

Im zweiten Teil der Definition werden beide Funktionen δ und δ^* in natürlicher Weise auch auf Teilmengen von S in der ersten Komponente betrachtet. Dabei gilt: $\delta(A,x) = \{q \in S \mid$ es existiert $p \in A$ mit $q \in \delta(p,x)\}$ für $A \subset S$ und entsprechend für δ^*.

Ein Wort $w \in \Sigma^*$ wird genau dann von einem nichtdeterministischen Automaten *akzeptiert*, wenn $\delta^*(q_0,w) \cap F \neq \varnothing$ gilt. Das ist genau dann der Fall, wenn es eine "Verarbeitungsfolge von w" gibt, die vom Anfangszustand in einen Endzustand führt.

Jeder deterministische endliche Automat A kann auch als nichtdeterministischer endlicher Automat A_m betrachtet werden, wenn man die Zustandsüberführungsfunktion δ_n von A_m für $q \in S$ und $a \in \Sigma$ wie folgt definiert:

$$\delta_n(q,\varepsilon) = \varnothing \quad \text{und}$$

$$\delta_n(q,a) = \{\ \delta(q,a)\ \} \quad \text{falls} \ \delta(q,a) \ \text{definiert}$$

$$\delta_n(q,a) = \varnothing \quad \text{falls} \ \delta(q,a) \ \text{undefiniert}$$

Es ist unmittelbar klar, daß A_m die gleiche Sprache wie A akzeptiert. Auch beim nichtdeterministischen Automaten kann δ als Zustandsgraph dargestellt werden. Das geschieht wie beim deterministischen Automaten; es kann jetzt allerdings der Fall auftreten, daß von einem Knoten mehrere Kanten ausgehen, welche die gleiche Anschrift tragen.

Im folgenden Beispiel ist $\Sigma = \{a,b\}$ und $S = \{0,1,2,3\}$.

Abb. 11.6

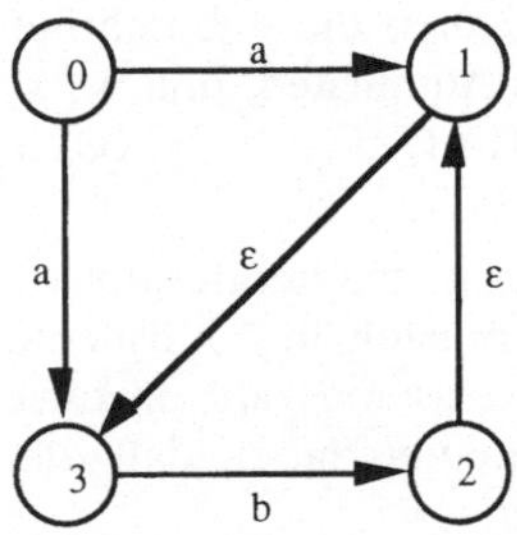

Abb. 11.6 beschreibt folgende Zustandsüberführungsfunktion :

$$\delta(0,\varepsilon) = \delta(0,b) = \varnothing \qquad \delta(0,a) = \{1,3\}$$

$$\delta(1,\varepsilon) = \{3\} \qquad \delta(1,a) = \delta(1,b) = \varnothing$$

$$\delta(2,e) = \{1 \qquad \delta(2,a) = \delta(2,b) = \varnothing$$

$$\delta(3,\varepsilon) = \delta(3,a) = \varnothing \qquad \delta(3,b) = \{2\}$$

Ein nichtdeterministischer Automat $\mathbb{A}^{*}$ = $(S,\Sigma',\delta',q0,F)$, der das Bild L' der Schaltfolgensprache unter einem Schaltfolgenhomomorphismus h akzeptiert, läßt sich jetzt leicht aus dem Automaten $\mathbb{A}$ konstruieren, nämlich durch Einfügen der Abbildung h in die Zustandsüberführungsfunktion, genauer:

Für $x \in \Sigma' \cup \{\varepsilon\}$ und $q \in S$ ist die Zustandsüberführungsfunktion $\delta' : S \times (\Sigma' \cup \{\varepsilon\}) \rightarrow 2^{S}$ definiert durch $\delta'(q,x)$ = $\{ p \in S \mid$ es existiert $y \in \Sigma$ mit $h(y) = x$ und $p = \delta(q,y) \}$.

Die Zustandsmenge S, der Anfangszustand q0 und die Menge der Endzustände sind die gleichen wie bei $\mathbb{A}$.

Es läßt sich leicht nachprüfen, daß der so konstruierte Automat $\mathbb{A}^{*}$ die Sprache L' erkennt. Aus der Konstruktion geht allerdings auch hervor, daß $\mathbb{A}^{*}$ so groß ist wie der Erreichbarkeitsgraph. D. h. die Sprache L' besitzt mit $\mathbb{A}^{*}$ keine kleinere Darstellung als die Sprache L, welche die komplette Dynamik des Netzes beschreibt.

Der Nichtdeterminismus von $\mathbb{A}^{*}$ entsteht dadurch, daß für zwei verschiedene Tripel a ,$a' \in \Sigma$ $h(a) = h(a')$ gelten kann, d. h. es können unterschiedliche Schaltschritte unter der gröberen Sichtweise zusammenfallen. Interne Zustandsübergänge entstehen dann, wenn es Schaltschritte $a \in \Sigma$ gibt, für die $h(a) = \varepsilon$ gilt.

Für das betrachtete Beispiel (Abb. 11.3 und Abb. 11.4) hat der Zustandsgraph des Automaten $\mathbb{A}^{*}$ die in Abb. 11.7 dargestellte Form. Dabei bedeuten die unbeschrifteten Kanten interne Zustandsübergänge des Automaten, und w, x, y sowie z sind Abkürzungen mit w = $(Q1,A,Q2)$, x = $(Q2,B,Q1)$, y = $(Q1,B,Q3)$ und z = $(Q3,A,Q1)$.

In der Automatentheorie gibt es Verfahren [HU], nichtdeterministische Automaten in äquivalente deterministische Automaten mit minimaler Zustandszahl umzuformen. Die Äquivalenz von Automaten bedeutet dabei, daß die Automaten die gleiche Sprache akzeptieren.

Wir gehen davon aus, daß der nichtdeterministische Automat keine Zustände enthält, die nicht vom Anfangszustand aus erreichbar sind, oder von denen aus kein Endzustand erreichbar ist. D. h. der Automat enthält keine *überflüssigen Zustände*.

Ist dies nicht der Fall, dann können solche überflüssigen Zustände (inklusive ihrer benachbarten Zustandsübergänge) weggelassen werden. Bei unseren speziellen Automaten für die homomorphen

Bilder von Schaltfolgensprachen ist die Voraussetzung erfüllt, da
die Zustände erreichbare Markierungen sind, der Anfangszustand
gleich der Anfangsmarkierung ist und alle Zustände Endzustände
sind.

Abb. 11.7

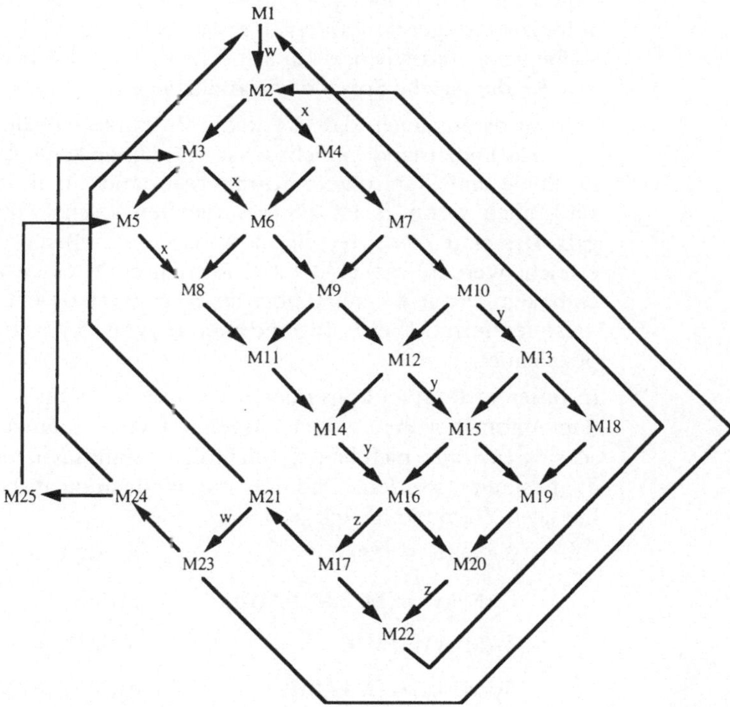

Die Umformung in einen äquivalenten deterministischen
Automaten mit minimaler Zustandszahl geschieht in drei Schritten.
Im *ersten Schritt* wird aus einem nichtdeterministischen Automaten
$\mathbb{A} = (S,\Sigma,\delta,q0,F)$ ein äquivalenter nichtdeterministischer Automat
$\mathbb{A}_1 = (S,\Sigma,\delta_1,q0,F_1)$ erzeugt, dessen Zustandsüberführungsfunktion δ_1 keine ε-Übergänge enthält, d.h. $\delta_1(q,\varepsilon) = \varnothing$ für
jeden Zustand $q \in S$. Damit kann dann δ_1 auch als Funktion
$\delta_1 : S \times \Sigma \to 2^S$ betrachtet werden.

Die Idee zur Konstruktion von δ_1 besteht darin, aufeinanderfolgende ε-Übergänge in d mit je einem nicht-ε-Übergang zusammen-
zufassen. Die neue Endzustandsmenge F_1 besteht dann aus den

alten Endzuständen und zusätzlich den Zuständen von denen aus mit ε-Übergängen alte Endzustände erreicht werden können. Es ist also für $q \in S$ und $x \in \Sigma$ $\delta_1(q,x) = \delta(\delta^*(q,\varepsilon),x)$ und $F_1 = \{ p \in S \mid \delta^*(p,\varepsilon) \cap F \neq \varnothing \}$.

Faßt man in den Akzeptierungsberechnungen des Automaten $\mathbb{A}$ aufeinanderfolgende ε-Übergänge mit einem nachfolgenden nicht-ε-Übergang zusammen, dann sieht man leicht, daß der neue Automat $\mathbb{A}_1$ die gleiche Sprache wie $\mathbb{A}$ akzeptiert.

Es folgt daraus auch, daß $\mathbb{A}_1$ keine Zustände enthält, von denen aus kein Endzustand erreichbar ist. Allerdings kann $\mathbb{A}_1$ jetzt noch Zustände enthalten, die vom Anfangszustand aus nicht erreichbar sind, auch wenn es im alten Automaten solche Zustände nicht gab. Das sind Zustände, die in $\mathbb{A}$ nur durch Berechnungsfolgen erreicht werden, die als letzten Rechenschritt einen ε-Übergang enthalten. Damit $\mathbb{A}_1$ keine überflüssigen Zustände enthält, werden diese entfernt. Diese Zustandsmenge von $\mathbb{A}_1$ sei jetzt mit S_1 bezeichnet.

In unserem Beispiel konstruieren wir jetzt aus dem Automaten $\mathbb{A}'$ den Automaten $\mathbb{A}_1$, wobei ausgehend vom Anfangszustand M1 schrittweise alle nichtleeren Nachfolgezustandsmengen bezüglich δ_1 bestimmt werden. Dadurch entfallen automatisch die überflüssigen Zustände. Es gilt jetzt also:

$$\delta_1(M1,w) = \{M2\} \qquad\qquad \delta_1(M2,x) = \{M4,M6,M8\}$$

$$\delta_1(M4,y) = \{M13,M15,M16\} \qquad \delta_1(M6,y) = \{M15,M16\}$$

$$\delta_1(M8,y) = \{M16\} \qquad\qquad \delta_1(M13,z) = \{M17,M22\}$$

$$\delta_1(M15,z) = \{M17,M22\} \qquad \delta_1(M16,z)=\{M17,M22\}$$

$$\delta_1(M17,w) = \{M23,M2\} \qquad \delta_1(M22,w) = \{M2\}$$

$$\delta_1(M23,x) = \{M4,M6,M8\}$$

Vergißt man jetzt die Zustände, die nicht vom Anfangszustand M1 aus erreichbar sind, dann ist die neue Zustandsmenge S_1 gegeben durch: $S_1 = \{M1,M2,M4,M6,M8,M13,M15,M16,M17,M22,M23\}$.

Für alle $q \in S_1$ und $a \in \Sigma'$, für die $\delta_1(q,a)$ in der obigen Tabelle nicht aufgeführt ist, gilt $\delta_1(q,a) = \varnothing$. Da im alten Automaten $F = S_1$, gilt auch dies für $\mathbb{A}_1$. Damit ist $\mathbb{A}_1$ vollständig bestimmt.

Für den *zweiten Umformungsschritt* kann jetzt von einem nichtdeterministischen Automaten $\mathbb{A}_1$ ohne ε-Übergänge und ohne überflüssige Zustände ausgegangen werden. In diesem Schritt wird der

Nichtdeterminismus entfernt, d. h. es wird ein zu A_1 äquivalenter deterministischer Automat A_2 konstruiert.

Dazu speichert A_2 in seinen Zuständen alle Zustände, in denen sich A_1 befinden kann, nachdem er die gleiche Eingabe verarbeitet hat. Für A_2 wird also 2^{S1} als Zustandsmenge gewählt. Die Zustandsüberführungsfunktion $\delta_2 : 2^{S1} \times \Sigma \to 2^{S1}$ ist definiert durch $\delta_2(A,x) = \delta_1(A,x)$ für $A \in 2^{S1}$ und $x \in \Sigma$. Hierbei wird die Funktion $\delta_1 : S1 \times \Sigma \to 2^{S1}$ in der üblichen Weise auf Teilmengen von S in der ersten Komponente betrachtet.

Man kann sich leicht überlegen, daß für die Fortsetzungen $\delta_2{}^*$ und $\delta_1{}^*$ auf Worte jetzt ebenfalls $\delta_2{}^*(A,w) = \delta_1{}^*(A,w)$ für $A \in 2^{S1}$ und $w \in \Sigma^*$ gilt.

Wird der Anfangszustand von A_2 als {q0} und die Endzustandsmenge als $F_2 = \{A \in 2^{S1} \mid A \cap F_1 \neq \emptyset\}$ gewählt, dann folgt unmittelbar, daß A_2 äquivalent zu A_1 ist.

Nach dieser Definition mit 2^{S1} als Zustandsmenge enthält A_2 viele überflüssige Zustände. Konstruiert man A_2 "schrittweise" aus A_1, ausgehend von {q0}, und erzeugt nur nichtleere Teilmengen $A \in 2^{S1} \setminus \{\emptyset\}$, dann treten solche überflüssigen Zustände nicht auf. Diese Zustandsmenge sei jetzt mit S_2 bezeichnet.

Bei dem betrachteten Beispielautomaten A_1 führt diese Konstruktion zu folgender partiellen Zustandsüberführungsfunktion δ_2:

$$\delta_2(\{M1\},w) = \{M2\}$$

$$\delta_2(\{M2\},x) = \{M4,M6,M8\}$$

$$\delta_2(\{M4,M6,M8\},y) = \{M13,M15,M16\}$$

$$\delta_2(\{M13,M15,M16\},z) = \{M17,M22\}$$

$$\delta_2(\{M17,M22\},w) = \{M23,M2\}$$

$$\delta_2(\{M23,M2\},x) = \{M4,M6,M8\}$$

$S_2 = \{\{M1\},\{M2\},\{M4,M6,M8\},\{M13,M15,M16\},\{M17,M22\},\{M23,M2\}\}$.

Für alle $q \in S_2$ und $a \in \Sigma'$, für die $\delta_2(q,a)$ in der obigen Tabelle nicht aufgeführt ist, ist $\delta_2(q,a)$ nicht definiert.

Mit den Abkürzungen

$q0 = \{M1\}$ $\qquad\qquad$ $q1 = \{M2\}$ $\qquad\qquad$ $q2 = \{M4,M6,M8\}$

$q3 = \{M13,M15,M16\}$ $\quad$ $q4 = \{M17,M22\}$ $\quad$ $q5 = \{M23,M2\}$

stellt Abb. 11.8 den Automaten $\mathbb{A}_2$ dar. Wie in $\mathbb{A}_1$ sind auch in $\mathbb{A}_2$ alle Zustände Endzustände.

Abb. 11.8

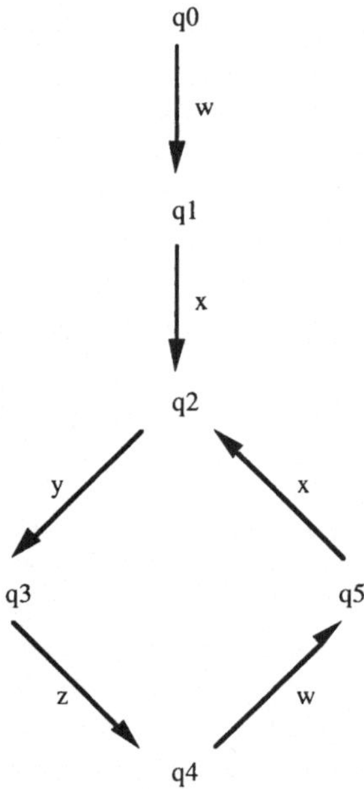

Im *dritten Umformungsschritt* wird jetzt zu einem deterministischen Automaten $\mathbb{A}_2$ ohne überflüssige Zustände ein deterministischer Automat $\mathbb{A}_3$ mit minimaler Zustandszahl konstruiert. Das geschieht durch Zusammenfassen von Zuständen aus $\mathbb{A}_2$, die sich in ihrer Funktion bezüglich des Akzeptierens von Worten nicht unterscheiden.

Dazu sei die Relation $\equiv$ auf der Zustandsmenge S_2 definiert durch: $p \equiv q$ genau dann, wenn für alle $w \in \Sigma^*$ gilt: $\delta_2{}^*(p,w) \in F_2$ genau dann, wenn $\delta_2{}^*(q,w) \in F_2$. Es ist unmittelbar klar, daß $\equiv$ eine Äquivalenzrelation auf S_2 ist.

Die Relation $\equiv$ ist mit der Zustandsüberführungsfunktion δ_2 und mit der Endzustandsmenge F_2 verträglich, d.h. für alle $p,q \in S_2$ mit $p \equiv q$ und $x \in \Sigma$ gilt :

Behauptung (1) $\delta_2(p,x)$ ist genau dann definiert, wenn $\delta_2(q,x)$ definiert ist.

(2) $\delta_2(p,x) \equiv \delta_2(q,x)$

(3) $p \in F_2$ genau dann, wenn $q \in F_2$

Beweis

(1) Angenommen $\delta_2(p,x)$ ist nicht definiert, aber $\delta_2(q,x)$ ist definiert. Da A_2 keine überflüssigen Zustände enthält, gibt es ein $u \in \Sigma^*$ mit $\delta_2^*(\delta_2(q,x),u) \in F_2$. Damit ist $\delta_2^*(q,xu) \in F_2$. Da $\delta_2(p,x)$ nicht definiert ist, ist auch $\delta_2^*(p,xu)$ nicht definiert, was ein Widerspruch zu $p \equiv q$ ist.

(2) Wegen $p \equiv q$, gilt für alle $v \in \Sigma^*$ $\delta_2^*(p,xv) \in F_2$ genau dann, wenn $\delta_2^*(q,xv) \in F_2$, woraus $\delta_2^*(\delta_2(p,x),v) \in F_2$ genau dann, wenn $\delta_2^*(\delta_2(q,x),v) \in F_2$ folgt. Damit ist (2) bewiesen.

(3) folgt aus der Definition von $\equiv$ mit $w = \varepsilon$.

Wegen dieser Verträglichkeit von $\equiv$ kann d_2 in natürlicher Weise auf die Äquivalenzklassen bezüglich $\equiv$ übertragen werden: Für $p \in S_2$ bezeichne $[p]$ die Äquivalenzklasse von p, also $[p] = \{ q \in S_2 \mid p \equiv q \}$. Die Zustände von A_3 sind jetzt Äquivalenzklassen von Zuständen aus S_2, also $S_3 = \{ [q] \mid q \in S_2 \}$.

Die partielle Zustandsüberführungsfunktion $\delta_3 : S_3 \times \Sigma \rightarrow S_3$ ist definiert durch $\delta_3([p],x) = [\delta_2(p,x)]$, für alle $[p] \in S_3$ und $x \in \Sigma$. Der Anfangszustand ist $[q0]$, und die Menge der Endzustände F_3 ist definiert durch $F_3 = \{ [q] \in S_3 \mid [q] \subset F_2 \}$.

Die Äquivalenz des so definierten Automaten A_3 mit dem Automaten A_2 folgt jetzt unmittelbar aus den Behauptungen (1) - (3). Es ist auch klar, daß A_3 keine überflüssigen Zustände enthält.

Hinweis

Ein Satz aus der Automatentheorie besagt [HU], daß der so konstruierte Automat A_3 für die reguläre Sprache, die er akzeptiert, bis auf Isomorphie eindeutig und minimal ist. Man spricht deshalb von *dem Minimalautomaten*.

Bei dem Beispielautomaten A_2 ist $q4 \equiv q0$ und $q5 \equiv q1$. Alle übrigen Zustände sind paarweise nicht äquivalent. Damit gilt $S_3 = \{[q0],[q1],[q2],[q3]\}$. Setzt man $[q0] = 1$, $[q1] = 2$, $[q2] = 3$ und $[q3] = 4$, dann besitzt der Minimalautomat A_3 den in Abb. 11.9 dargestellten Zustandsgraphen. Dabei ist 1 der Anfangszustand, und alle Zustände sind Endzustände.

Dieser Automat ist eine knappe Darstellung der Dynamik des Netzes unter der gröberen Sichtweise. Er beschreibt nämlich die zyklische Verhaltensweise des Systems, welche bedeutet, daß die "Aktionsfolge" - A sendet - B empfängt - B sendet - A empfängt - beliebig oft hintereinander ablaufen kann.

Abb. 11.9

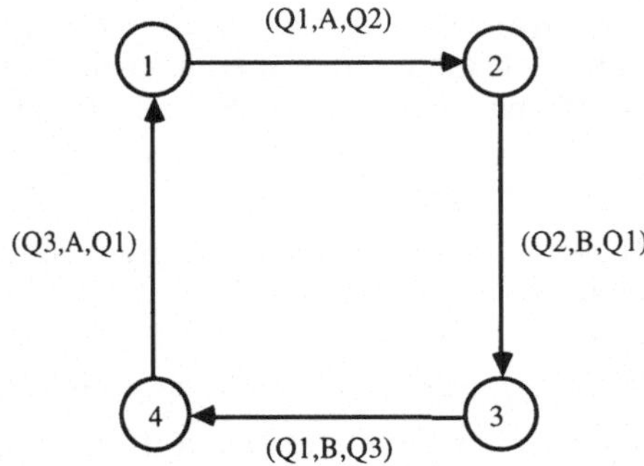

Als zweites Beispiel für Projektionshomomorphismen betrachten wir unser FIFO - Modell in Abb. 6.18 unter dem Gesichtspunkt einer Dienstdefinition. Dieser Dienst wird von einem Diensterbringer einem Paar aus Sender und Empfänger angeboten. Die Stellen S und R werden entfernt, und die einzelnen Nachrichten werden nicht weiter unterschieden. Damit besteht die Menge N nur aus dem einen Element DATA. Das entsprechende Produktnetz ist in Abb. 11.10 dargestellt. Die Anfangsmarkierung ist die gleiche wie im Produktnetz der Abb. 6.18 (bis auf S).

Unter dem Gesichtspunkt einer Dienstdefinition müssen nur die Stellen SSM, SSA, SRA und SRM betrachtet werden. Sie beschreiben nämlich die "Schnittstellen" zwischen Sender und Empfänger auf der einen Seite und Diensterbringer auf der anderen Seite. Aus der Erreichbarkeitsanalyse ergeben sich folgende Markierungen dieser Stellen:

$$Q1_{SSA} = <1> \qquad\qquad Q1_{SRA} = <1>$$

$$Q2_{SSM} = <DATA> \qquad\qquad Q2_{SRA} = <1>$$

$$Q3_{SSA} = <1> \qquad\qquad Q3_{SRM} = <DATA>$$

$$Q4_{SSM} = <DATA> \qquad\qquad Q4_{SRM} = <DATA>$$

Die Zuordnung der Transitionen zu Moduln ist in folgender Tabelle gegeben :

$$TS \;\to\; SEND \qquad\qquad TR \;\to\; REC$$

$$TPS \;\to\; PROV \qquad\qquad TPR \;\to\; PROV$$

Für die Projektionssprache ergibt sich ein Minimalautomat mit der Zustandsmenge S = {Z1,...Z16} und dem Anfangszustand Z1. Seine

Zustandsüberführungsfunktion δ ist in nachfolgender Tabelle dargestellt:

$\delta(Z1,(Q1,SEND,Q2)) = Z2$

$\delta(Z2,(Q2,PROV,Q1)) = Z3$

$\delta(Z3,(Q1,SEND,Q2)) = Z4$ $\delta(Z3,(Q1,PROV,Q3)) = Z5$

$\delta(Z4,(Q2,PROV,Q1)) = Z6$ $\delta(Z4,(Q2,PROV,Q4)) = Z7$

$\delta(Z5,(Q3,SEND,Q4)) = Z7$ $\delta(Z5,(Q3,REC,Q1)) = Z1$

$\delta(Z6,(Q1,SEND,Q2)) = Z8$ $\delta(Z6,(Q1,PROV,Q3)) = Z9$

$\delta(Z7,(Q4,REC,Q2)) = Z2$ $\delta(Z7,(Q4,PROV,Q3)) = Z9$

$\delta(Z8,(Q2,PROV,Q1)) = Z10$ $\delta(Z8,(Q2,PROV,Q4)) = Z11$

$\delta(Z9,(Q3,SEND,Q4)) = Z11$ $\delta(Z9,(Q3,REC,Q1)) = Z3$

$\delta(Z10,(Q1,SEND,Q2)) = Z12$ $\delta(Z10,(Q1,PROV,Q3)) = Z13$

$\delta(Z11,(Q4,REC,Q2)) = Z4$ $\delta(Z11,(Q4,PROV,Q3)) = Z13$

$\delta(Z12,(Q2,PROV,Q4)) = Z14$

$\delta(Z13,(Q3,SEND,Q4)) = Z14$ $\delta(Z13,(Q3,REC,Q1)) = Z6$

$\delta(Z14,(Q4,REC,Q2)) = Z8$ $\delta(Z14,(Q4,PROV,Q3)) = Z15$

$\delta(Z15,(Q3,SEND,Q4)) = Z16$ $\delta(Z15,(Q3,REC,Q1)) = Z10$

$\delta(Z16,(Q4,REC,Q2)) = Z12$

Die Eindeutigkeit des Minimalautomaten der Projektionssprache kann jetzt zum Nachweis benutzt werden, daß zwei unterschiedliche "Realisierungen" die gleiche Projektionssprache besitzen. Im Produktnetz der Abb. 11.11 ist der Provider auf eine andere Art realisiert. An Stelle der Numerierung der Nachrichten modulo-3 werden 3 "Synchronisationsschleifen" verwendet. Die Anfangsmarkierung M1 ist durch je eine Marke <1> auf den Stellen SSA, SRA, SA, SP2 und RP1 gegeben.

Bei einer entsprechenden Projektion, welche durch nachfolgende Tabelle gegeben ist, entsteht ebenfalls der oben angegebene Minimalautomat.

TS $\rightarrow$ SEND   TR $\rightarrow$ REC

TPS $\rightarrow$ PROV   TPR $\rightarrow$ PROV

TPS1 $\rightarrow$ PROV   TPR1 $\rightarrow$ PROV

Abb. 11.10

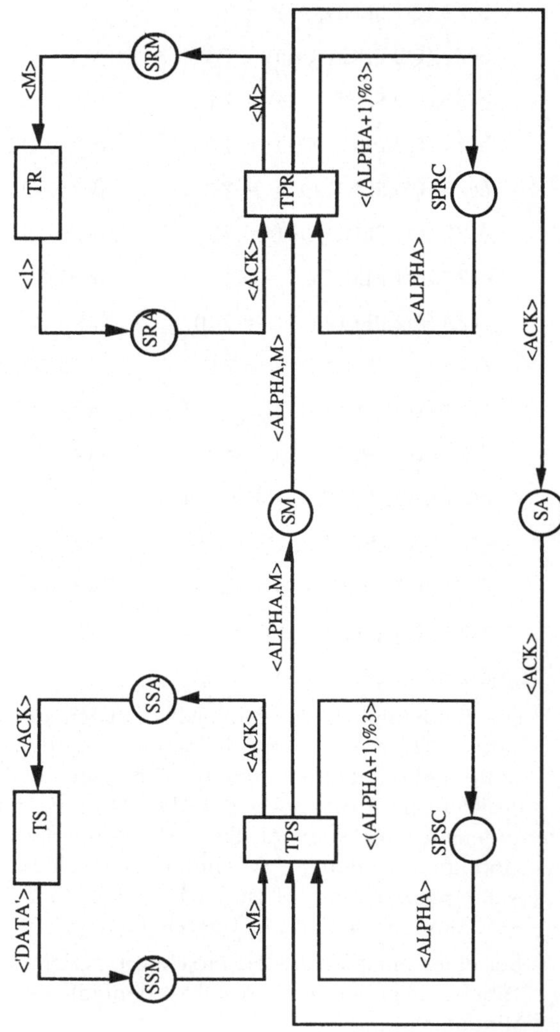

Abb. 11.11

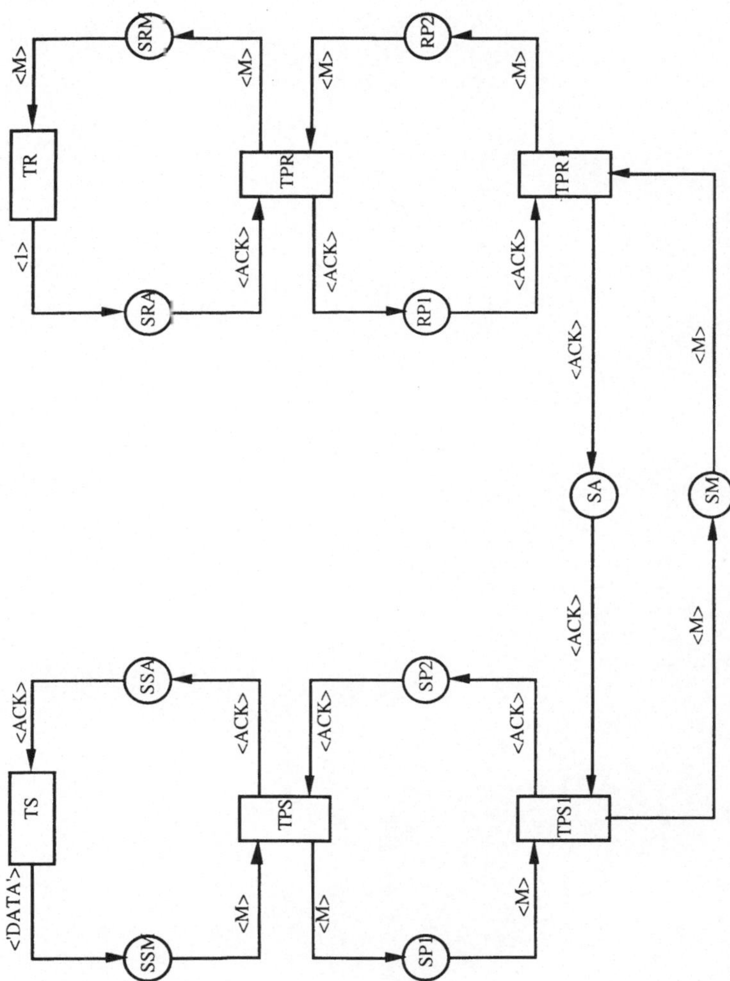

Die Gleichheit der Projektionssprachen ist sicher eine notwendige
Bedingung für eine "korrekte Realisierung". Wie wir aber noch in
den Kapiteln 13, 14 und 15 sehen werden, ist sie im allgemeinen
aber nicht hinreichend. Deshalb werden in diesen Kapiteln noch
weitere Bedingungen zur "Verifikation" vorgestellt.

12   Reduzierte Erreichbarkeitsgraphen

Bei den in Kapitel 11 betrachteten Beispielnetzen fällt auf, daß es zu jedem Wort aus der Projektionssprache sehr viele Urbilder bezüglich des Projektionshomomorphismus in der Schaltfolgensprache gibt. Das liegt daran, daß bei der Mehrzahl der Markierungen aus M jeweils zwei Transitionen nebenläufig aktiviert sind, von denen mindestens eine zu einem Schaltschritt gehört, der durch den Projektionshomomorphismus auf das leere Wort abgebildet wird. Solche "nebenläufigen Schaltschritte" führen dann zu unterschiedlichen Schaltfolgen, deren Bilder unter dem Projektionshomomorphismus gleich sind.

Zur Bestimmung der Projektionssprache bzw. zur Berechnung eines Automaten, der diese Sprache erkennt, ist nicht die vollständige Schaltfolgensprache notwendig, sondern es genügt eine "kleinere" Sprache, welche bezüglich des Projektionshomomorphismus ebenfalls die Projektionssprache erzeugt. Solche "kleineren" Sprachen, die durch bestimmte "normierte" Schaltfolgen entstehen, werden in diesem Kapitel durch *reduzierte Erreichbarkeitsgraphen* festgelegt.

Die Grundlage für diese reduzierten Erreichbarkeitsgraphen ist die oben beschriebene Nebenläufigkeit spezieller Transitionen. Diese ist nicht beschränkt auf die bisher definierten Projektionen, sondern läßt sich noch etwas allgemeiner fassen:

Def. 12.1   Sei ET (die Menge der *unsichtbaren Transitionen*) eine Teilmenge von T, der Menge der Transitionen eines Netzes, und PT eine Partition von T. Die Teilmenge ET heißt *verträglich* mit der Partition PT, wenn für jeden Block A aus PT gilt: $N(A) \cap N(ET \setminus A) = \emptyset$. ♦

Für eine Teilmenge $A \subset T$ bezeichnet dabei $N(A)$ die Menge aller Stellen, die zu Transitionen aus A benachbart sind. Mit der Eigenschaft der Verträglichkeit sind alle unsichtbaren Transitionen nur zu blockinternen Stellen der Partition benachbart; ihr Schalten hat also keinen Einfluß auf die Markierung von Randstellen.

Die folgenden Definitionen beziehen sich auf ein markiertes Netz, eine Teilmenge $\mathbb{ET}$ der Transitionsmenge $\mathbb{T}$ des Netzes und einer dazu verträglichen Partition $\mathbb{PT}$ von $\mathbb{T}$. Entsprechend den bisher gewählten Bezeichnungen ist $\mathbb{M}$ die Menge der erreichbaren Markierungen und Σ die Menge der Schaltschritte.

Für jede Markierung $M \in \mathbb{M}$ und jeden Block $A \in \mathbb{PT}$ betrachten wir folgenden gerichteten Graphen, dessen Kanten mit Elementen aus A beschriftet sind:

Die Knotenmenge ist $\mathbb{M} \times \{0,1\}$ und die Menge der beschrifteten Kanten, dargestellt als eine Teilmenge von $(\mathbb{M} \times \{0,1\}) \times A \times (\mathbb{M} \times \{0,1\})$, ist definiert durch:

$$\{((M´,0),T,(M´´,0))\ M´,M´´ \in \mathbb{M}\ ,\ T \in A \cap \mathbb{ET}\ ,\ (M´,T,M´´) \in \Sigma\} \cup$$
$$\{((M´,0),T,(M´´,1))\,|\,M´,M´´ \in \mathbb{M}\ ,\ T \in A \setminus \mathbb{ET}\ ,\ (M´,T,M´´) \in \Sigma\}\ .$$

Def. 12.2   Der Teilgraph dieses Graphen, der von der Menge aller Knoten erzeugt wird, die vom Knoten (M,0) aus erreichbar sind, wird mit $\mathbb{G}(M,A)$ bezeichnet. Er heißt *Hilfsgraph zur Markierung M für den Block A*. Die Kantenmenge dieses Teilgraphen sei mit $\mathbb{K}(M,A)$ bezeichnet. Im Extremfall kann $\mathbb{G}(M,A)$ nur aus dem Knoten (M,0) bestehen. ♦

Das Schalten einer unsichtbaren Transition aus Block A beläßt den Wert der zweiten Komponente eines Knotens von $\mathbb{G}(M,A)$ auf 0, das Schalten einer sichtbaren Transition ändert die zweite Komponente des Nachfolgeknotens in 1. Da es in $\mathbb{G}(M,A)$ keine Kante gibt, die von einem Knoten ausgeht, dessen zweite Komponente eine 1 ist, beschreibt $\mathbb{G}(M,A)$ also die Schaltfolgen, deren Startmarkierung M ist, und die entweder nur Schaltschritte enthalten, deren Transition in $A \cap \mathbb{ET}$ liegen, oder mit einem Schaltschritt enden, dessen Transition in $A \setminus \mathbb{ET}$ liegt, und ansonsten nur Schaltschritte enthalten, deren Transitionen in $A \cap \mathbb{ET}$ liegen.

Wählt man im Produktnetz der Abb. 11.3 des vorhergehenden Kapitels $\mathbb{ET} = \{T2,T3,T9,T6,T7,T10\}$, dann ist die durch die Module A und B definierte Partition $\mathbb{PT} = \{A,B\}$ mit $\mathbb{ET}$ verträglich. Der Hilfsgraph $\mathbb{G}(M4,B)$ ist in Abb. 12.1 dargestellt.

Abb. 12.1 $(M4,0) \xrightarrow{T6} (M7,0) \xrightarrow{T7} (M10,0) \xrightarrow{T8} (M13,1)$

Die Menge Σr der *eingeschränkten Schaltschritte* sei jetzt definiert durch $\Sigma r = \{(M\,|\,X,T,M´\,|\,X)\,|\,T \in \mathbb{T} \setminus \mathbb{ET}\ ,\ X = \mathbb{S} \setminus N(\mathbb{ET})$ und $(M,T,M´) \in \Sigma\}$. Mit Σr und den Hilfsgraphen $\mathbb{G}(M,A)$ läßt sich jetzt der *reduzierte Erreichbarkeitsgraph* $\mathbb{RG}$ definieren. Dazu betrachten wir folgenden gerichteten Graphen, dessen Kanten mit eingeschränkten Schaltschritten beschriftet sind:

Die Knotenmenge ist $\mathbb{M}$, und die Kantenmenge ist $\{(M,(M'\,|\,X,T,M''\,|\,X),M'')\,|\,M,M',M''\in\mathbb{M}$, $X = \mathbb{S}\setminus N(\mathbb{ET})$ und es existiert $A\in\mathbb{PT}$ mit $((M',0),T,(M'',1))\in\mathbb{K}(M,A)\}$.

Def. 12.3 Der reduzierte Erreichbarkeitsgraph $\mathbb{RG}$ ist definiert als der Teilgraph dieses Graphen, der von der Menge aller Knoten erzeugt wird, die vom Knoten M1 (Anfangsmarkierung) aus erreichbar sind. ◆

Aus der Definition geht unmittelbar hervor, daß dieser reduzierte Erreichbarkeitsgraph (ggf. bis auf die Anfangsmarkierung) nur noch Markierungen als Knoten enthält, die beim Schalten solcher Transitionen, welche nicht in $\mathbb{ET}$ liegen, als Nachfolgemarkierung erzeugt werden. Die Kanten, die zu diesen Markierungen hinführen, sind mit den entsprechenden eingeschränkten Schaltschritten beschriftet.

Der reduzierte Erreichbarkeitsgraph wurde zwar auf der Basis des normalen Erreichbarkeitsgraphen definiert, läßt sich aber auch ohne diesen schrittweise aus der Anfangsmarkierung berechnen. In jedem Schritt, d.h. für jeden neu erzeugten Knoten von $\mathbb{RG}$ müssen dann entsprechende Hilfsgraphen $\mathbb{G}(M,A)$ berechnet und auf "ihren Beitrag zu $\mathbb{RG}$" hin untersucht werden.

Im betrachteten Beispiel ist $X = \{S6,S7\}$, das ist gerade die Menge der Schnittstellen zwischen den Blöcken A und B. Mit den auf X eingeschränkten Markierungen Q1, Q2 und Q3 des letzten Kapitels besitzt das Beispielnetz den in Abb. 12.2 dargestellten reduzierten Erreichbarkeitsgraphen. Zu seiner schrittweisen Berechnung sind die Hilfsgraphen der Abbildung 12.3 notwendig.

Hinweis Das Beispiel zeigt, daß der reduzierte Erreichbarkeitsgraph wesentlich kleiner ist als der normale Erreichbarkeitsgraph. Selbst wenn man noch die benötigten Hilfsgraphen hinzunimmt, so gibt es mehrere Knoten und Kanten des Erreichbarkeitsgraphen, die weder in den Hilfsgraphen noch im reduzierten Erreichbarkeitsgraphen vorkommen. Das liegt daran, daß bei dieser "blockweisen Analyse" nicht alle Nebenläufigkeiten im Netz verfolgt werden. Bei der schrittweisen Berechnung des Erreichbarkeitsgraphen muß jede neu berechnete Nachfolgemarkierung mit allen vorher berechneten Markierungen verglichen werden. Diese Vergleiche tragen wesentlich zur Zeitkomplexität des Algorithmus bei. Im Falle des reduzierten Erreichbarkeitsgraphen müssen diese Vergleiche nur inner halb der wesentlich kleineren Hilfsgraphen und des reduzierten Erreichbarkeitsgraphen durchgeführt werden. Das kann zu einer erheblichen Verringerung der Zeitkomplexität der Analyse führen, und zwar dann, wenn die Menge ET relativ groß ist und gleichmäßig auf mehrere Blöcke der Partition PT verteilt ist.

Abb. 12.2

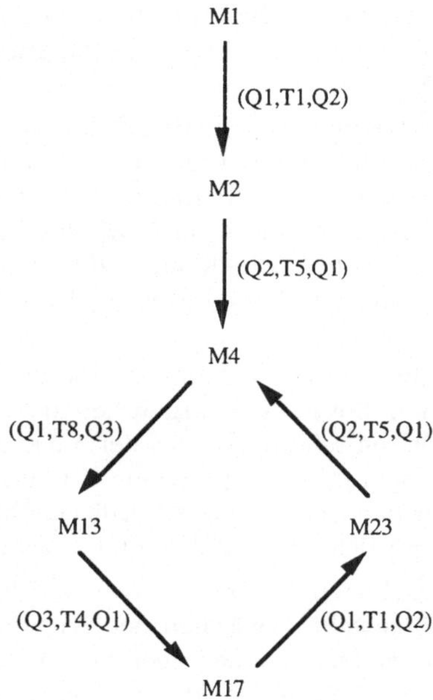

Abb. 12.3

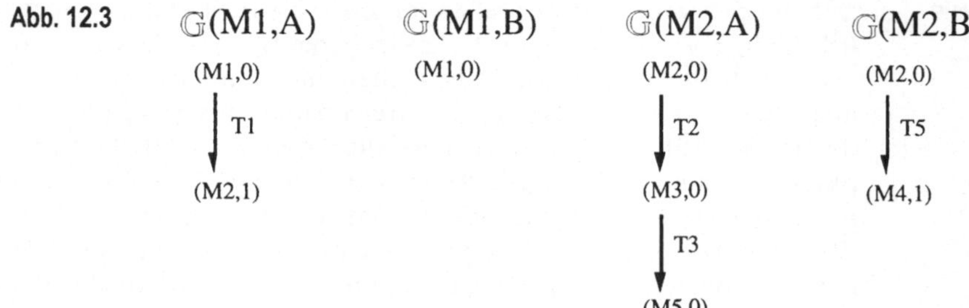

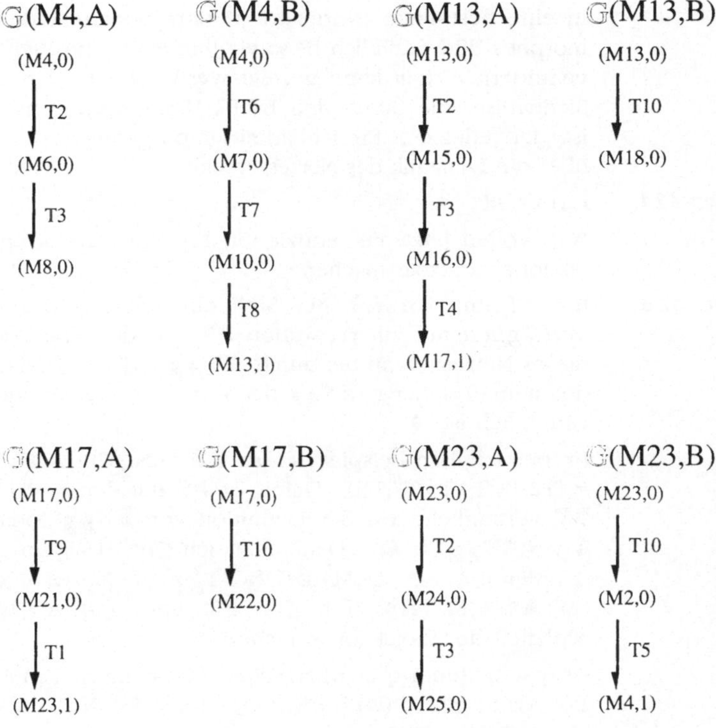

Der reduzierte Erreichbarkeitsgraph kann als Zustandsgraph eines endlichen Automaten über dem Alphabet Σr aufgefaßt werden. Mit der Anfangsmarkierung M1 als Anfangszustand und allen Zuständen als Endzustände wird dieser Automat, ebenso wie der reduzierte Erreichbarkeitsgraph selbst, mit $\mathbb{RG}$ bezeichnet und die Sprache, die er erkennt, mit RL.

Die Information, die der reduzierte Erreichbarkeitsgraph bezüglich der Dynamik des Netzes enthält, läßt sich gut mittels eines Sprachhomomorphismus präzisieren. Dazu sind noch einige Begriffe nötig.

Def. 12.4   Sei $h : \Sigma \to \Sigma r \cup \{\varepsilon\}$ definiert durch $h((M,T,M')) = \varepsilon$ für $T \in \mathbb{ET}$ und $h((M,T,M')) = (M\,|\,(\mathbb{S} \setminus N(\mathbb{ET})),T,M'\,|\,(\mathbb{S} \setminus N(\mathbb{ET})))$ für $T \in \mathbb{T} \setminus \mathbb{ET}$. Der durch h erzeugte Sprachhomomorphismus $h^* : \Sigma^* \to \Sigma r^*$ wird *ET-PT-Homomorphismus* genannt. ♦

Durch "Umsortieren" von Schaltschritten läßt sich eine Schaltfolge in eine bestimmte "Normalform" transformieren, ohne ihr homomorphes Bild bezüglich h^* sowie ihre Start- und Zielmarkierung zu verändern. Damit kann gezeigt werden [Oc1], daß bezüglich der Sichtweise, die durch den ET-PT-Homomorphismus h festgelegt ist, der reduzierte Erreichbarkeitsgraph genügend viel Information über die Dynamik des Netzes enthält.

Satz 12.1 $h^*(L) = RL$ ◆

Wir wollen jetzt die reduzierten Erreichbarkeitsgraphen für Projektionen nutzbar machen.

Def. 12.5 Eine Teilmenge AS der Stellenmenge S eines Netzes heißt *verträglich* mit einer Partition PT auf der Transitionsmenge T dieses Netzes, wenn die durch $ET_{AS} = \{T \in T \mid N(T) \cap AS = \varnothing\}$ definierte Teilmenge ET_{AS} der Transitionsmenge mit der Partition verträglich ist. ◆

Im betrachteten Beispielnetz ist $AS = \{S6,S7\}$. Es gilt dann $ET_{AS} = \{T2,T3,T9,T6,T7,T10\}$. Damit ist AS mit der gewählten Partition PT verträglich. Aus der Definition von ET_{AS} folgt unmittelbar $S \setminus N(ET_{AS}) \supset AS$. Damit läßt sich eine Abbildung $q : \Sigma r \to \Sigma'$ definieren durch $q((M \mid (S \setminus N(ET_{AS})),T, M' \mid (S \setminus N(ET_{AS})))) = (M \mid AS, A, M' \mid AS)$ für $A \in PT$ und $T \in A$, wobei Σ' das Alphabet der Projektionssprache ist.

Ist q^* der durch q definierte Sprachhomomorphismus $q^* : \Sigma r^* \to \Sigma'^*$, dann gilt $p^*(w) = q^*(h^*(w))$ für jedes Wort $w \in \Sigma^*$, wobei h^* der ET_{AS}-PT-Homomorphismus und p^* der Projektionshomomorphismus ist. Ist RL die Sprache, die von RG bezüglich des ET_{AS}-PT-Homomorphismus erkannt wird, dann gilt wegen Satz 12.1 $L' = p^*(L) = q^*(h^*(L)) = q^*(RL)$. Damit ist der folgende Satz bewiesen.

Satz 12.2 Eine Projektion sei gegeben durch die Menge AS der ausgezeichneten Stellen und die Partition PT auf der Transitionsmenge. Ist AS mit PT verträglich, dann gilt für die Projektionssprache L' dieser Projektion $L' = q^*(RL)$. ◆

In dem betrachteten Beispiel ergibt sich durch Ersetzen der Kantenanschriften aus dem reduzierten Erreichbarkeitsgraphen unmittelbar der in Abb. 12.4 dargestellte Automat für die Projektionssprache L'. In diesem Automaten ist M1 der Anfangszustand, und alle Zustände sind Endzustände. Durch Reduktion dieses Automaten entsteht der im vorhergehenden Kapitel angegebene Minimalautomat A_3.

Abb. 12.4

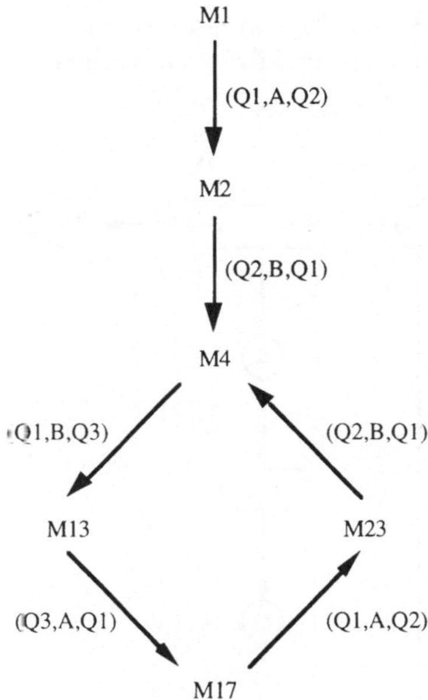

Bei den bisherigen Sätzen dieses Kapitels wurde jeweils vorausgesetzt, daß die Teilmenge ET der Transitionsmenge bzw. die Teilmenge AS der Stellenmenge mit der Partition verträglich ist. In [Oc1] wurde der folgende Satz 12.3 gezeigt, welcher Bedingungen für diese "Verträglichkeiten" liefert.

Satz 12.3 Für eine Partition PT auf der Transitionsmenge sei $ASM = \{S \in S$ | es existieren $A,B \in PT$ mit $A \neq B$ und $S \in N(A) \cap N(B)\}$ und $ETM = ET_{ASM} = \{T \in T$ | T ist nicht zu ASM benachbart$\}$, dann gilt:

(1) Eine Teilmenge ET von T ist genau dann mit PT verträglich, wenn $ET \subset ETM$.

(2) Eine Teilmenge AS von S ist dann mit PT verträglich, wenn $ASM \subset AS$. ◆

Das folgende Beispiel in Abb. 12.5 zeigt, daß die Inklusion von Teil (2) des Satzes 12.3 nicht alle verträglichen Teilmengen der Stellenmenge charakterisiert. Dort gilt $PT = \{A,B\}$ mit $A = \{T1,T2,T3,T4\}$ und $B = \{T5,T6,T7,T8\}$. Daraus folgt $ASM = \{S6,S7\}$ und $ETM = \{T2,T3,T6,T7\}$. Wählt man $AS = \{S1,S8\}$, dann gilt

$ET_{AS} = ETM$, woraus die Verträglichkeit von **AS** mit **PT** folgt.
AS ist aber mit **ASM** nicht vergleichbar.

Abb. 12.5

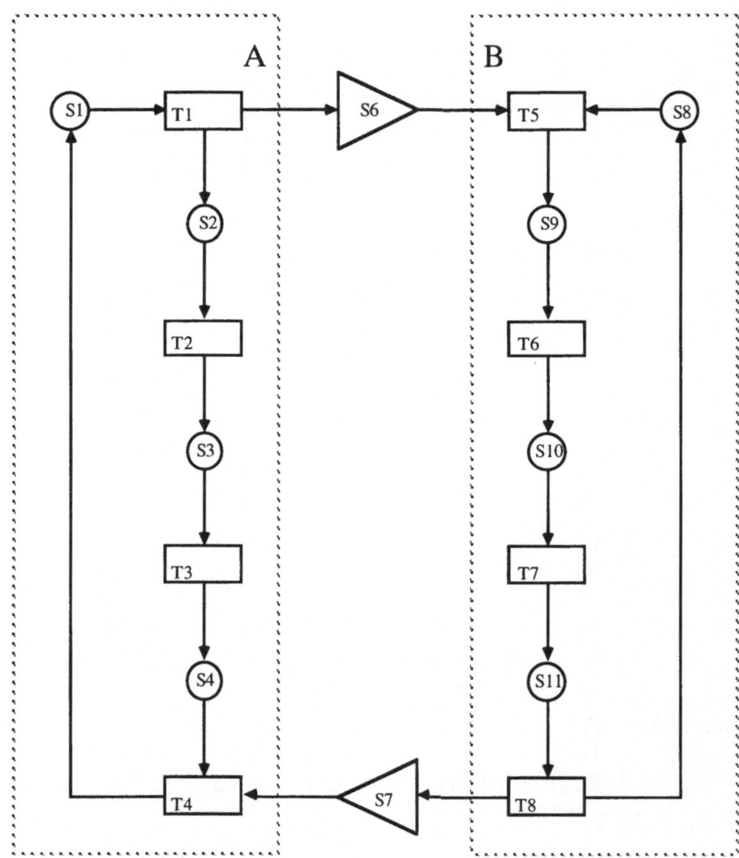

Die betrachteten Projektionen und ET-PT-Homomorphismen
liefern gewissermaßen eine Sichtweise auf das "Zusammenspiel"
von Modulen untereinander in einem Produktnetz. In [Oc2, Oc4]
sind "orthogonal" dazu *Modulhomomorphismen* und entsprechende reduzierte Erreichbarkeitsgraphen definiert worden. Mit
dieser Klasse von Homomorphismen kann das "Innenverhalten"
eines Moduls aus dem Gesamtverhalten eines Produktnetzes
herausgefiltert werden.

13   Deadlocksprachen

Wir betrachten in Abb. 13.1 eine Erweiterung des Beispiels von Abb. 11.3.

Abb. 13.1

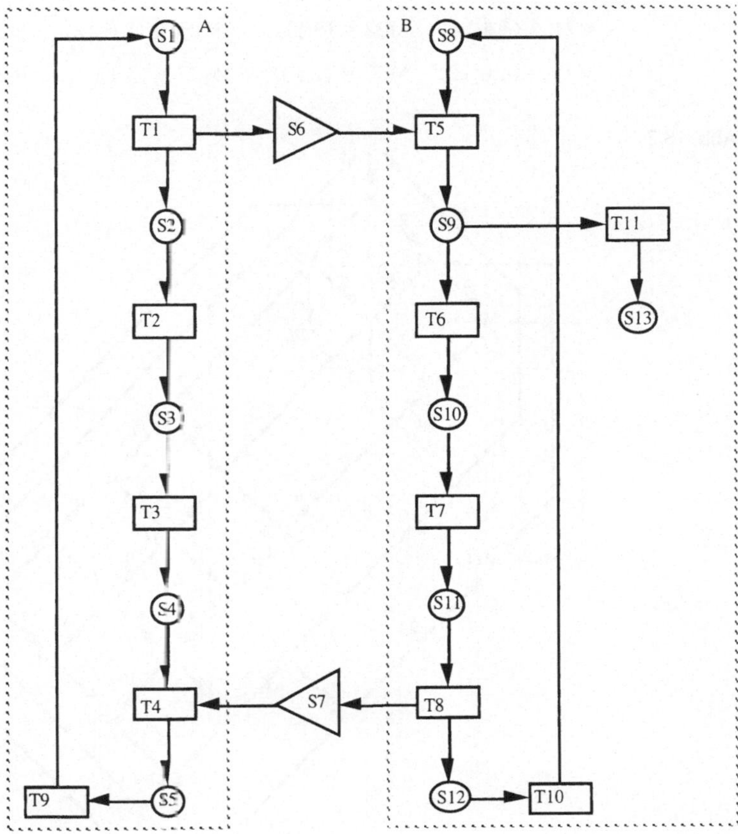

Dieses neue Netz wird zeigen, daß die Projektionssprache L´ und damit auch ihr Minimalautomat $\mathbf{A}´\mathbf{min}$ im allgemeinen nicht alle Aspekte der Dynamik eines Netzes unter einer gröberen Sichtweise beschreibt. Die Erreichbarkeitsanalyse liefert den in Abb. 13.2 dargestellten Erreichbarkeitsgraphen. Die darin auftretenden Markierungen sind in nachfolgender Tabelle angegeben:

M1 = (1,8)	M2 = (2,6,8)	M3 = (3,6,8)	M4 = (2,9)
M5 = (4,6,8)	M6 = (3,9)	M7 = (2,10)	M8 = (4,9)
M9 = (3,10)	M10 = (2,11)	M11 = (4,10)	M12 = (3,11)
M17 = (5,12)	M18 = (2,7,8)	M19 = (3,7,8)	M20 = (4,7,8)
M21 = (1,12)	M22 = (5,8)	M23 = (2,6,12)	M24 = (3,6,12)
M25 = (4,6,12)	M26 = (2,13)	M27 = (3,13)	M28 = (4,13)

Abb. 13.2

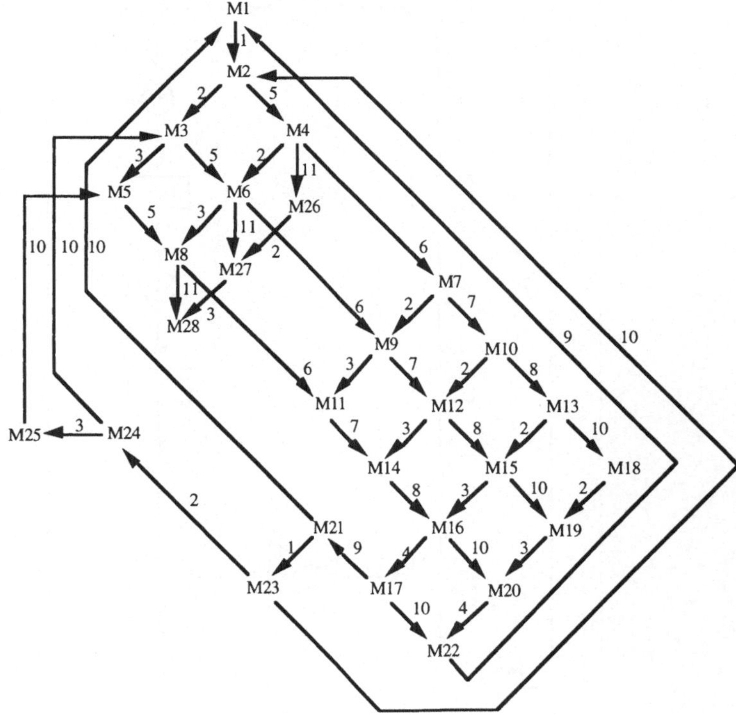

Das neue Netz unterscheidet sich von dem vorhergehenden in einer "internen Alternative" im Modul B. Die Transition T6 ist genau dann aktiviert, wenn T11 aktiviert ist. Beim Schalten von T11 wird im Modul B eine Verhaltensweise eingeschlagen, die zu keinem weiteren Nachrichtenaustausch mit Modul A führt.

Der neue Erreichbarkeitsgraph enthält im Vergleich zum vorhergehenden im Prinzip drei zusätzliche Markierungen, nämlich M26, M27 und M28, wobei M28 eine tote Markierung ist. Der vorhergehende Erreichbarkeitsgraph enthält keine tote Markierung. Für seine Schaltfolgensprache L bedeutet dies, daß jedes Wort aus L Präfix eines anderen Wortes aus L ist. Die tote Markierung M28 des neuen Erreichbarkeitsgraphen hat zur Konsequenz, daß es in der neuen Schaltfolgensprache L Worte gibt, die nicht Präfix einer anderen Schaltfolge aus L sind. Das sind genau die Schaltfolgen, deren Zielmarkierung M28 ist.

Abb. 13.3

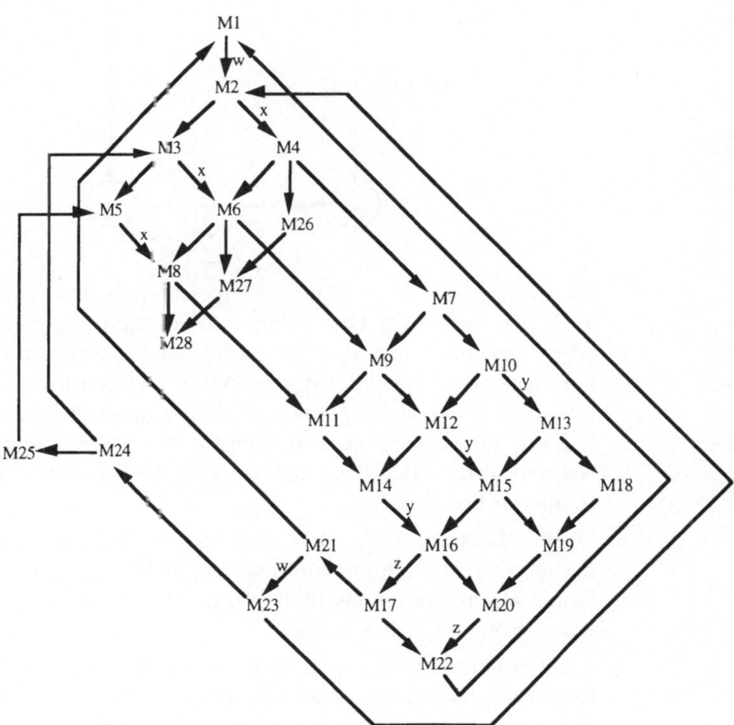

Durch Anwendung des Projektionsverfahrens auf den neuen Erreichbarkeitsgraphen erhält man in Abb. 13.3 den Zustandsgraphen eines Automaten $\mathbb{A}^{\prime}$, welcher die neue Projektionssprache L´ erkennt. Dabei bedeuten die unbeschrifteten Kanten interne Zustandsübergänge des Automaten, und w, x, y und z sind Abkürzungen mit   w = (Q1,A,Q2) , x = (Q2,B,Q1) , y = (Q1,B,Q3) und z = (Q3,A,Q1) .

Nach Eliminieren von internen Zustandsübergängen und durch das Zusammenfassen von äquivalenten Zuständen entsteht der in Abb. 13.4 dargestellte Minimalautomat $\mathbb{A}^{\prime}_{min}$ für die Projektionssprache L´. Dabei ist 1 der Anfangszustand, und alle Zustände sind Endzustände.

Abb. 13.4

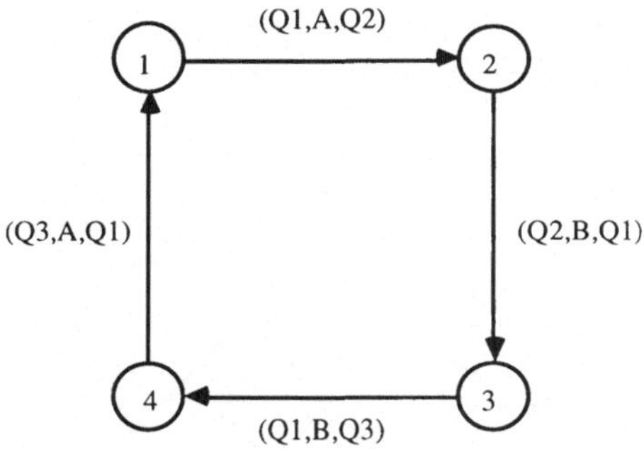

Da dieser neue Minimalautomat gleich dem des Netzes von Abb. 11.3 ist, sind auch beide Projektionssprachen gleich. Wie schon oben erwähnt, sind aber im neuen Netz Verhaltensweisen möglich, die sich auch unter der gröberen Sichtweise von den Verhaltensweisen des vorhergehenden Netzes unterscheiden. Es ist nämlich ein Unterschied, ob B immer auf den Empfang einer Nachricht reagiert oder ob als weitere Möglichkeit zusätzlich das Nichtreagieren besteht.

Dieses Beispiel zeigt also, daß die Projektionssprache L´ und damit auch ihr Minimalautomat $\mathbb{A}^{\prime}_{min}$ im allgemeinen noch keine ausreichende Beschreibung der Dynamik eines Netzes unter einer gröberen Sichtweise ist.

Das betrachtete Phänomen dieses Beispiels hängt im Grunde nicht davon ab, daß eine tote Markierung erreicht wird, sondern davon, daß eine Markierung erreicht wird, von der ausgehend es keine Schaltfolge gibt, die unter der Projektion noch sichtbare Schaltschritte enthält. In Netz in Abb. 13.5 wird zwar keine tote Markierung erreicht, aber die "internen Schleifen" im Modul B führen unter der gröberen Sichtweise zu gleichen Verhaltensweisen wie bei dem vorhergehenden Netz.

Abb. 13.5

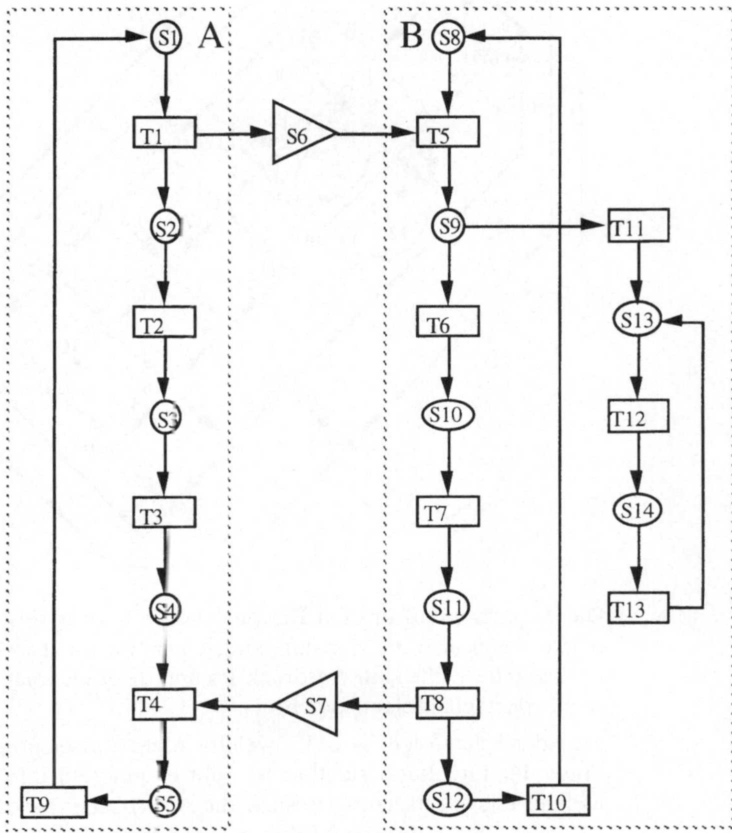

Die Erreichbarkeitsanalyse liefert den in Abb. 13.6 dargestellten Erreichbarkeitsgraphen. Neben den oben aufgeführten Markierungen M1 - M28 treten hier noch zusätzlich die Markierungen M29 = (2,14), M30 = (3,14) und M31 = (4,14) auf. Man kann sich leicht davon überzeugen, daß auch bei diesem Erreichbarkeitsgraphen durch das Projektionsverfahren der gleiche Minimalautomat entsteht.

Abb. 13.6

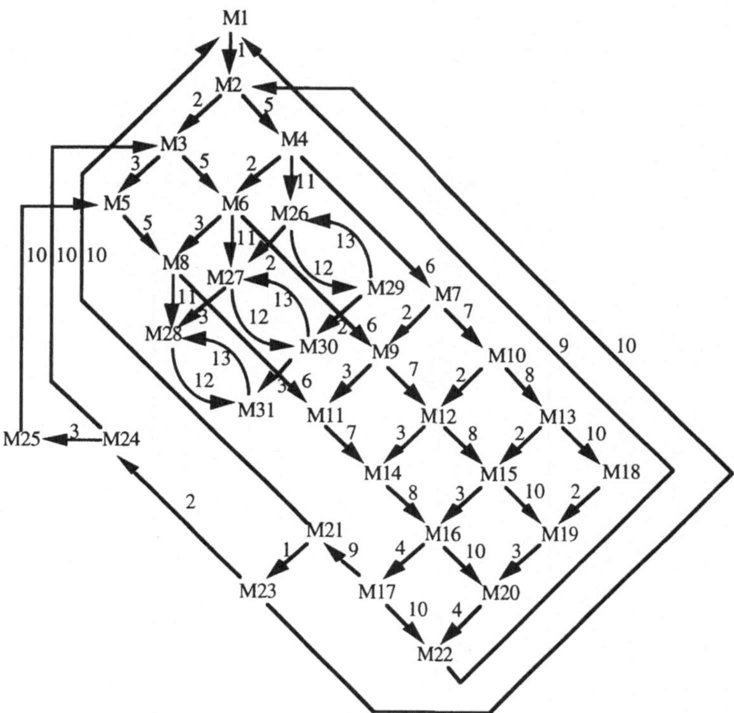

Die Tatsache, daß in dem Beispiel die Verhaltensweise des Nicht-reagierens von B auf den Empfang einer Nachricht in der Projekt-ionssprache nicht zum Ausdruck kommt, liegt an folgender Eigen-schaft der Schaltfolgensprache L:

Zu jeder Schaltfolge $w \in L$, welche keine Fortsetzung besitzt, die unter der Projektion sichtbar ist, gibt es eine Schaltfolge $w' \in L$, welche eine Fortsetzung besitzt, die unter der Projektion sichtbar ist, und für diese Schaltfolge w' gilt $p^*(w') = p^*(w)$. (Eine Schaltfolge b ist *Fortsetzung* einer Schaltfolge a, wenn die Ziel-markierung von a gleich der Startmarkierung von b ist.)

Das soweit beschriebene Phänomen ist keine spezielle Eigenschaft von Projektionen, sondern kann bei beliebigen Schaltfolgenhomo-morphismen auftreten. Es ist daher sinnvoll, solche "kritischen" Schaltfolgen bzw. ihre Bilder unter einem Schaltfolgenhomomor-phismus separat zu betrachten.

Def. 13.1 Für einen Schaltfolgenhomomorphismus wird die Sprache L° der *kritischen Schaltfolgen* definiert als die Menge aller Schaltfolgen aus L, welche keine Fortsetzung besitzen, die unter dem Schaltfolgenhomomorphismus nicht auf ε abgebildet wird. ♦

Wenn der Erreichbarkeitsgraph endlich ist, dann ist L° eine reguläre Sprache. Denn wie bei der Schaltfolgensprache L, so kann auch hier der Erreichbarkeitsgraph als endlicher Automat aufgefaßt werden, der L° erkennt.

Der endliche Automat $\mathbb{A}^\circ$, der L° erkennt, wird also definiert durch $\mathbb{A}^\circ = (\Sigma, S, q0, \delta, F^\circ)$, wobei Σ, S, q0 und δ wie bei dem Automaten $\mathbb{A}$ für die Schaltfolgensprache L definiert ist. Die Menge F° der (kritischen) Endzustände wird definiert als die Menge der Markierungen, für die es keine Schaltfolge gibt, die mit einer solchen Markierung starten und unter dem Schaltfolgenhomomorphismus nicht auf ε abgebildet wird. Aus dieser Definition des Automaten ist unmittelbar klar, daß $\mathbb{A}^\circ$ genau die kritischen Schaltfolgen erkennt.

Def. 13.2 Das Bild der Sprache L° unter einem Schaltfolgenhomomorphismus h wird als *Deadlocksprache $L^{\prime\prime}$* des Schaltfolgenhomomorphismus bezeichnet. ♦

Wegen $F^\circ \subset F$ gilt also $L^{\prime\prime} = h(L^\circ) \subset L^\prime$. Im Falle eines endlichen Erreichbarkeitsgraphen ist auch die Deadlocksprache $L^{\prime\prime}$ eine reguläre Sprache, deren Minimalautomat mit $\mathbb{A}^{\prime\prime}\mathrm{min}$ bezeichnet wird.

Die Deadlocksprache eines Schaltfolgenhomomorphismus beschreibt also unter der gröberen Sichtweise die Menge der kritischen Schaltfolgen, d. h. der Schaltfolgen, welche zu Markierungen führen, die unter der gewählten Sichtweise als "Deadlocks" erscheinen.

Hinweis Ist ein Wort $u \in \Sigma^{\prime*}$ Element der Deadlocksprache, dann bedeutet dies, daß die "Verhaltensweise des Systems", die durch u beschrieben ist, unter der gröberen Sichtweise zu einem "Deadlock" führen kann, aber nicht notwendigerweise führen muß. Das Bild $L^\prime$ der Schaltfolgensprache unter dem Schaltfolgenhomomorphismus liefert in diesem Fall noch zusätzliche Information. Wenn es nämlich in der Sprache $L^\prime$ kein Wort $u^\prime$ gibt, welches u als Präfix enthält, dann führt u zwangsweise zu einem "Deadlock" unter der gröberen Sichtweise. Solche "Deadlocks" sind auch schon alleine aus $L^\prime$ erkennbar. Im anderen Fall ist unter der gröberen

Sichtweise nicht erkennbar, ob ein "Deadlock" erreicht ist oder nicht.

Bei den betrachteten drei Beispielnetzen sind beim ersten, zweiten und dritten die Projektionssprachen gleich. Allerdings wurden zwischen dem ersten Netz einerseits und dem zweiten und dritten Netz andererseits Unterschiede in der Dynamik aufgezeigt, die auch bei der gewählten gröberen Sichtweise relevant bleiben. Betrachten wir deshalb bei den drei Netzen die Deadlocksprachen der gewählten Projektion.

Beim ersten Erreichbarkeitsgraphen gibt es keine kritischen Endzustände, also ist F˚ leer. Damit ist auch L˚ sowie die Deadlocksprache L˝ leer. Das beschreibt den Sachverhalt, daß bei diesem Netz unter der gewählten Sichtweise keine Deadlocks auftreten.

Beim zweiten Erreichbarkeitsgraphen besteht F˚ aus den Elementen M26, M27, und M28. Nach der üblichen Konstruktion entsteht dann für die Deadlocksprache L˝ der in Abb. 13.7 dargestellte Minimalautomat $A^{\prime\prime}min$. Dabei ist 1 der Anfangszustand und 3 der einzige Endzustand.

Abb. 13.7

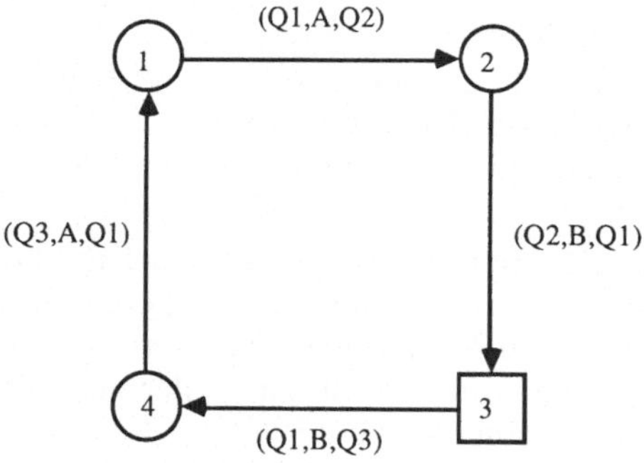

Diese Deadlocksprache ist also nicht leer und beschreibt den Sachverhalt, daß jedesmal dann, wenn B eine Nachricht empfangen hat, ein "Deadlock" erreicht sein kann.

Beim dritten Erreichbarkeitsgraphen besteht F˚ aus den Elementen M26, M27, M28, M29, M30 und M31, was zum gleichen Minimalautomaten $A^{\prime\prime}min$ und damit auch zur gleichen Deadlocksprache L˝ wie im vorherigen Fall führt. Das beschreibt die Gleichheit der Dynamik des zweiten und dritten Netzes unter der gewählten Sichtweise.

In [Oc1] wurde gezeigt, wie für ET-PT-Homomorphismen und für Projektionen die Deadlocksprachen direkt aus den reduzierten Erreichbarkeitsgraphen und den entsprechenden Hilfsgraphen bestimmt werden können. Zur Formulierung entsprechender Sätze sind noch einige Begriffe notwendig. Betrachten wir zuerst ET-PT-Homomorphismen:

Def. 13.3   Eine Markierung M aus $\mathbb{M}$ heißt *kritisch*, wenn es für jeden Block A aus $\mathbb{PT}$ in dem Hilfsgraphen $\mathbb{G}(M,A)$ einen Knoten $(M^{\circ},0)$ gibt, von dem aus in $\mathbb{G}(M,A)$ kein Knoten der Form $(M',1)$ erreichbar ist. ◆

Der Automat $\mathbb{RGK}$ sei jetzt definiert wie der Automat $\mathbb{RG}$, nur mit dem Unterschied, daß nicht alle Zustände, sondern nur die kritischen Markierungen als Endzustände ausgewählt werden. Die Sprache, die von $\mathbb{RGK}$ erkannt wird, wird mit RLK bezeichnet. Sie ist eine Teilmenge von RL. Die Bedeutung des Automaten $\mathbb{RGK}$ liegt in folgendem Satz:

Satz 13.1 $L^{''} = RLK$ ◆

Bei dem Beweis, der in [Oc1] gegeben ist, werden wie im Beweis des Satzes 12.1 Schaltfolge durch "Umsortieren" von Schaltschritten in eine bestimmte "Normalform" transformieren, ohne ihr Bild bezüglich des betrachteten ET-PT-Homomorphism sowie ihre Start- und Zielmarkierung zu verändern.

Betrachtet man die Hilfsgraphen des Beispielnetzes aus Kapitel 12, dann sieht man, daß es keine kritische Markierung gibt, d. h. $\mathbb{RGK}$ hat keine Endzustände. In diesem Fall ist also die Deadlocksprache bezüglich des betrachteten ET-PT-Homomorphismus leer.

Mit Hilfe der Aussage des Satzes 13.1 lassen sich Deadlocksprachen im allgemeinen einfacher bestimmen, als direkt über ihre Definition. Es muß nämlich bei diesem Vorgehen für weniger Markierungen entschieden werden, ob sie kritisch sind, und diese Eigenschaft kann durch Erreichbarkeitsuntersuchungen in den relativ kleinen Hilfsgraphen überprüft werden.

Zur Bestimmung der Deadlocksprachen von Projektionen sei an das vorhergehende Kapitel erinnert. Dort wurde folgendes gezeigt:

Ist bei einer Projektion die Menge der ausgezeichneten Stellen verträglich mit der Partition, dann gibt es einen ET-PT-Homomorphismus $h : \Sigma^{*} \to \Sigma r^{*}$, dessen Menge der "unsichtbaren" Transitionen mit der Partition verträglich ist, und einen Sprachhomomorphismus $q : \Sigma r^{*} \to \Sigma'^{*}$ mit $p^{*}(w) = q(h(w))$ für jedes Wort w $\in \Sigma^*$, wobei p* der Projektionshomomorphismus ist. Außerdem gilt p*(w) = ε genau dann, wenn h(w) = ε . Deshalb ist die Menge L_{p*}˙ der kritischen Schaltfolgen bezüglich des Projektionshomomorphismus p* gleich der Menge L_h˙ der kritischen Schaltfolgen bezüglich des ET-PT-Homomorphismus h. Wegen Satz 13.1 gilt deshalb für die Deadlocksprache L˝ der Projektion L˝ = p*(L_{p*}˙) = p*(L_h˙) = q(h(L_h˙)) = q(RLK) , wobei RLK die Deadlocksprache von h ist. Damit ist folgender Satz bewiesen:

Satz 13.2   Eine Projektion sei gegeben durch die Menge **AS** der ausgezeichneten Stellen und die Partition **PT** auf der Transitionsmenge. Ist **AS** mit **PT** verträglich, dann gilt für die Deadlocksprache L˝ dieser Projektion L˝ = q(RLK) . Dabei sind q und RLK wie oben definiert. ◆

Bei den Projektionen der Netze in Abb. 13.1 und 13.5 ist die Menge **AS** = {S6,S7} der ausgezeichneten Stellen mit der entsprechenden Partition auf der Transitionsmenge verträglich. Der reduzierte Erreichbarkeitsgraph ist in beiden Fällen gleich dem reduzierten Erreichbarkeitsgraphen des Beispielnetzes im vorhergehenden Kapitel. Auch die Hilfsgraphen sind die gleichen, bis auf **G**(M4,B). Für den Fall 13.1 ist **G**(M4,B) in Abb. 13.8 dargestellt und für den Fall 13.5 in Abb. 13.9.

Mit den neuen Hilfsgraphen **G**(M4,B) wird für beide Beispielnetze im reduzierten Erreichbarkeitsgraphen M4 zur kritischen Markierung, denn sowohl in **G**(M4,A) als auch in **G**(M4,B) gibt es jetzt Knoten der Form (M,0), von welchen aus kein Knoten der Form (M´,1) erreichbar ist. Die in beiden Fällen gleiche Deadlocksprache L˝ wird damit von einem Automaten erkannt, der aus dem reduzierten Erreichbarkeitsgraphen dadurch entsteht, daß nicht alle Zustände als Endzustände ausgewählt werden, sondern nur M4. Durch Reduktion dieses Automaten entsteht der in Abb. 13.4 angegebene Minimalautomat **A˝min**.

Abb. 13.8

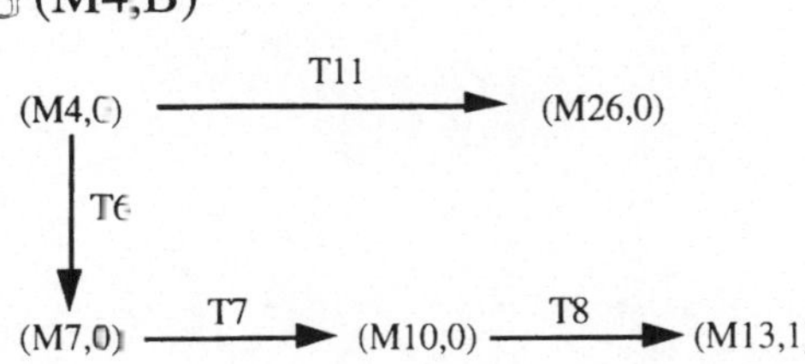

Abb. 13.9

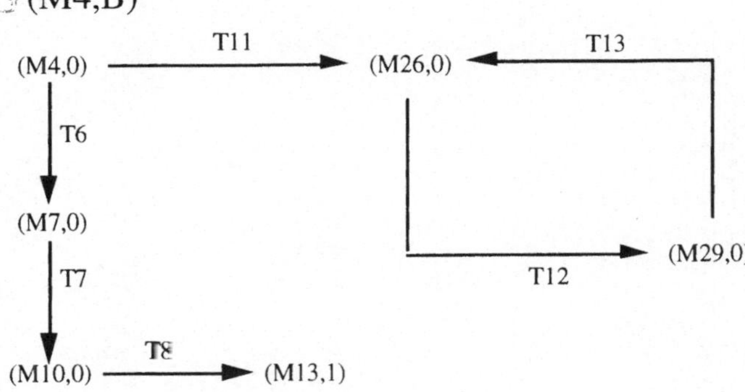

Die Produktnetzmaschine [Oc3] ist ein Werkzeug zum Entwurf und zur Analyse von Produktnetzen. Sie besitzt die in Abb. 14.1 dargestellte Grobstruktur:

Abb. 14.1

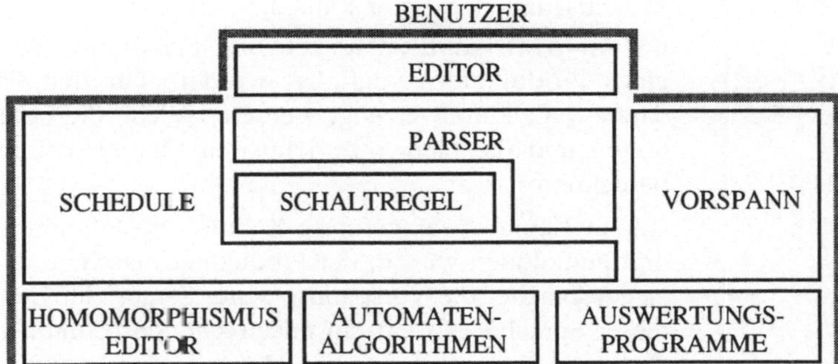

Der *Editor* unterstützt das Zeichnen und Beschriften von Produktnetzen. Zum Zeichnen steht ein Graphik-Menü zur Verfügung, das bereits durch seine Auswahlmöglichkeiten die graphische Korrektheit teilweise kontrolliert.

Der übersichtliche Entwurf eines Produktnetzes wird durch die folgenden Funktionen des Editors erleichtert :

-     Verschieben von Stellen, Transitionen und Konnektoren, unter Mitführung der Kanten

-     Knicken von Kanten

-     orthogonales Raster

-     Bewegen und Kopieren von Teilnetzen

Für die Beschriftung der unterschiedlichen Netzobjekte wie Stellen, Transitionen und Kanten existieren spezifische Beschriftungsmenüs, welche durch Anklicken der entsprechenden Objekte benutzt werden können.

Der *Parser* überprüft die syntaktische Korrektheit eines vollständigen Produktnetzes und übergibt an den Analysator, bestehend aus Schedule und Schaltregel, syntaktisch korrekte Produktnetze. Dabei werden die graphischen Vereinfachungen aufgelöst und Zusatzinformation aufbereitet (Zerlegung in Elementarnetze, Auflisten der gebundenen Variablen eines Elementarnetzes, Wirkungsbereiche der Transitionen etc.).

Neben dieser vollständigen Überprüfung gibt es noch Teilüberprüfungen auf Korrektheit:

- eines Elementarnetzes (Transition mit ihren Nachbarstellen),

- einer Kantenanschrift,

- einer Markierung sowie

- zusammengesetzter Kanten.

Im *Vorspann* können Mengen und Funktionen zur Beschriftung eines Produktnetzes definiert werden. Für den Parser müssen daraus Prozeduren erzeugt werden, welche die definierten Funktionen und die Elementbeziehungen für die definierten Mengen berechnen.

Der in Kapitel 5 eingeführte Kalkül zur Definition von Mengen und Funktionen wird in der Produktnetzmaschine durch eine spezielle Sprache, die Vorspannsprache, dargestellt. Zur Verarbeitung dieser Sprache existiert ein entsprechender Compiler. Die folgenden Zeilen erläutern, wie die Mengen- und Funktionsdefinitionen des Beispiels 2 am Ende von Abschnitt 5.2 in der Vorspannsprache dargestellt werden:

```
defset     a = pro(nat_0,nat_0) ;

defset     stream = seq(a) ;

defset     stream1 = seq(nat_0) ;

defcase    h : pro(a,nat_0) → stream1
           h(x,y) = if p(1,x) = y   then p(2,x)
                                     else :: ;

defrecs    f : pro(stream,nat_0) → stream1
           f(::,u) = :: ,
           f(w.v,u) = f(w,u).h(v,u) ;
```

Die *Schaltregel* berechnet für ein markiertes Elementarnetz die Menge aller Nachfolgemarkierungen. D. h. es werden alle möglichen Interpretationen der gebundenen Variablen bestimmt, für welche die Transition aktiviert ist und die entsprechenden Schaltschritte ausgeführt. Dabei können neben den Nachfolgemarkierungen auch noch die zugehörigen Interpretationen der gebundenen Variablen ausgegeben werden.

Der *Schedule* organisiert die eigentliche Erreichbarkeitsanalyse, d. h. er steuert den Aufruf der Schaltregel und baut den Erreichbarkeitsgraphen auf. Durch die Benutzung der in Kapitel 2 definierten Wirkungsbereiche von Transitionen wird die Anzahl der Aufrufe der Schaltregel optimiert.

Neben der vollständigen Erreichbarkeitsanalyse besteht auch die Möglichkeit der benutzer- oder zufallsgesteuerten Simulation. Dabei wird nicht der ganze Erreichbarkeitsgraph berechnet, sondern nur ein oder mehrere Pfade, die von der Anfangsmarkierung ausgehen.

Wie in Kapitel 12 gezeigt wurde, wird für gewisse vergröbernde Betrachtungsweisen der Dynamik eines Produktnetzes (Projektionen, Modulhomomorphismen) nicht der vollständige Erreichbarkeitsgraph benötigt, sondern es genügen entsprechende reduzierte Erreichbarkeitsgraphen. Auch solche reduzierte Graphen können vom Schedule aufgebaut werden.

Mit dem *Homomorphismuseditor* können beliebige Homomorphismen auf Schaltfolgensprachen definiert werden. Für diese, sowie auch speziell für Projektionen und Modulhomomorphismen, werden mit *Automatenalgorithmen* Minimalautomaten der Bildsprache und Deadlockautomaten berechnet. Mit speziellen Graphenalgorithmen kann auch die Eigenschaft der Schlichtheit (siehe Kapitel 15) von Homomorphismen untersucht werden.

Zur *Auswertung* großer Erreichbarkeitsgraphen existieren Programme, die nach Markierungen mit bestimmten Eigenschaften suchen, die eine Schaltfolge von der Anfangsmarkierung zu einer ausgewählten Markierung bestimmen und die alle Marken berechnen, die auf einer ausgewählten Stelle auftreten.

Die Produktnetzmaschine ist in LISP implementiert und läuft auf einer Symbolics 3650, einem Macintosh IIx mit Ivory-Karte oder einer SUN mit UX-Karte unter dem Betriebssystem Genera 8.1. Die Portierung auf einen plattformunabhängigen Standard (CLOS + CLIM) ist in Arbeit. Die Leistungsfähigkeit der Produktnetzmaschine wurde bisher an komplexen Anwendungen aus den Bereichen ISDN, XTP und Smartcardprotokolle demonstriert [As, Co, Gh, Gi, Kl, Ne, Oc7, Rd, Sc].

Zur Verdeutlichung der Analyse und Verifikationsmöglichkeiten mit der Produktnetzmaschine betrachten wir als Beispiel das Alternating-Bit-Protokoll aus Kapitel 8.

Der vollständige Erreichbarkeitsgraph der Protokollspezifikation in Abb. 8.6 besitzt 220 Knoten. Darunter ist keine tote Markierung. Für die Dynamik des modellierten Systems bedeutet dies, daß keine Situation erreicht wird, in der keine Aktion mehr stattfinden kann. Das ist sicher eine gewünschte Eigenschaft, reicht aber zur "Verifikation" des Systems bei weitem nicht aus.

Zum Nachweis, daß die Protokollspezifikation das leistet, was in der Dienstspezifikation in Abb. 8.1 vorgeschrieben ist betrachten wir beide Produktnetze unter einer gemeinsamen vergröbernden Sichtweise. Sowohl die Dienst- als auch die Protokollspezifikation besitzen die in Abb. 14.2 dargestellte Grobstruktur.

Abb. 14.2

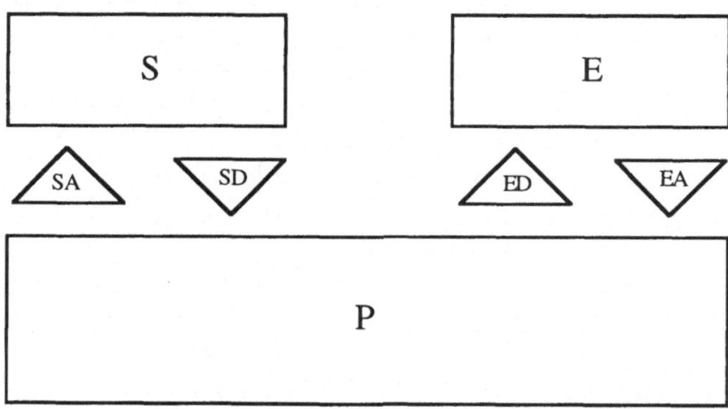

Diese Grobstruktur definiert jeweils eine Projektion. Betrachtet man bezüglich dieser Projektion im jeweiligen reduzierten Erreichbarkeitsgraphen die auftretenden Markierungen der vier Stellen SA, SD, ED und EA, dann treten in beiden Fällen die folgenden fünf verschiedenen Markierungen auf:

$$Q1_{SA} = \text{<ACK>} \qquad Q2_{SD} = \text{<DATA>} \qquad Q3 = \emptyset$$

$$Q4_{ED} = \text{<DATA>} \qquad Q5_{EA} = \text{<ACK>}$$

Als Minimalautomat der jeweiligen Projektionssprache ergibt sich sowohl für die Dienst- als auch für die Protokollspezifikation der in Abb. 14.3 dargestellte Automat.

Abb. 14.3

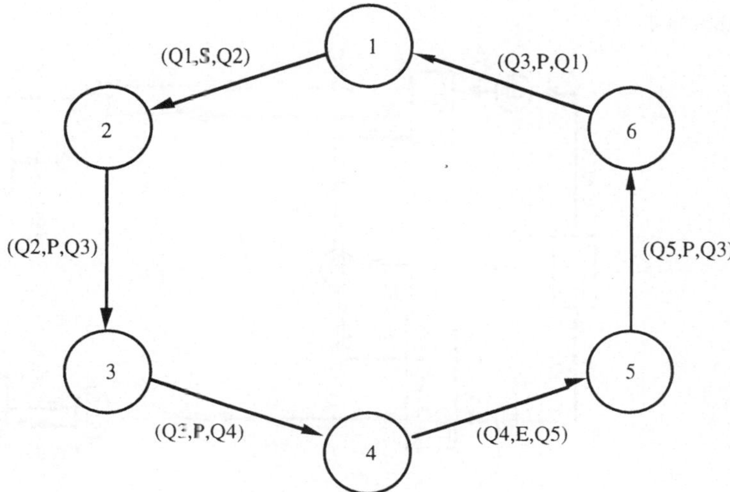

Wie wir allerdings schon im vorhergehenden Kapitel festgestellt haben, reicht für eine Verifikation die Gleichheit der Projektionssprachen von Dienst- und Protokollspezifikationen bei weitem nicht aus. Wie sich an vielen Beispielen gezeigt hat, sind es oft die tückischeren Protokollfehler, die allein durch die Untersuchung eines homomorphen Bildes der Schaltfolgensprache nicht erkannt werden können. Wir wollen dies an unserem Beispiel demonstrieren.

Dazu betrachten wir in Abb. 14.4 eine Spezifikation des Alternating-Bit-Protokolls, bei der die Stellen EW und die Transition TAW mit ihren benachbarten Kanten fehlen. Das bedeutet, daß nachlaufende Nachrichten nicht quittiert werden, was beim Quittungsverlust (Schalten der Transition TAV) zu einer Situation führt, in welcher der Sender beliebig oft eine Nachricht wiederholen kann, aber nie mehr eine Quittung erhält. Dies ist offensichtlich nicht das gewünschte Systemverhalten, wie es in der Dienstspezifikation festgelegt wurde. Aber auch diese fehlerhafte Spezifikation liefert einen Erreichbarkeitsgraphen ohne Totmarkierung und besitzt unter einer entsprechenden Projektion den Minimalautomaten von Abb. 14.3.

Abb. 14.4

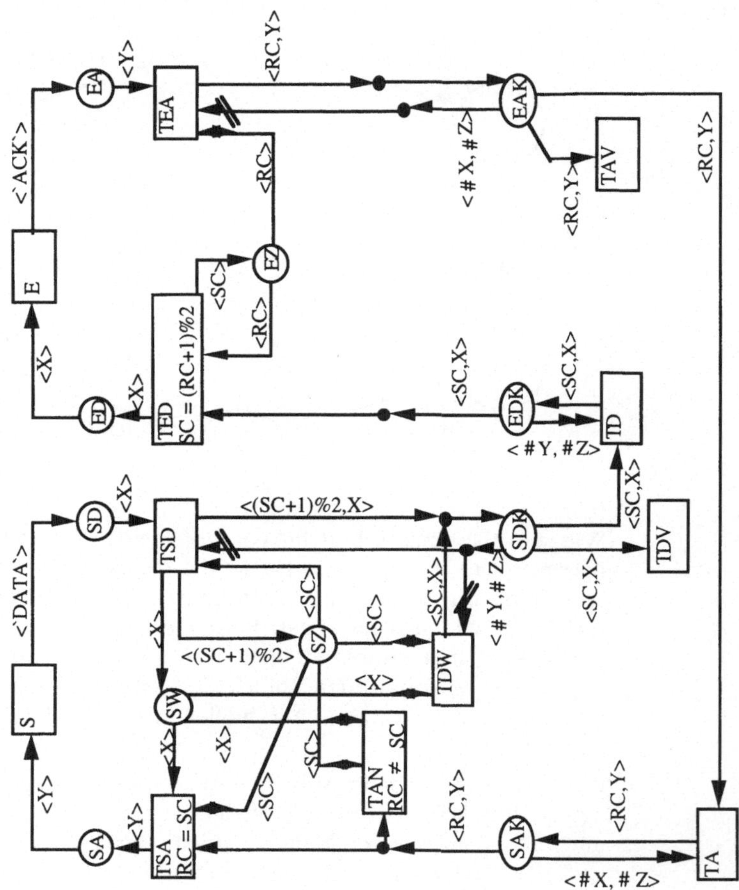

Das liegt daran, daß sich hinter *einer* Aktionsfolge von Modulen
auf den Schnittstellen *mehrere* Schaltfolgen verbergen können. Im
betrachteten Beispiel verbirgt sich hinter der Aktionsfolge

(Q1,S,Q2) (Q2,P,Q3) (Q3,P,Q4) (Q4,E,Q5) (Q5,P,Q3)

z. B. die Schaltfolge

```
    S      TSD     TD      TED      E      TEA      TA
M1-------M2-------M3-------M4-------M6 -------M9-------M12-------M16
```

aber auch die Schaltfolge

$$S \qquad TSD \qquad TD \qquad TED \qquad E \qquad TEA \qquad TAV$$

M1--------M2--------M3--------M4--------M6 --------M9--------M12--------M17 .

Dabei gilt:

$$M12_{SW} = <DATA> \qquad M12_{SZ} = <1> = M16_{EZ} \qquad M12_{EAK} = <1,ACK>$$

$$M16_{SW} = <DATA> \qquad M16_{SZ} = <1> = M16_{EZ} \qquad M16_{SAK} = <1,ACK>$$

$$M17_{SW} = <DATA> \qquad M17_{SZ} = <1> = M17_{EZ}$$

In M16 ist die Transition TSA aktiviert, die zu der Schnittstelle SA benachbart ist. Damit besitzt die betrachtete Aktionsfolge die Fortsetzung (Q3,P,Q1). Ausgehend von M17 hingegen gibt es keine Schaltfolge, die eine Transition enthält, welche zu einer Schnittstelle benachbart ist. D. h. aus der zweiten Schaltfolge resultiert keine Fortsetzung der betrachteten Aktionsfolge. Solche Nichtexistenzen von Fortsetzungen von Schaltfolgen werden im Deadlockautomaten sichtbar.

Der Deadlockautomat der korrekten Alternating-Bit-Spezifikation sowie der Dienstspezifikation ist leer, die fehlerhafte Alternating-Bit-Spezifikation hingegen besitzt den in Abb. 14.5 dargestellten Deadlockautomaten:

Abb. 14.5

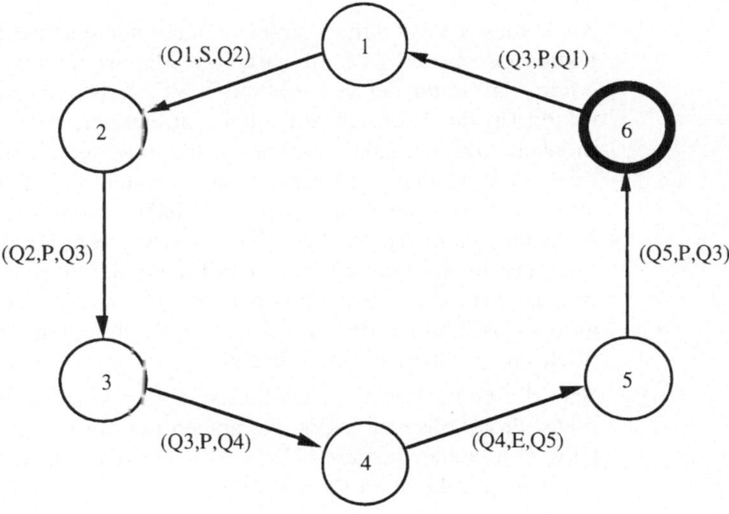

Dabei ist 1 der Anfangszustand und 6 der einzige Endzustand. Mit den Suchmöglichkeiten der Produktnetzmaschine läßt sich jetzt ausgehend von diesem Endzustand die kritische Schaltfolge

```
      S      TSD     TD    TED     E     TEA     TAV
M1--------M2--------M3--------M4--------M6 --------M9--------M12--------M17
```

ermitteln, die dann das oben erläuterte mögliche Fehlverhalten des Systems lokalisiert.

Der Unterschied der Deadlocksprachen der Dienst- und der fehlerhaften Protokollspezifikation deckt also den Protokollfehler auf. Ausgangspunkt für diese Untersuchungen war der jeweilige Erreichbarkeitsgraph. Die gleichen Ergebnisse hätte man aber auch mit den entsprechenden reduzierten Erreichbarkeitsgraphen erzielen können. Das hätte in diesem Fall aber zu keiner Reduktion der Komplexität geführt, da bei der betrachteten Projektion lediglich der Modul P ein echtes "Innenleben" besitzt.

Hinweis Noch drastischer als dieses Beispiel illustriert das nachfolgende Produktnetz in Abb. 14.6 das Informationsdefizit der Projektionssprache bezüglich des dynamischen Verhaltens des betrachteten Systems. Dazu werden in der Dienstspezifikation des Alternating-Bit-Protokolls die Stellen DK und AK, welche gewissermaßen einen verlustfreien Kanal beschreiben, jeweils durch einen fehlerhaften Kanal ersetzt. D. h. es wird auf jegliche Fehlerbehandlung verzichtet.

Auch dieses Produktnetz liefert unter einer entsprechenden Projektion den in Abb. 14.3 dargestellten Minimalautomaten. Das liegt daran, daß unter der vergröbernden Sichtweise einerseits alle korrekten (in der Dienstspezifikation auftretenden) Verhaltensweisen möglich sind, nämlich dann, wenn nie eine der Transitionen TVD oder TVA schaltet, andererseits das Schalten von TVD oder TVA aber auch zu keinen zusätzlichen Verhaltensweisen führt, sondern lediglich Deadlocks erzeugt. Diese werden vom Deadlockautomaten oder in diesem einfachen Fall auch durch eine Totmarkierung im Erreichbarkeitsgraphen sichtbar gemacht. Der Deadlockautomat ist ähnlich dem in Abb. 14.5 dargestellten, lediglich 3 ist noch ein zusätzlicher Endzustand.

Was die Gleichheit der Deadlocksprachen von Dienst- und korrekter Protokollspezifikation zusammen mit der Gleichheit der Projektionssprachen letztendlich für die *Verifikation* bedeuten, werden wir im folgenden Kapitel erläutern.

Eine andere Verifikation unserer Produktnetzspezifikation des Alternating-Bit-Protokolls wurde durch die Untersuchung sogenannter Invarianten in [La2] durchgeführt.

Abb. 14.6

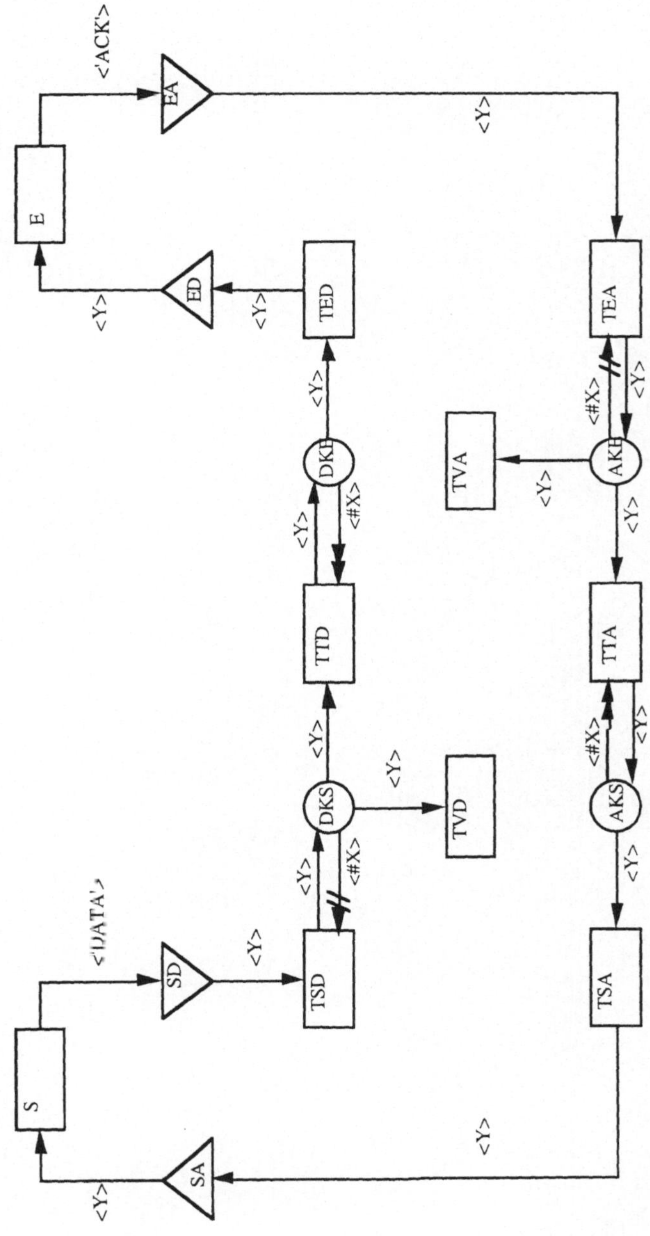

E
EA
<'ACK'>
<Y>
ED
<Y>
<Y>
TED
TEA
<Y>
<Y>
<#X>
DKE
<Y>
AKE
<#X>
<Y>
TVA
<Y>
TTD
<Y>
<#X>
TTA
<Y>
<#X>
DKS
<Y>
<Y>
<Y>
TVD
AKS
<Y>
<Y>
<Y>
S
SD
<'DATA'>
<Y>
TSD
<Y>
TSA
SA
<Y>
<Y>

15   Schlichte Homomorphismen

Das Netz in Abb. 15.1 beschreibt das Zusammenspiel zweier Kooperationspartner A und B.

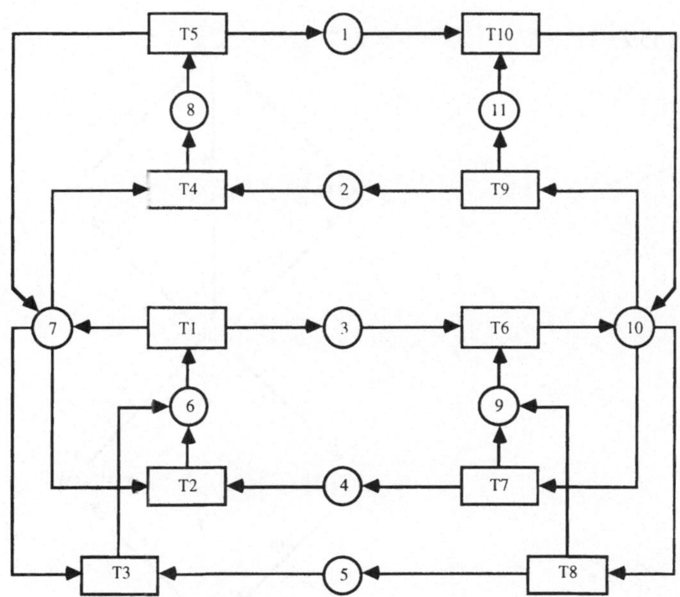

Der Partner A ist dabei durch die Transitionen T1, T2, T3, T4 und T5 modelliert und der Partner B durch die Transitionen T6, T7, T8, T9 und T10. Ausgehend von der Anfangsmarkierung, bei der sich je eine Marke auf den Stellen 6 und 9 befindet, kann A eine "Anfrage" an B richten (Schalten von T1). Nach Entgegennahme dieser Anfrage (Schalten von T6) gibt es für B drei Möglichkeiten: "positive" Beantwortung (Schalten von T7), "negative" Beantwortung (Schalten von T8) oder Rückfrage an A (Schalten

von T9). Nachdem A eine mögliche Rückfrage beantwortet hat
(Schalten von T5), kann B erneut zurückfragen (ggf. auch
mehrfach) oder die ursprüngliche Anfrage "positiv" oder "negativ"
beantworten. Nach Entgegennahme einer solchen Antwort durch
A ist das System wieder im Ausgangszustand, und A kann erneut
eine Anfrage an B richten.

Abb. 15. 2 zeigt den Erreichbarkeitsgraphen dieses Netzes. Hierbei
sind die verschiedenen Markierungen durch Listen von Nummern
der Stellen dargestellt, die je eine Marke enthalten. Das ist in
diesem Fall möglich, da bei jeder Markierung auf den einzelnen
Stellen maximal eine Marke liegt.

Abb. 15.2

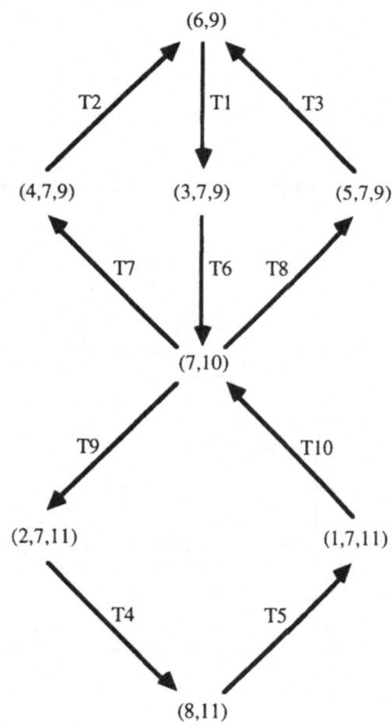

Die vergröbernde Sichtweise, bei der nicht mehr auf einzelne
Transitionen geschaut wird, sondern nur noch zwei Partner A und
B betrachtet werden, die über die Stellen S1 - S5 miteinander
kommunizieren, wird durch die Projektion p mit $\mathbb{PT}$ = {A,B}
sowie A = {T1,T2,T3,T4,T5} und B = {T6,T7,T8,T9,T10} beschrieben. Mit den Abkürzungen

A1 = (0,A,(1))   A2 = ((2),A,0)   A3 = (0,A,(3))

A4 = ((4),A,O)   A5 = ((5),A,O)

B1 = ((1),B,O)   B2 = (O,B,(2))   B3 = ((3),B,O)

B4 = (O,B,(4))   B5 = (O,B,(5))

ergibt sich aus dem Erreichbarkeitsgraphen unmittelbar der in Abb. 15.3 dargestellte Minimalautomat für die Projektionssprache p(L).

Abb. 15.3

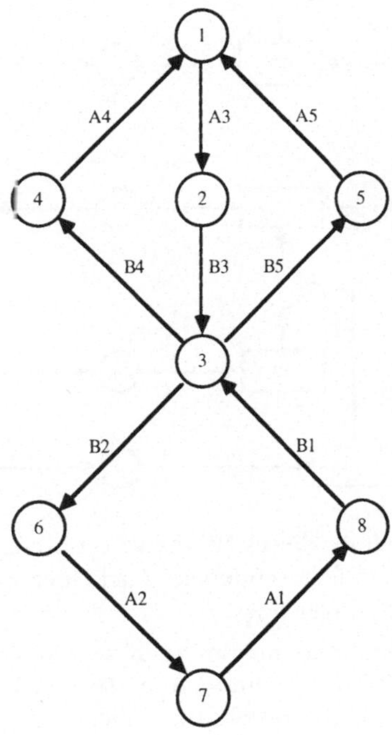

Betrachten wir eine leichte Verfeinerung unseres Beispiels: Nach Entgegennahmen einer Anfrage oder einer Antwort auf eine Rückfrage hat B die Möglichkeit, eine Rückfrage an A zu richten. Angenommen es gibt unterschiedliche "lokale" Gründe für derartige Rückfragen, die zum Zweck einer "Implementationsspezifikation" jetzt unterschieden werden sollen. Ein Grund, beispielsweise eine "lokale Fehlerbehandlung", möge dazu führen, daß eine zweifache Rückfrage notwendig wird. Das Netz in Abb. 15.4 mit der gleichen Anfangsmarkierung wie im Netz von Abb. 15.1 ist dann eine Formalisierung dieses Sachverhalts. Die zweifache Rückfrage ist dabei grau gekennzeichnet.

Abb. 15.4

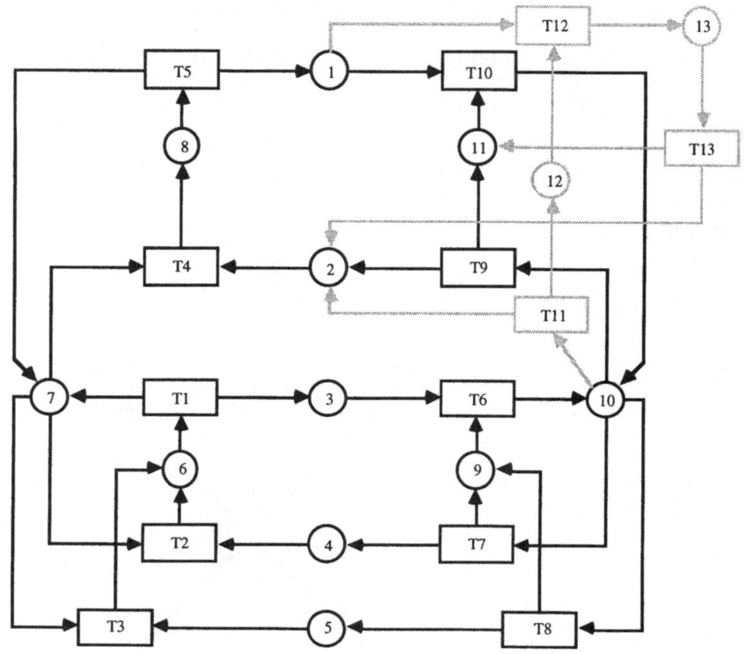

Die Dynamik dieses Netzes wird durch den Erreichbarkeitsgraphen in Abb. 15.5 beschrieben. Auch hier ist die zweifache Rückfrage grau gekennzeichnet.

Betrachtet man in diesem Netz die Projektion, die durch A = {T1,T2,T3,T4,T5} und B = {T6,T7,T8,T9,T10,T11,T12,T13} definiert ist, dann entsteht die gleiche Projektionssprache wie im vorhergehenden Netz. Man könnte deshalb versucht sein, diese Gleichheit der Projektionssprachen als "Verifikation" des Netzes von Abb. 15.4 zu bezeichnen, zumal es sich hier vom intuitiven Standpunkt aus sicher um eine "korrekte Verfeinerung" des ursprünglichen Netzes handelt. Allerdings ist ja aus dem Kapitel 13 bekannt, daß die Gleichheit solcher "Tracesprachen" zu Verifikationszwecken nicht ausreicht.

Betrachten wir in Abb. 15.6 eine fehlerhafte Version des Netzes von Abb. 15.4, wobei der Fehler darin besteht, daß die Kante von der Transition T13 nicht zur Stelle 11, sondern zur Stelle 12 führt.

Abb. 15.5

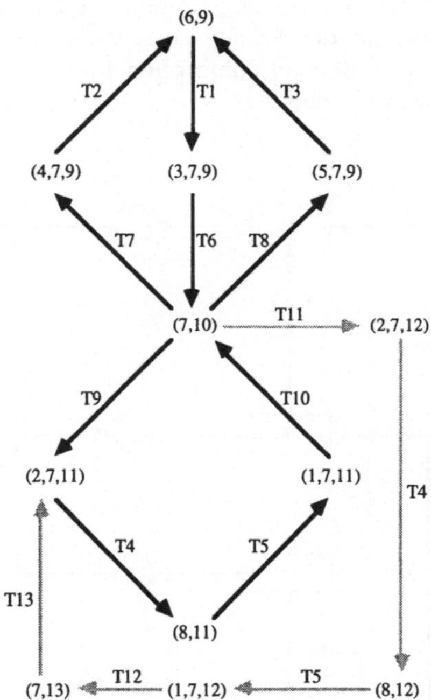

Die Dynamik von 15.6 wird durch den Erreichbarkeitsgraphen in Abb. 15.7 beschrieben. Offensichtlich besitzt dieses Netz eine wesentlich andere Dynamik. Wird nämlich einmal die Alternative T11 gewählt, dann kommt B nie mehr in die Situation, die Anfrage mit T7 oder T8 beantworten zu können. D. h. das Netz von Abb. 15.6 ist keine "korrekte Verfeinerung" des ursprünglichen Netzes. Betrachtet man allerdings die Projektion, wie sie für das Netz in Abb. 15.4 definiert wurde, dann entsteht die gleiche Projektionssprache. D. h. mit der Projektionssprache alleine, wie wir auch schon an anderen Beispielen gesehen haben, kann dieser Fehler, der sich auf das "zukünftige Verhalten" ab einer bestimmten Situation bezieht, nicht entdeckt werden. Wie wir aber noch sehen werden, liegt im Vergleich zu den bereits betrachteten Beispielen eine wesentlich andere Situation vor.

Die an Abb. 15.7 diskutierten Eigenschaften bezüglich des "zukünftigen Verhaltens" bezeichnet man üblicherweise als *Lebendigkeitseigenschaften* [ACW,AS1,AS2]. Im Gegensatz dazu stehen die sogenannten *Sicherheitseigenschaften* [ACW,AS1,AS2], die sich auf das "bereits abgelaufene Verhalten" beziehen und damit natürlich in der Projektionssprache (oder allgemein in einem entsprechenden homomorphen Bild der Schaltfolgensprache) eingefangen werden.

Abb. 15.6

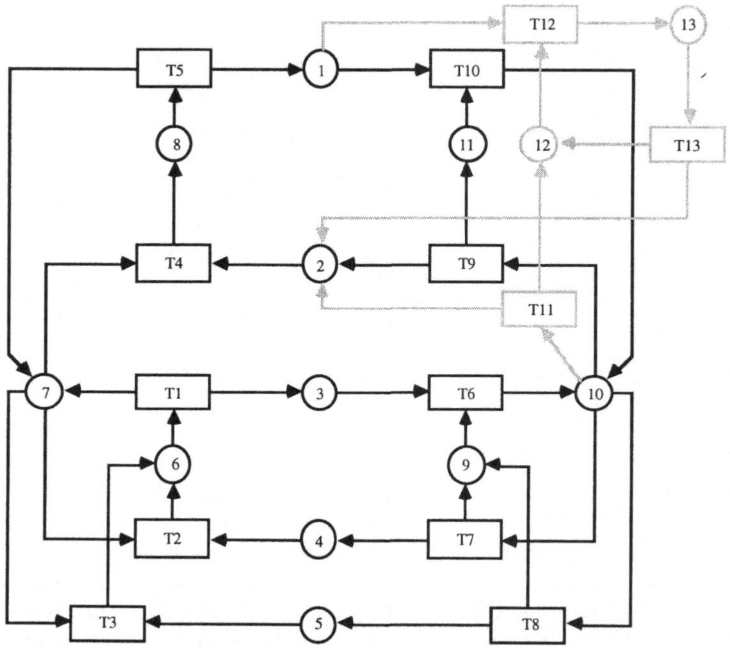

Bezüglich der *Verifikation* von Systemeigenschaften kann man folgendes sagen: Sicherheitseigenschaften drücken aus, daß das was passiert "nichts falsches ist". Lebendigkeitseigenschaften dagegen drücken aus, daß "immer wieder etwas gewünschtes passiert" (siehe auch Kapitel 4 und 10).

Der Begriff der Lebendigkeitseigenschaften hat Ähnlichkeit mit Lebendigkeitsbegriffen, wie sie in der Literatur der Petrinetze verwendet werden. Dort wird die "Lebendigkeit einer Transition" unterschiedlich stark gefaßt [BP,Ba], u. a. wird eine Transition lebendig genannt, wenn sie "immer wieder einmal" schalten kann. Eine Markierung wird u. a. lebendig genannt, wenn alle Transitionen unter ihr lebendig sind. In diesem Zusammenhang werden sogenannte "Verhaltensweisen" betrachtet. Sie stellen Einschränkungen der Transitionsmenge eines Netzes dar, daß Lebendigkeit von Markierungen für besagte Transitionsmengen gefordert wird und damit "die eine Verhaltensweise beschreibenden Transitionsfolgen" immer wieder ausführbar sind.

Abb. 15.7

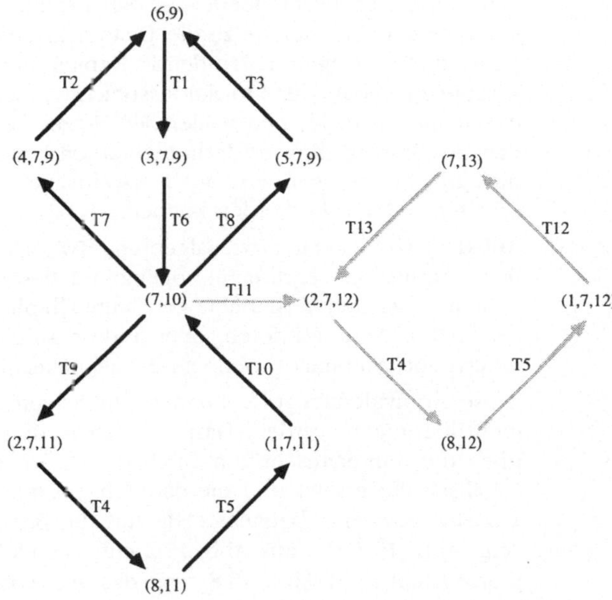

Hinweis

Wie auch schon im letzten Kapitel erwähnt, hat es sich an vielen Beispielen gezeigt, daß gerade tückische Protokollfehler sich durch die Verletzung von Lebendigkeitseigenschaften auszeichnen. Für Verifikationszwecke ist es daher unerläßlich neben den Sicherheitseigenschaften auch die Lebendigkeitseigenschaften zu überprüfen Bei der Verifikation eines Checkpoint-Restart-Protokolls sowie des CCR-Algorithmus [BO1, BOP1, BOP3, Th] war z. B. die zentrale Eigenschaft, die es nachzuweisen galt, eine Lebendigkeitseigenschaft.

Zur Erfassung einer allgemeinen Lebendigkeitseigenschaft wurde in Kapitel 13 der Begriff der Deadlocksprache bezüglich eines Homomorphismus definiert. Eine Deadlocksprache besteht aus den homomorphen Bildern der Schaltfolgen, welche höchstens solche Fortsetzungen besitzen, die vom betrachteten Homomorphismus auf ε abgebildet werden, d. h. bezüglich der vergröbernden Sichtweise unsichtbar sind. Mit den Deadlocksprachen werden also Verhaltensweisen erfaßt, die zu solchen Situationen führen können, ab denen unter einer vergröbernden Sichtweise nichts mehr geschieht.

Man kann sich leicht überlegen, daß bezüglich der Projektionen der betrachteten drei Netze die Deadlocksprache jeweils leer ist. D. h., daß im Gegensatz zu den in Kapitel 13 und 14 betrachteten Beispielen neben der Projektionssprache auch die Deadlocksprache nicht ausreicht, den Fehler des Netzes von Abb. 15.6 aufzudecken. Es wird also ein Instrumentarium benötigt, mit dem nicht nur allgemeine, sondern auch spezifische Lebendigkeitseigenschaften untersucht werden können.

Auf dem Gebiet der Prozeßalgebren [BW,Mi,Ta] gibt es verschiedene Äquivalenzbegriffe für sogenannte *beschriftete Transitionssysteme*. Das sind beschriftete gerichtete Graphen mit einem ausgezeichneten Anfangsknoten, oder anders ausgedrückt: nichtdeterministische Automaten ohne ausgezeichnete Endzustände.

Diese Äquivalenzbegriffe können auf Schaltfolgenhomomorphismen übertragen werden. Dazu werden in den Erreichbarkeitsgraphen die Kantenanschriften durch die Bilder der entsprechenden Schaltschritte ersetzt und die dadurch entstehenden beschrifteten Transitionssysteme betrachtet. Bis auf die Benennung der Knoten zeigt Abb. 15.3 das aus Abb. 15.2 entstehende beschriftete Transitionssystem, und Abb. 15.8 zeigt das aus Abb. 15.7 entstehende beschriftete Transitionssystem.

Unter den verschiedenen Äquivalenzbegriffen für beschriftete Transitionssysteme ist die sogenannte *Failure-Äquivalenz* die gröbste Äquivalenz, die feiner als die reine Sprachäquivalenz ist. Die Failure-Äquivalenz basiert auf den sogenannten *Failure-Paaren*.

Enthält ein beschriftetes Transitionssystem keine Kante, die mit ε beschriftet ist, dann ist $(w,a) \in \Sigma'^* \times \Sigma'$ ein *Failure-Paar*, wenn es ausgehend vom Anfangsknoten einen mit w beschrifteten Pfad zu einem Knoten gibt, von dem aus keine mit a beschriftete Kante ausgeht. Betrachtet man im beschrifteten Transitionssystem von Abb. 15.8 den Knoten (7,13), dann ist z. B. (A3 B3 B2 A2 A1 B1 , B4) ein Failure-Paar.

Damit sind die Projektionen der Netze aus Abb. 15.1 und Abb.15.6 nicht failure-äquivalent, denn das beschriftete Transitionssystem von Abb. 15.3 besitzt nicht das Failure-Paar (A3 B3 B2 A2 A1 B1 ,

B4). Die Failure-Äquivalenz ist also fein genug, das Fehlverhalten des Netzes von Abb. 15.6 aufzudecken. Sie ist allerdings für unsere Beispiele zu fein, denn auch die Projektion des Netzes von Abb. 15.4, welches wir von einem intuitiven Standpunkt aus als eine "korrekte Verfeinerung" des Netzes von Abb. 15.1 betrachtet haben, besitzt das Failure-Paar (A3 B3 B2 A2 A1 B1 , B4).

Abb. 15.8

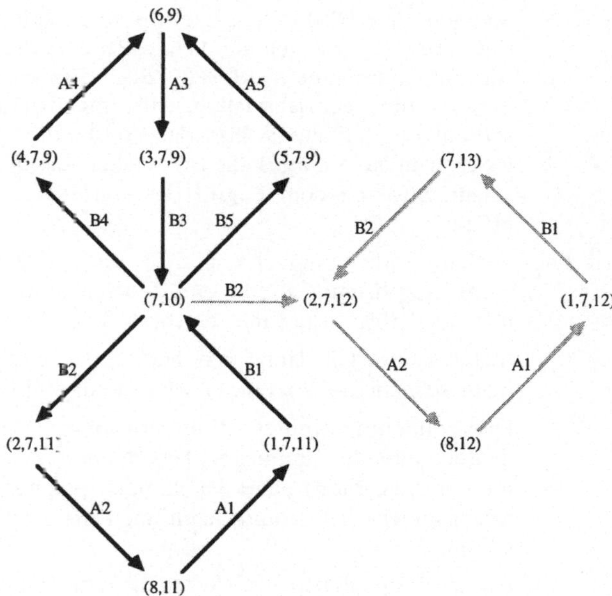

Zur genaueren Betrachtung der Tatsache, daß die homomorphen Bilder von Schaltfolgensprachen keine Information über Lebendigkeitseigenschaften enthalten, wird folgende allgemeine Definition benötigt:

Def. 15.1 Für eine formale Sprache $L \subset \Sigma^*$ und ein Wort $x \in \Sigma^*$ wird $x^{-1}(L)$, die *Menge der Fortsetzungen von x in L* oder der *Linksquotienten von L nach x*, durch $x^{-1}(L) = \{y \in \Sigma^* \mid xy \in L\}$ definiert [Be, Per]. ◆

Bei einer vergröbernden Sichtweise, die durch einen Homomorphismus $h : \Sigma^* \to \Sigma'^*$ auf einer Schaltfolgensprache beschrieben ist, stecken die Lebendigkeitseigenschaften gewissermaßen in den Mengen $h(x^{-1}(L))$, mit $x \in L$. Das homomorphe Bild $h(L)$ der

Schaltfolgensprache hingegen enthält aber nur Information über die Mengen $h(x)^{-1}(h(L))$.

Es gilt zwar $h(x^{-1}(L)) \subset h(x)^{-1}(h(L))$ für jedes $x \in L$, aber die Inklusion ist im allgemeinen echt. Ist u ein Element der Deadlocksprache, dann gilt sogar $h(x^{-1}(L)) = \{\varepsilon\}$ für ein $x \in L$ mit $h(x) = u$.

Die Failure-Paare liefern zwar zusätzliche Information über die Mengen $h(x^{-1}(L)) \cap \Sigma'$; wie unsere Beispiele gezeigt haben, ist dies aber zu eng gefaßt, da jeweils nur die "mögliche nächste Aktion" betrachtet wird. Für die Korrektheit kooperierender Systeme hingegen ist wichtig, daß "irgendwann nach einer eingeschränkten Verhaltensweise das vollständige Verhaltensspektrum (wie es in h(L) dargestellt ist) wieder möglich ist". Diese Eigenschaft wird mit dem Begriff des *schlichten Homomorphismus* erfaßt:

Def. 15.2 Für eine formale Sprache $L \subset \Sigma^*$ und ein Wort $x \in L$ heißt ein Homomorphismus $h : \Sigma^* \to \Sigma'^*$ *schlicht auf L in x*, wenn es ein $u \in h(x)^{-1}(h(L))$ gibt mit $u^{-1}(h(x^{-1}(L))) = u^{-1}(h(x)^{-1}(h(L)))$. (*)

Insbesondere gilt dann $u \in h(x^{-1}(L))$. Der Homomorphismus h heißt *schlicht auf L*, wenn er schlicht auf L in jedem $x \in L$ ist. ◆

Die Schlichtheit eines Homomorphismus garantiert gewissermaßen, daß die "impliziten Lebendigkeitseigenschaften" des homomorphen Bildes einer Schaltfolgensprache auch für die Schaltfolgensprache selbst und damit auch für die Dynamik des Netzes gelten.

Für die Projektion p des Netzes in Abb. 15.1 ist aus dem Erreichbarkeitsgraphen in Abb. 15.2 und dem Minimalautomaten in Abb. 15.3 unmittelbar ersichtlich, daß $p(x^{-1}(L)) = p(x)^{-1}(p(L))$ für jedes $x \in L$ gilt. Mit $u = \varepsilon$ ist deshalb p schlicht.

Zum Beweis der Schlichtheit der Projektion des Netzes in Abb. 15.4 wird die Schaltfolgensprache L in fünf disjunkte Klassen aufgeteilt: L_1 enthält alle Schaltfolgen, die zur Markierung (2,7,12) führen, L_2 diejenigen, welche zu (8,12) führen, L_3 diejenigen, welche zu (1,7,12) führen, L_4 diejenigen, welche zu (7,13) führen, und L_0 enthält die restlichen Schaltfolgen. Durch den Vergleich von Abb. 15.3 und Abb. 15.5 ist die Schlichtheitsbedingung (*) leicht zu verifizieren mit $u = \varepsilon$ für $x \in L_0$, mit $u = A2\ A1\ B1\ B2$ für $x \in L_1$, mit $u = A1\ B1\ B2$ für $x \in L_2$, mit $u = B1\ B2$ für $x \in L_3$ und mit $u = B2$ für $x \in L_4$.

Bezüglich des Netzes in Abb. 15.6 und der Schaltfolge $x = ((6,9),T1,(3,7,9))((3,7,9),T6,(7,10))((7,10),T11(2,7,12))$ enthält $p(x^{-1}(L))$ kein Wort, in dem ein A3 vorkommt. Für jedes $u \in p(x)^{-1}(p(L))$ enthält aber $u^{-1}(p(x)^{-1}(p(L)))$ Worte, in denen A3 vorkommt. Also gibt es kein $u \in p(x)^{-1}(p(L))$ mit $u^{-1}(p(x^{-1}(L))) = u^{-1}(p(x)^{-1}(p(L)))$, und damit ist p nicht schlicht auf L im betrachteten x.

Die Untersuchung dieser drei Projektionen zeigt, daß hier der intuitive Korrektheitsbegriff von der Gleichheit der Projektionssprachen zusammen mit der Schlichtheit der Projektionen erfaßt wird. Wenn also zwei Spezifikationen unterschiedlichen Abstraktionsniveaus mittels Schaltfolgenhomomorphismen gegeneinander *verifiziert* werden sollen und wenn einer dieser Homomorphismen schlicht ist, dann muß auch der andere Homomorphismus schlicht sein, und die homomorphen Bilder beider Schaltfolgensprachen müssen gleich sein. Dies garantiert dann nämlich, daß neben den Sicherheitseigenschaften auch die impliziten Lebendigkeitseigenschaften des homomorphen Bildes einer Schaltfolgensprache für beide Spezifikationen gelten. Falls keiner der beiden Schaltfolgenhomomorphismen schlicht ist, dann ist keine Lebendigkeitsaussage möglich [Oc6].

Die obige Definition der Schlichtheit gilt allgemein für Homomorphismen auf formalen Sprachen; sie ist also nicht auf Schaltfolgenhomomorphismen beschränkt. Im folgenden soll diese Allgemeinheit beibehalten werden, damit die Konzepte und Ergebnisse auch für allgemeine Mengen von "Aktionsfolgen" gelten, welche die Dynamik eines "Systems" beschreiben, das nicht notwendigerweise durch ein Netz spezifiziert ist. Solche allgemeine Mengen von "Aktionsfolgen" haben mit den Schaltfolgensprachen die Präfixstabilität gemeinsam; genauer:

Für ein Wort $x \in \Sigma^*$ ist $PR(x) = \{u \in \Sigma^* \mid$ es existiert $v \in \Sigma^*$ mit $uv = x\}$ die *Präfixmenge*. Es gilt insbesondere $x \in PR(x)$ und $\varepsilon \in PR(x)$.

Der Begriff der Präfixmenge läßt sich in natürlicher Weise auf formale Sprachen $L \subset \Sigma^*$ erweitern: $PR(L) = \{u \in \Sigma^* \mid$ es existiert $v \in \Sigma^*$ mit $uv \in L\}$. Aus der Definition folgt unmittelbar $L \subset PR(L)$ und $\varepsilon \in PR(L)$, falls $L \neq \emptyset$. Eine Sprache $L \subset \Sigma^*$ heißt *präfixstabil*, falls $L = PR(L)$.

Für den Rest des Kapitels soll jetzt generell vorausgesetzt werden, daß die betrachteten formalen Sprachen präfixstabil sind und, da vergröbernde Sichtweisen beschrieben werden, daß die Homo-

morphismen alphabetisch sind, was bedeutet, daß ein Buchstabe
auf einen Buchstaben oder das leere Wort abgebildet wird.

Für ein Wort $u \in \Sigma^*$ und eine Sprache $L \subset \Sigma^*$ bezeichnet uL die
Konkatenation von u mit L. Sie ist definiert durch $uL = \{x \in \Sigma^* \mid$ es
existiert $v \in L$ mit $uv = x\}$. Mit den Definitionen Linksquotient
und Konkatenation lassen sich leicht folgende Aussagen für $u,v \in$
Σ^* und $L \subset \Sigma^*$ zeigen:

(1) $\varepsilon^{-1}(L) = L$

(2) $(uv)^{-1}(L) = v^{-1}(u^{-1}(L))$

(3) $u^{-1}(uL) = L$

(4) $u(u^{-1}(L)) \subset L$

(5) $u^{-1}(L') \subset u^{-1}(L)$ für $L' \subset L$

(6) Ist $h : \Sigma^* \rightarrow \Sigma'^*$ ein Homomorphismus, dann gilt

    $h(u^{-1}(L)) \subset h(u)^{-1}(h(L))$.

(7) $\varepsilon \in u^{-1}(L)$ genau dann, wenn $u \in L$.

Es sei bemerkt, daß die Inklusionen in (4) und (6) im allgemeinen
echt sind.

Mit (2) und (4) folgt aus (*)

$u((h(x)u)^{-1}(h(L))) \subset h(x^{-1}(L))$.   (**)

Umgekehrt folgt aus dieser Inklusion mit (3)

$(h(x)u)^{-1}(h(L)) \subset u^{-1}(h(x^{-1}(L)))$ und daraus mit (2)

$u^{-1}(h(x)^{-1}(h(L))) \subset u^{-1}(h(x^{-1}(L)))$.

Wegen (6) und (5) gilt $u^{-1}(h(x^{-1}(L))) \subset u^{-1}(h(x)^{-1}(h(L)))$, woraus
dann die Gleichung (*) folgt. Für die Definition der Schlichtheit
von h auf L sind damit die Gleichung (*) und die Inklusion (**)
äquivalent.

Für jedes $L \subset \Sigma^*$ ist mit $u = \varepsilon$ jeder Homomorphismus h auf Σ^*
schlicht auf L in ε . Ist der Homomorphismus h schlicht auf L in x,
dann ist er auch schlicht auf L in jedem $y \in PR(x)$.

Mit dem in Definition 15.1 eingeführten Begriff läßt sich für eine
Sprache $L \subset \Sigma^*$ und einen Homomorphismus $h : \Sigma^* \rightarrow \Sigma'^*$ die
Deadlocksprache DL durch $DL = \{u \in \Sigma'^* \mid$ es existiert $x \in L$ mit u
$= h(x)$, und $h(x^{-1}(L)) = \{\varepsilon\}\}$ darstellen.

Ist ein Wort u Element der Deadlocksprache, dann bedeutet dies,
wie schon in Kapitel 13 dargestellt wurde, daß die "Verhaltensweise des Systems", die durch u beschrieben ist, unter der gröberen Sichtweise des Homomorphismus zu einem "Deadlock" führen

kann, aber nicht notwendigerweise führen muß. Das Bild h(L) liefert in diesem Fall noch zusätzliche Information. Wenn es nämlich in h(L) kein Wort u´ gibt, welches u als echten Präfix enthält, dann führt u zwangsweise zu einem "Deadlock" unter der gröberen Sichtweise. Solche "Deadlocks" sind auch schon alleine aus h(L) erkennbar. Im anderen Fall ist unter der gröberen Sichtweise nicht erkennbar, ob ein "Deadlock" erreicht ist oder nicht.

Es läßt sich zeigen, daß bei schlichten Homomorphismen dieser zweite Fall nicht auftreten kann. Dazu sei die *Terminierungssprache* TL definiert durch TL = {u ∈ h(L) | u^{-1}(h(L)) = {ε}} .

Ist h(L) eine reguläre Sprache, dann besitzt der Minimalautomat für h(L) höchstens einen Zustand, der keinen Nachfolgezustand besitzt (wegen der Minimalität). Durch Wahl dieses Zustands als einzigen Endzustand und Entfernen der "überflüssigen Zustände und Kanten" entsteht der Minimalautomat für TL.

Aus der Definition von TL folgt mit (6) und (7) TL ⊂ DL . Wie unsere Beispiele in Kapitel 13 und 15 zeigten, ist diese Inklusion im allgemeinen echt. Dort war nämlich jeweils die Terminierungssprache leer, aber die Deadlocksprache nicht. In [Oc5] wurde folgender Satz bewiesen:

Satz 15.1   Ist der Homomorphismus h schlicht auf L, dann gilt TL = DL . ♦

Dieser Satz liefert eine notwendige Bedingung für die Schlichtheit. Wie die Beispiele zu Beginn dieses Kapitels allerdings zeigten (für alle drei Beispiele gilt TL = DL = ∅), gilt im allgemeinen aber nicht die Umkehrung von Satz 15.1.

Besitzt aber der Minimalautomat von h(L) die Eigenschaft, daß jeder Zustand höchsten einen Nachfolgezustand hat, dann läßt sich leicht zeigen, daß aus TL = DL für jedes x ∈ L h(x^{-1}(L)) = h(x)$^{-1}$(h(L)) folgt. Mit u = ε ist deshalb h schlicht auf L.

Beim Alternating-Bit-Protokolls sind, wie die Untersuchungen in Kapitel 14 zeigten, diese Voraussetzungen gegeben. Damit besitzt die korrekte Protokollspezifikation unter der betrachteten Sichtweise sowohl die Sicherheits- als auch die Lebendigkeitseigenschaften der Dienstspezifikation. Damit kann man in diesem Fall wirklich von einer Protokollverifikation reden.

Ist h(L) endlich, dann ist jedes x ∈ L Präfix eines x´∈ L mit h(x´$^{-1}$(L)) = {ε} . Damit ist h(x´) ein Element der Deadlocksprache. Ist diese gleich der Terminierungssprache, dann gilt auch h(x´)$^{-1}$(h(L)) = {ε} , womit h schlicht auf L in x´ ist. Das zeigt, daß im Falle einer endlichen Bildsprache h(L) die Gleichung TL = DL hinreichend für die Schlichtheit von h auf L ist.

Zur Verifikation eines Verbindungsauf- und abbauprotokolls am Ende dieses Kapitels benötigen wir noch eine Aussage über die Komposition von schlichten Homomorphismen, deren Beweis in [Oc5] zu finden ist.

Für zwei Abbildungen $h : \Sigma 1^* \to \Sigma 2^*$ und $g : \Sigma 2^* \to \Sigma 3^*$ bezeichnet g o h die *Komposition* der Abbildungen g und h. Diese ist eine Abbildung $g \circ h : \Sigma 1^* \to \Sigma 3^*$, die durch (g o h)(x) = g(h(x)) für alle $x \in \Sigma 1^*$ definiert ist. Sind g und h Homomorphismen, dann folgt durch einfaches Nachrechnen, daß auch g o h ein Homomorphismus ist. Unter dieser Voraussetzung gilt

Satz 15.2   Ist h schlicht auf $L \subset \Sigma 1^*$ und g schlicht auf $h(L) \subset \Sigma 2^*$, dann ist g o h schlicht auf L. ♦

Bezüglich g gilt auch die Umkehrung von Satz 15.2.

Satz 15.3   Ist g o h schlicht auf L, dann ist g schlicht auf h(L). ♦

Bei den betrachteten Beispielen dieses Kapitels, haben wir die Schlichtheit der Homomorphismen durch Untersuchungen an den entsprechenden Ereichbarkeitsgraphen entschieden. In [Oc5] wurde gezeigt daß solche Untersuchungen immer dann algorithmisch durchführbar sind, wenn die betrachtete Sprache von einem endlichen Automaten erkannt wird; für Projektionen, ET-PT-Homomorphismen sowie Modulhomomorphismen können diese Schlichtheitsuntersuchungen auch an den reduzierten Erreichbar-keitsgraphen durchgeführt werden.

Satz 15.4   Ist $L \subset \Sigma^*$ eine reguläre Sprache und $h : \Sigma^* \to \Sigma'^*$ ein Homomorphismus, dann ist es algorithmisch entscheidbar, ob h schlicht auf L ist. ♦

Dieses Entscheidungsverfahren ist sehr komplex, da in ihm vielfach zu einem nichtdeterministischen Automaten ein äquivalenter deterministischer Automat konstruiert werden muß. Es ist daher sehr wichtig, einfacher zu entscheidende hinreichende Bedingungen für die Schlichtheit zu finden.

In Satz 15.5, der in [Oc5] bewiesen wurde, wird eine solche Bedingung angegeben. Dazu werden einige Begriffe aus der Graphentheorie benötigt.

Ein gerichteter Graph heißt *stark zusammenhängend*, wenn von jedem Knoten zu jedem anderen Knoten ein Pfad existiert. Die maximalen Teilgraphen eines gerichteten Graphen, die stark zusammenhängend sind, nennt man *starke Zusammenhangs-komponenten* [No].

Ein gerichteter Graph heißt *pseudo stark zusammenhängend*, wenn er eine starke Zusammenhangskomponente besitzt, sodaß außerhalb dieser Komponente der Graph zyklenfrei ist und von jedem Knoten ein Pfad in diese Komponente führt. Diese starke Zusammenhangskomponente nennen wir den *Kern* des Graphen.

Mit bekannten Graphenalgorithmen läßt sich diese Eigenschaft leicht entscheiden. Die beiden Graphen in Abb. 15.9 sind pseudo stark zusammenhängend.

Im linken Graphen besteht der Kern nur aus dem Knoten 4 und der Kante von 4 nach 4 und im rechten Graphen aus dem Teilgraphen, der von den Knoten 2, 3 und 4 erzeugt wird. Der Graph in Abb. 15.10 ist nicht pseudo stark zusammenhängend.

Die Bedeutung dieser Definition liegt in Satz 15.5 und der Tatsache, daß die Erreichbarkeitsgraphen vieler realistischer Spezifikationen pseudo stark zusammenhängend sind.

Abb. 15.9

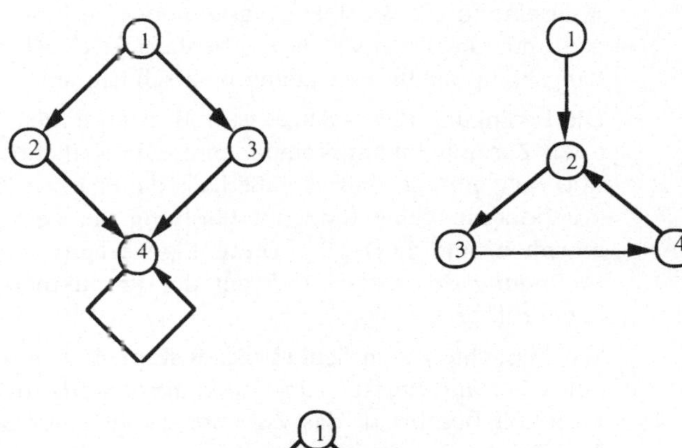

Abb. 15.10

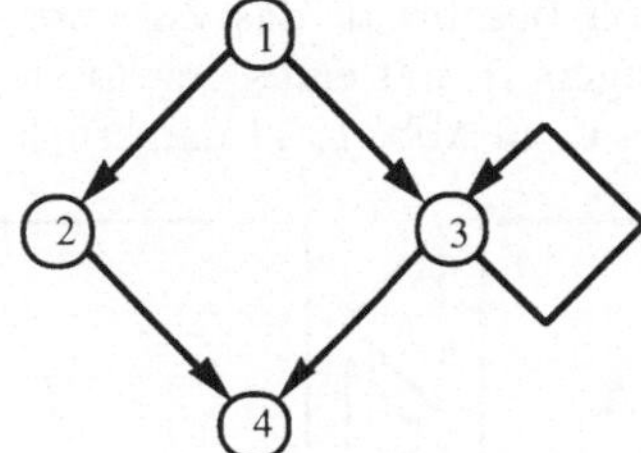

Satz 15.5   Wird eine Sprache L von einem endlichen Automaten $\mathbb{A}$ erkannt, dessen Zustandsgraph pseudo stark zusammenhängend ist, dann ist jeder Homomorphismus h schlicht auf L, für den h(L) unendlich ist. ◆

Die Unendlichkeitsbedingung ist genau dann erfüllt, wenn es im Kern des Zustandsgraphen eine Kante gibt, deren Anschrift durch den Homomorphismus nicht auf ε abgebildet wird.

Aus der Graphentheorie ist bekannt [No], daß sich in jedem gerichteten Graphen die Knotenmenge in sogenannte *starke Zusammenhangskomponenten* partitionieren läßt. Eine starke Zusammenhangskomponente nennen wir *tot*, wenn aus ihr keine Kante herausführt. Durch eine leichte Verallgemeinerung der Beweismethode aus [Oc5] läßt sich folgende recht allgemeine hinreichende Bedingung für die Schlichtheit eines Homomorphismus zeigen, die eine Verallgemeinerung von Satz 15.5 ist [Oc9]:

Satz 15.6   Sei L eine Sprache, die von einem endlichen Automaten $\mathbb{A}$ erkannt wird und h ein Homomorphismus auf L. Falls es zu jedem $x \in L$ eine Fortsetzung $y \in L$ gibt (also $x \in PR(y)$), die im Automaten $\mathbb{A}$ in eine tote Zusammenhangskomponente führt, so daß jedes y' $\in L$ mit $h(y) = h(y')$ in $\mathbb{A}$ ebenfalls in *diese* tote Zusammenhangskomponente führt, dann ist h schlicht auf L. ◆

Die Bedingung dieses Satzes ist z. B. dann erfüllt, wenn es in jeder toten Zusammenhangskomponente eine Kantenbeschriftung a mit $h(a) \neq \varepsilon$ gibt, so daß es außerhalb dieser toten Zusammenhangskomponente keine Kantenbeschriftung mit dem gleichen homomorphen Bild h(a) gibt. Diese Eigenschaft ist ebenso wie die Bedingung des Satzes 15.5 mit der Produktnetzmaschine leicht nachprüfbar.

Wir betrachten zum Schluß dieses Kapitels eine einfache Version eines *Verbindungsauf- und -abbauprotokolls* [BOP2, Ho]. Dieses Protokoll beschreibt das Zusammenspiel eines Senders A, eines Empfängers B und eines Transportsystems T. Die Grobstruktur des Systems ist in Abb. 15.11 dargestellt.

Abb. 15.11

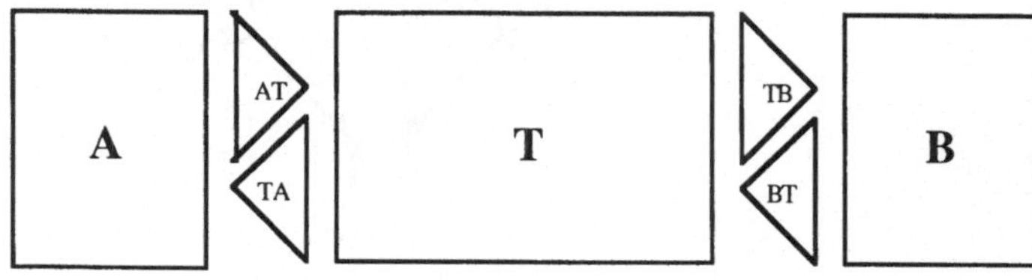

A und B sind jeweils über zwei FIFO-Kanäle mit dem Transportsystem T gekoppelt. Wenn A unter Benutzung von T eine Verbindung zu B aufbauen möchte, dann teilt er dies mit einem CR (connect request) dem Transportsystem T mit. T kann diesen Wunsch mit einem D (disconnect) ablehnen, falls es z. B. momentan über keine freien Betriebsmittel für diese Verbindung verfügt, oder es leitet den Wunsch an B weiter. Auch B kann den Wunsch mit einem D ablehnen oder mit einem CC (connect confirm) annehmen. In beiden Fällen übermittelt T die Antwort an A. Im positiven Fall befinden sich dann A und B in der sogenannten Datenphase, d. h. B ist nach Absenden eines CC bereit, Daten zu empfangen, und A kann nach Empfang eines CC Daten senden.

Alle drei Kooperationspartner A, B und T besitzen unabhängig voneinander jederzeit, d. h. sowohl in der Aufbau- als auch in der Datenphase die Entscheidungsfreiheit zu einem Abbau der Verbindung. Jeder Kooperationspartner besitzt also das in Abb. 15.12 dargestellte Verhaltensschema.

Abb. 15.12

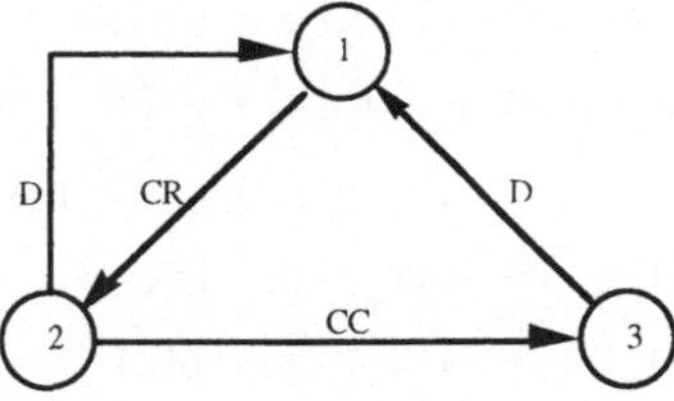

Hierbei besteht allerdings ein grundsätzlicher Unterschied zwischen den Aktionen CR und CC einerseits und D andererseits. Bezüglich CR und CC steht nämlich für jede Schnittstelle und jeden Kooperationspartner fest, ob es sich um eine Sende- oder um eine Empfangsaktion handelt. Die Aktion D hingegen kann sowohl Sende- als auch Empfangsaktion sein, da ein "Disconnect" an jeder Schnittstelle von beiden Seiten ausgelöst werden kann. Sie wird deshalb zu einem sogenannten symmetrischen Handshake verfeinert.

Die Verhaltensweisen von A, B und T müssen jetzt so aufeinander abgestimmt werden, daß Verbindungen "konsistent" auf- und abgebaut werden. Es muß also garantiert werden, daß sich nicht ein Partner noch in einer "alten" Datenphase befindet, während der andere schon in einer "neuen" Datenphase ist. Dies wird mit dem folgenden Produktnetz formal spezifiziert. Zur übersichtlichen Strukturierung ist es aus 7 Teilnetzen (Abb. 15.13 - 15.19) zusammengesetzt. Die einzelnen Teilnetze sind dabei über gemeinsame Stellen miteinander "verklebt".

Die Anfangsmarkierung dieses Produktnetzes besteht aus je einer 1 als Marke auf den Stellen A1 und B1, je einer 0 auf TAS und TBS sowie aus je einer leeren Folge als Marke auf den Stellen AT, TA, BT und TB, welche die FIFO-Kanäle zwischen A und T bzw. zwischen B und T darstellen.

Die in den Kantenanschriften und Transitionsinschriften benutzten Funktionen f, r, dr, g und h sind folgendermaßen definiert:

$M = \{ CR , CC , D \}$

$Q = M^*$

$Q1 = \{ x \in Q \mid x \neq \varepsilon \}$

$Q2 = \{ x \in Q \mid$ es existieren $y \in Q$ und $z \in M$ mit $x = yD$ oder $x = yDz \}$

$f : Q1 \rightarrow M$ mit $f(x) = z$ für $x = yz$ und $y \in Q$ sowie $z \in M$

$r : Q1 \rightarrow Q$ mit $r(x) = y$ für $x = yz$ und $y \in Q$ sowie $z \in M$

$dr : Q2 \rightarrow Q$ mit $dr(x) = y$ für $x = yD$ oder $x = yDz$ und

$$y \in Q \text{ sowie } z \in M \setminus \{D\}$$

$g : NAT\_0 \rightarrow NAT\_0$ mit $g(x) = 0$ für $x \neq 2$ und $g(2) = 1$

$h : NAT\_0 \rightarrow NAT\_0$ mit $h(x) = 2$ für $x \neq 1$ und $h(1) = 0$

Die so gegebenen Definitionen entsprechen noch nicht dem Vorspannkalkül, sie lassen sich aber dahingehend transformieren.

Die Elemente der Menge Q1 beschreiben die nicht leeren Inhalte der FIFO-Kanäle. Dabei bestimmt die Funktion f die erste ankommende Nachricht und r den Rest. Die Menge Q2 besteht aus den Inhalten der FIFO-Kanäle, deren erste oder zweite ankommende Nachricht ein D ist. Die Funktion dr bestimmt den Rest, der sich nach diesem D im FIFO-Kanal befindet. Die Stellen AT, TA, BT und TB haben den Definitionsbereich Q, für alle übrigen Stellen ist der Definitionsbereich gleich NAT_0.

Abb. 15.13

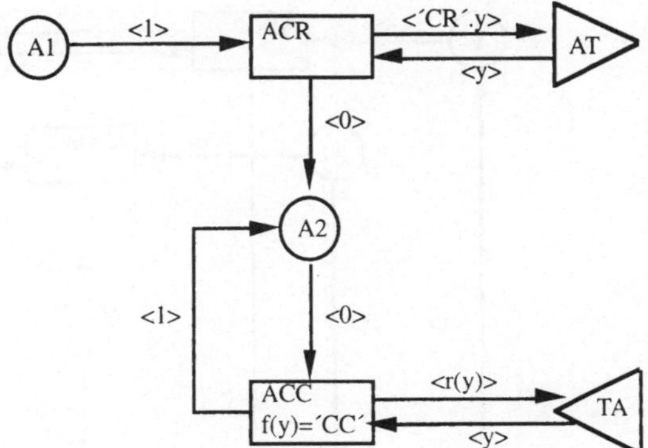

Abb. 15.14

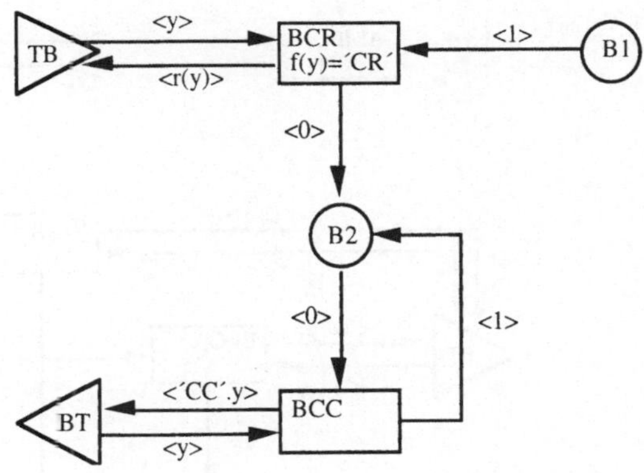

Abb. 15.15

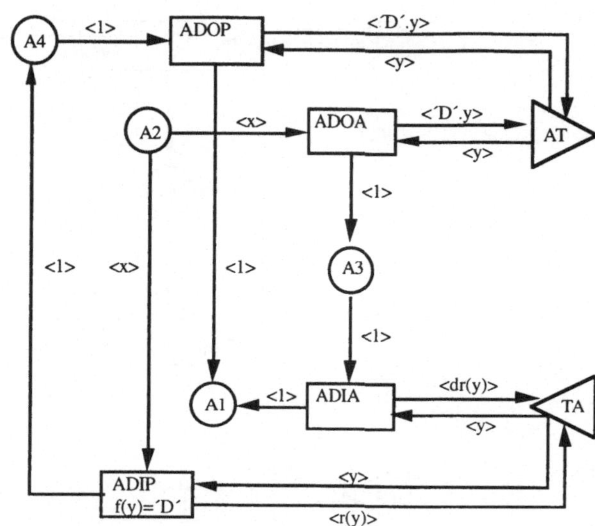

Abb. 15.16

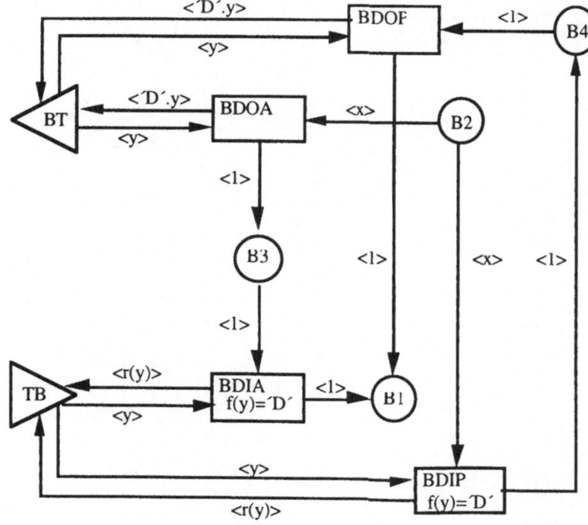

Abb. 15.17

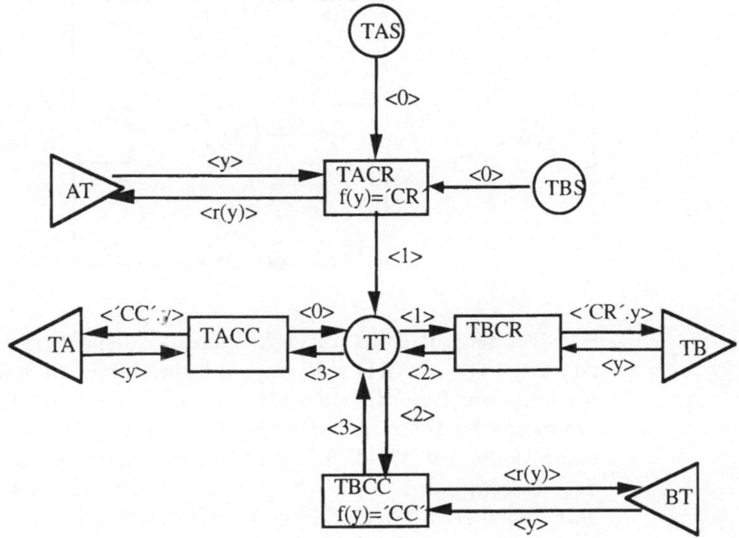

Abb. 15.18

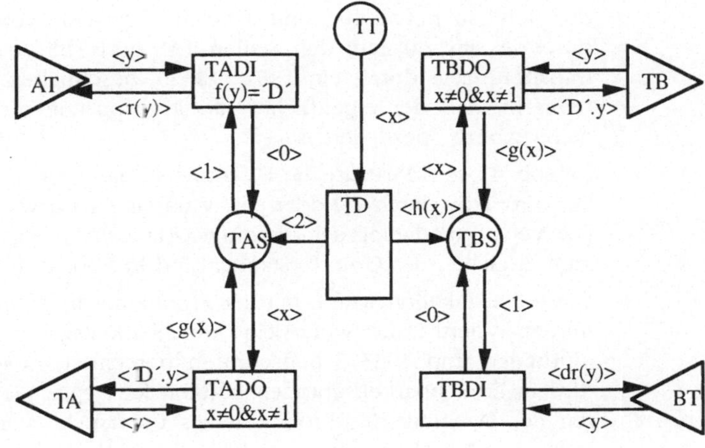

Abb. 15.19

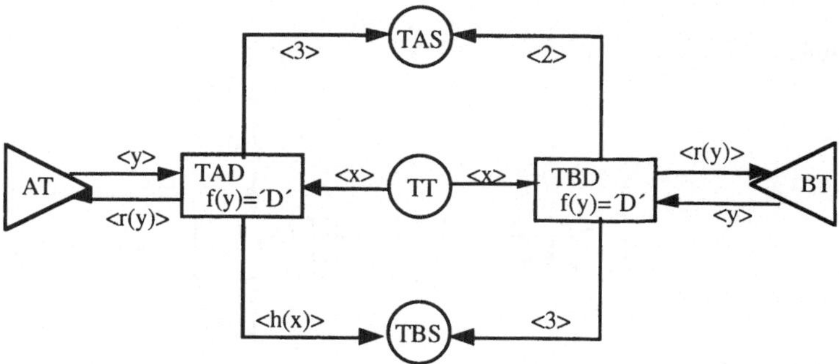

Das Teilnetz in Abb. 15.13 beschreibt ausgehend vom Grundzustand (<1> auf A1) den Verbindungsaufbau in A bis zum Erreichen der Datenphase (<1> auf A2). In Abb. 15.15 ist der symmetrische Disconnect-Handshake von A spezifiziert. Mit irgend einer Marke auf A2, d. h. sowohl in der Aufbauphase als auch in der Datenphase, kann A ein D abschicken (ADOA) oder empfangen (ADIP). Nach Beendigung des Handshakes (ADIA bzw. ADOP) erreicht A wieder den Grundzustand. Abb. 15.14 und Abb. 15.16 beschreiben die entsprechende Funktionalität bei B.

Abb. 15.17 stellt die Aktionen von T dar, welche zum Verbindungsaufbau notwendig sind. Der Grundzustand von T ist dabei durch je eine <0> auf den Stellen TAS und TBS und die Datentransportphase durch eine <0> auf TT beschrieben. Es sei hier bemerkt, daß der eigentliche Datentransport in diesem Modell nicht explizit spezifiziert ist.

In Abb. 15.18 - 15.19 ist die Disconnect-Phase von T beschrieben. Sie wird aktiv durch TD oder passiv durch TAD bzw. TBD initiiert. Die Vervollständigung der Disconnect-Handshakes mit A und B bis zum Erreichen des Grundzustandes sind in Abb. 15.18 dargestellt.

Diese Spezifikation wurde mit der Produktnetzmaschine entworfen und analysiert. Dabei wurde ein Erreichbarkeitsgraph mit 370 Markierungen und 1083 Schaltschritten berechnet. Ausgehend von diesem Erreichbarkeitsgraphen können jetzt spezielle Eigenschaften der Dynamik des Produktnetzes untersucht werden. Weiter oben wurde schon bemerkt, daß es wichtig ist, etwa zur konsistenten Zuordnung von Betriebsmitteln oder zur Beibehaltung eines "gemeinsamen Kontexts", daß aufeinanderfolgende Datenphasen in A und B nicht nur "lokal", sondern auch "global" voneinander getrennt sind (*Phasentrennung*).

Hinweis Eine solche globale Trennung aufeinanderfolgender Datenphasen ist auch, wie in [BO2] an einem allgemeinen Modell kommunizierender Automaten gezeigt wurde, die strengste Synchronisationseigenschaft, die bei einer Kommunikation erreicht werden kann, bei welcher das benutzte Transportmedium nicht immer funktionieren muß.

Beachtet man daß A bzw. B jeweils durch ACC bzw. BCC in eine neue Datenphase eintritt und diese durch ADOA oder ADIP bzw. BDOA oder BDIP verläßt, dann kann diese Eigenschaft mit dem folgenden Schaltfolgenhomomorphismus s : $\Sigma^* \to \Sigma'^*$ (Σ' = {AC,AD,BC,BD}) untersucht werden :

s((M,ACC,M')) = AC , s((M,BCC,M')) = BC ,

s((M,ADOA,M')) = AD = s((M,ADIP,M')) falls M_{A2} = <1> ,

s((M,BDOA,M')) = BD = s((M,BDIP,M')) falls M_{B2} = <1> und

s((M,X,M')) = ε falls X ∉ {ACC,ADOA,ADIP,BCC,BDOA,BDIP}

oder X ∈ {ADOA,ADIP} und M_{A2} ≠ <1> oder

X ∈ {BDOA,BDIP} und M_{B2} ≠ <1> .

Für das Bild L´= s(L) der Schaltfolgensprache L unter diesem Homomorphismus kann mit der Produktnetzmaschine der Minimalautomat in Abb. 15.20 berechnet werden. Dabei ist A1 der Anfangszustand, und alle Zustände sind Endzustände.

Abb. 15.20

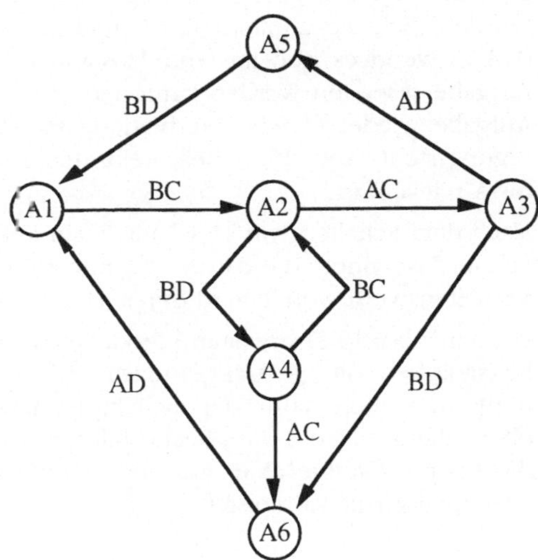

An diesem Automaten kann leicht $\{y \in (\Sigma^{'} \setminus \{AD\})^* \mid$ es existiert x $\in \Sigma^{'*}$ mit xACy $\in L'\} = \{\varepsilon, BD\}$ sowie $\{y \in (\Sigma^{'} \setminus \{BD\})^* \mid$ es existiert $x \in \Sigma^{'*}$ mit xBCy $\in L'\} = \{\varepsilon, AC, AC\ AD\}$ nachgewiesen werden.

Aus der ersten Gleichung folgt, daß B in keine Datenphase eintreten kann, solange sich A in einer Datenphase befindet; B kann allerdings schon zuvor in eine Datenphase eingetreten sein. Insgesamt bedeutet dies, daß B in keine "zweite" Datenphase eintreten kann, während sich A in einer Datenphase befindet. Aus der zweiten Gleichung folgt dann noch, daß A höchstens eine Datenphase durchlaufen kann, während sich B in einer Datenphase befindet. Beide Eigenschaften zusammen bedeuten gerade die "globale" Trennung aufeinanderfolgender Datenphasen in A und B (Verifikation der Phasentrennung).

Es sind Eigenschaften, die sich auf "abgelaufene" Schaltfolgen beziehen, also Sicherheitseigenschaften. Solche können aus entsprechenden Eigenschaften der Bildsprache L′ für Schaltfolgen aus L gefolgert werden. Sie gelten damit auch für andere Schaltfolgensprachen, die unter einem entsprechenden Homomorphismus auf die gleiche Bildsprache L′ abgebildet werden.

Betrachten wir dazu eine "Verfeinerung" unseres Protokolls. Wie oben beschrieben wurde, kann das Transportsystem T schon in der Aufbauphase einen Disconnect initiieren. Die Gründe dazu wurden nicht spezifiziert. Ein Grund kann z. B. darin bestehen, daß T, wenn es sich im Grundzustand befindet, für eine andere Aufgabe reserviert werden kann und erst nach Beendigung dieser Aufgabe wieder für eine Verbindung zwischen A und B zur Verfügung steht. Abb. 15.21 beschreibt den Teil dieses Vorgangs, der für A relevant ist.

Nach dem Schalten von TFA kann T ein ankommendes CR nur mit einem Disconnect-Handshake beantworten. Diese eingeschränkte Verhaltensweise von T wird durch TFE wieder beendet.

Das um Abb. 15.21 erweiterte Produktnetz besitzt einen Erreichbarkeitsgraphen mit 396 Markierungen und 1154 Schaltschritten. Definiert man auch dafür den Schaltfolgenhomomorphismus s wie oben, dann entsteht die gleiche Bildsprache L′. Damit ist auch in dieser Spezifikation eine "globale" Trennung aufeinanderfolgender Datenphasen gewährleistet.

Abb. 15.21

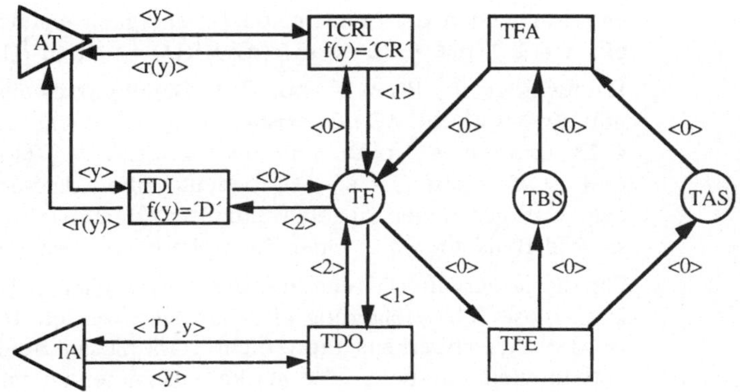

Werden bei dieser "Verfeinerung" durch einen Fehler die Transition TFE und ihre benachbarten Kanten vergessen, dann berechnet die Produktnetzmaschine für den Homomorphismus s den gleichen Minimalautomaten wie oben. Das bedeutet, daß dieser Spezifikationsfehler keine Auswirkungen auf die Sicherheitseigenschaften bezüglich s hat. Dies ist auch unmittelbar einleuchtend, da das Fehlen von TFE lediglich bewirkt, daß eine einmal gewählte eingeschränkte Verhaltensweise von T nie mehr verlassen wird, aber keine "fehlerhaften" Verhaltensweisen erzeugt. Ein wesentlicher Unterschied zur korrekten Spezifikation wird allerdings durch eine weitere Eigenschaft der Bildsprache L´ aufgedeckt.

Am Minimalautomaten in Abb. 15.20 kann leicht nachgewiesen werden, daß zu jedem $x \in L'$ ein $y \in \Sigma'^*$ mit x y BC AC $\in$ L´ existiert. Das ist eine Lebendigkeitseigenschaft der Bildsprache L´. Im Gegensatz zu den oben betrachteten Sicherheitseigenschaften kann hier nicht ohne weiteres auf eine entsprechende Eigenschaft der Schaltfolgensprache geschlossen werden, wie schon zu Beginn des Kapitels über schlichte Homomorphismen erläutert wurde. Falls allerdings der Homomorphismus s schlicht ist, dann sind Rückschlüsse auf die Schaltfolgensprache möglich (Verifikation von Lebendigkeitseigenschaften).

Sowohl der Erreichbarkeitsgraph des ursprünglichen als auch der des um Abb. 15.21 erweiterten Produktnetzes sind stark zusammenhängend. Nach Satz 15.5 ist dann in beiden Fällen der Homomorphismus s schlicht auf L.

Damit gibt es zu jedem $u \in L$ ein $v \in s(u)^{-1}(L')$ mit $v^{-1}(s(u^{-1}(L))) = v^{-1}(s(u)^{-1}(L')) = (s(u)v)^{-1}(L')$. Mit $x = s(u)v$ gibt es dann wegen der betrachteten Lebendigkeitseigenschaft von L' ein $y \in \Sigma'^*$ mit $y\ BC\ AC \in (s(u)v)^{-1}(L') = v^{-1}(s(u^{-1}(L)))$.

Daraus folgt $v\ y\ BC\ AC \in s(u^{-1}(L))$. Damit gibt es ein $w \in u^{-1}(L)$ mit $s(w) = v\ y\ BC\ AC$. Es existieren also zu jedem $u \in L$ ein w' $\in \Sigma^*$ und ein $w'' \in \Sigma^*$ mit $uw'(N,BCC,N')w''(M,ACC,M') \in L$ und $s(w') = s(w'') = \varepsilon$. Das bedeutet aber, daß immer wieder, egal was geschehen ist, eine Situation erreichbar ist, in der sich sowohl B als auch A in einer Datenphase befinden.

Für die fehlerhafte Erweiterung des ursprünglichen Produktnetzes kann diese Schlußfolgerung nicht gezogen werden. In diesem Fall ist der Erreichbarkeitsgraph nicht stark zusammenhängend. Er enthält vielmehr u. a. eine starke Zusammenhangskomponente, von der aus keine weitere starke Zusammenhangskomponente erreichbar ist, und die keine Kante enthält, deren Beschriftung auf AC abgebildet wird.

Dieser Defekt läßt sich gut durch den Homomorphismus $t : \Sigma^* \to \Sigma''^*$ beschreiben, wobei $\Sigma'' = \{AC\}$ und $t((M,ACC,M')) = AC$ sowie $t((M,X,M')) = \varepsilon$ falls $X \neq ACC$. Mit der Produktnetzmaschine kann für t der Deadlockautomat in Abb. 15.22 berechnet werden. Dabei ist 1 Anfangs- und Endzustand.

Abb. 15.22

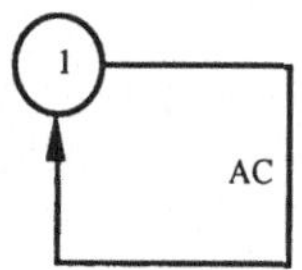

Daraus folgt, daß es Schaltfolgen gibt, die keine Fortsetzung der Form $w(M,ACC,M')$ besitzen, d. h. es können Situationen auftreten, nach denen A nie mehr in eine Datenphase eintreten kann.

Der Automat in Abb. 15.22 ist auch der Minimalautomat der Bildsprache $t(L)$. Damit ist die Terminierungssprache bezüglich t leer und somit ungleich der Deadlocksprache. Wegen Satz 15.1 ist dann t nicht schlicht auf L. Ist der Homomorphismus $t' : \Sigma'^* \to \Sigma''^*$ definiert durch $t'(AC) = AC$ und $t'(X) = \varepsilon$ falls $X \neq AC$, dann gilt $t = t'\ o\ s$. Damit kann in diesem Fall wegen Satz 15.2 s nicht schlicht auf L sein, denn t' ist wegen Satz 15.5 schlicht auf L', da der Minimalautomat von L' stark zusammenhängend ist.

Die soweit angestellten Lebendigkeitsüberlegungen haben zwar für das ursprüngliche sowie für das um Abb. 15.21 erweiterte Produktnetz gezeigt, daß immer wieder eine Situation erreichbar ist, in der sich sowohl B als auch A in einer Datenphase befinden, lassen aber nicht den Schluß zu, daß dann eine Verbindung vollständig aufgebaut ist, da der Homomorphismus s die Aktionen des Transportsystems T vollständig ignoriert. T kann nämlich mittels TD jederzeit, also auch dann, wenn es gerade ein CC an A abgeschickt hat, in eine Disconnectphase eintreten. Es kann also die oben beschriebene Situation erreicht sein, ohne daß eine Verbindung vollständig aufgebaut ist.

Diese Situation kann auf mehrere Arten untersucht werden. Eine besteht darin, den Homomorphismus s dahingehend zu verfeinern, daß die Schaltschritte in denen TD auftritt auch noch berücksichtigt, anstatt auf ε abgebildet zu werden. Bei diesem Vorgehen entsteht ein Minimalautomat mit 29 Zuständen, bei dem in der Tat die gewünschten Eigenschaften nachgewiesen werden können.

Eine einfachere Möglichkeit liegt in der Untersuchung eines Homomorphismus s°, der die Markierungen der Stellen TT und B2 berücksichtigt, da diese anzeigen, ob sich T bzw. B in einer Datenphase befinden (<0> auf TT bzw. <1> auf B2).

Sei $s°: \Sigma^* \to \Sigma°^*$ mit $\Sigma° = \mathbb{M}|TT \times \mathbb{M}|B2$ und $s°((M,ACC,M')) = (M'|TT, M'|B2)$ sowie $s°((M,X,M')) = \varepsilon$ falls $X \neq ACC$. Dabei bedeutet M|S die Markierung M eingeschränkt auf die Stelle S.

Abb.15.23 stellt den Minimalautomaten der Bildsprache s°(L) dar, und zwar sowohl für das ursprüngliche als auch für das erweiterte Produktnetz. Ø stellt in den Kantenbeschriftungen die leere Markierung dar.

Abb. 15.23

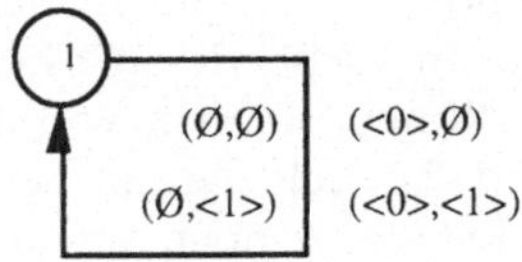

Für jedes $x \in s°(L)$ gilt damit $x(<0>,<1>) \in s°(L)$. Da wegen Satz 15.5 s° schlicht auf L ist, folgt daraus, wie bei den Lebendigkeitsüberlegungen bzgl. s, daß immer wieder eine Situation erreichbar ist, in der A in eine Datenphase eintritt, während sich T und B schon in einer Datenphase befinden, daß also immer wieder eine Verbindung vollständig aufgebaut werden kann.

Hinweis

Bei diesem Beispiel wurde die Schlichtheit der betrachteten Homomorphismen über den starken Zusammenhang des Erreichbarkeitsgraphen gezeigt. Mit dieser Zusammenhangseigenschaft hätte die Lebendigkeitseigenschaft auch direkt gezeigt werden können. Da aber im allgemeinen bei der Spezifikation komplexer verteilter Systeme (wie z. B. [Gi,Ne,Oc7]) die Situation nicht so einfach ist, daß ein stark zusammenhängender Erreichbarkeitsgraph vorliegt, haben wir die Lebendigkeitsuntersuchungen unter Benutzung der Schlichtheit der Homomorphismen durchgführt, um das allgemeine Vorgehen zu demonstrieren. Es hat sich nämlich gezeigt, daß in praktischen Anwendungen die benötigten Homomorphismen schlicht sind und daß diese Schlichtheit durch die Aussagen von Satz 15.5 sowie Satz 15.6 mit der Produktnetzmaschine nachgewiesen werden kann.

An dem obigen Beispiel wurde gezeigt, wie sich unter Voraussetzung der Schlichtheit eines Homomorphismus sowohl Sicherheits- als auch Lebendigkeitseigenschaften des homomorphen Bildes einer Schaltfolgensprache auf die Schaltfolgensprache selbst übertragen lassen. Zur Formulierung solcher Eigenschaften, die hier vollständig mit der Terminologie der formalen Sprachen ausgedrückt wurden, wird oft *temporale Logik* verwendet, eine Logik für Aussagen über Folgen von Aktionen [CES]. In [Ni2, Ni3, Ni4] wird die Übertragung von Eigenschaften des homomorphen Bildes einer Schaltfolgensprache auf die Schaltfolgensprache selbst im Kontext der temporalen Logik durchgeführt.

Sowohl für solche Übertragungen von Eigenschaften als auch für verifizierende Vergleiche von Grob- und Feinspezifikationen mittels schlichter Homomorphismen ist es wichtig, auch für komplexe Spezifikationen die entsprechenden Minimalautomaten berechnen und die Schlichtheit der Homomorphismen nachweisen zu können. In [Oc8] wird die Komplexität dieser Aufgaben durch geeignete "Kompositionen von Teilspezifikationen" erheblich reduziert und dadurch die mit der Produktnetzmaschine behandelbare Problemklasse noch wesentlich erweitert (*kompositionelle Verifikation*).

Literaturverzeichnis

[ACW]   S. Aggarwal, C. Coucourbetis, P. Wolper:
Adding Liveness Properties to Coupled Finite State
Machines
ACM Transactions on Programming Languages and
Systems 12 1990

[As]   A. Asaad:
Formale Spezifikation und Optimierung der
OSI-Darstellungsschicht
Diplomarbeit am Lehrstuhl für Informatik IV der RWTH
Aachen 1992

[AS1]   B. Alpern, F.B. Schneider:
Defining Liveness
Information Processing Letters 24 1985

[AS2]   B. Alpern, F.B. Schneider:
Verifying Temporal Properties without Temporal Logic
ACM Transactions on Programming Languages 11 1989

[BBOP]   B. Baumgarten, H.-J. Burkhardt, P .Ochsenschläger,
R. Prinoth:
The Signing of a Contract - A Tree-structured Application
Modelled with Petri Net Building Blocks
Advances in Petri Nets 1985, Springer LNCS 222 1986

[Ba]   B. Baumgarten:
Petri-Netze - Grundlagen und Anwendungen
Bibliographisches Institut Mannheim 1990

[Be]   J. Berstel:
Finite automata and rational languages. An introduction
LITP Spring School on Theoretical Computer Science
Springer LNCS 386 1988

[BE1]   H.J. Burkhardt, H. Eckert:
Formal Specification of ISO/OSI Transport Protocol,
Class 2 GMD/Nixdorf 1984

[BE2]   H.J. Burkhardt, H. Eckert:
           Formal Specification of ISO/OSI Transport Service,
           Formal Specification   GMD/Nixdorf   1984

[BEPR]   H.J. Burkhardt, H. Eckert, R. Prinoth, E. Raubold:
           A Model of Cooperation and its Specification with Nets
           C.Voss , H.J.Genrich , G.Rozenberg (editors)
           Concurrency and Nets Springer   1987

[BO1]   B. Baumgarten, P. Ochsenschläger:
           Modelling and Verification of a
           Checkpoint-Restart-Protocol
           Fehlertolerierende Rechensysteme   1984
           Springer Informatik Fachberichte   84

[BO2]   B. Baumgarten, P. Ochsenschläger:
           On Termination and Phase Changes in the Presence of
           Unreliable Communication
           Information Processing Letters   22   1986

[BOP1]   B. Baumgarten, P. Ochsenschläger, R. Prinoth:
           A Formal Model of the CCR Algorithm
           Arbeitspapiere der GMD   186   1985

[BOP2]   B. Baumgarten, P. Ochsenschläger, R. Prinoth:
           Building Blocks for Distributed System Design
           Protocol Specification, Testing and Verification V
           North-Holland   1986

[BOP3]   B. Baumgarten, P. Ochsenschläger, R. Prinoth:
           Synchronization in Tree-Structured Transactions
           A Case Study
           Protocol Specification, Testing and Verification VI
           North-Holland   1986

[BOP4]   H.J. Burkhardt, P. Ochsenschläger, R. Prinoth:
           Product Nets
           A Formal Description Technique for Cooperating Systems
           GMD - Studien   165 1989

[BP]   B. Baumgarten, R. Prinoth:
           Einige Begriffe und Ergebnisse aus der Theorie der
           Petri-Netze
           GMD-interner Bericht   1978

[Br]   W. Brauer:
Net Theory and Applications
Proceedings of the Advanced Course on General Net
Theory of Processes and Systems
Springer LNCS 84   1980

[BW]   J.C.M. Baeten, W.P. Weijland:
Process Algebra
Cambridge University Press   1990

[CES]   E.M. Clarke, E.A. Emerson, A.P. Sistla:
Automatic Verification of Finite-State Concurrent Systems
using Temporal Logic Specifications
ACM TOPLAS 8   1986

[Ci1]   CCITT Recommendation I.310 ISDN
Network functional principles

[Ci2]   CCITT Recommendation Q.931
ISDN user-network interface layer 3 specification for basic
call control

[Ci3]   CCITT Recommendation T.90
Characteristics and Protocols for Terminals for Telematic
Services in ISDN

[Ci4]   CCITT Recommendation Q.701...Q.707
Signalling system No. 7   Message transfer part (MTP)

[Co]   F. Conrads:
Formale Spezifikation und Analyse von XTP mittels
Produktnetzen
Diplomarbeit am Lehrstuhl für Informatik IV der RWTH
Aachen   1992

[Ec]   H. Eckert:
Ein mathematisches Verfahren zur automatisierten
Verifikation von Kommunikationsprotokollen
Berichte der GMD 144   Oldenbourg Verlag   1985

[En]   C. Engel:
Entwurf, Entwicklung und Implementierung von
Hochleistungskommunikationsprotokollen auf einer
parallelen Controller-Architektur mittels Petri Netzen
Kommunikation in verteilten Systemen   München
Springer Informatik aktuell   1993

[EP1]   H. Eckert, R. Prinoth:
Untersuchung einiger Kommunikationsprotokolle unter
dem Aspekt der Synchronisation auf gestörten Kanälen
GMD-interner Bericht 1980

[EP2]   H. Eckert, R. Prinoth:
Automated Proving of Communication Protocols against
Communication Services
M.B.Williams (ed.) ICCC´82   North-Holland   1982

[EP3]   H. Eckert, R. Prinoth:
A Computation-Systems based Method for Automated
Proving of Protocols against Services
Protocol Specification,Testing, and Verification III
North-Holland   1983

[EP4]   H. Eckert, R. Prinoth:
Produktnetze
Definition eines PROSIT-Beschreibungsmittels
Arbeitspapiere der GMD 92 1984

[EP5]   H. Eckert, R. Prinoth:
Grundsätzliche Betrachtungen und Bemerkungen zu den
Produktnetzen
GMD - Studien 106 1985

[FLP]   E. Faul-Luers, R. Prinoth:
Ableitung von Implementationsvorgaben aus
modularisierten Produktnetzen
Arbeitspapiere der GMD 123   1984

[Gh]   A. Ghanei:
Funktionalitätsanalyse der
OSI-Kommunikationssteuerungsschicht
Diplomarbeit am Lehrstuhl für Informatik IV der RWTH
Aachen 1993

[Gi]   H. Giehl:
Verifikation von Smartcard-Anwendungen mittels
Produktnetzen
GMD - Studien 225 1993

[GL1]   H. Genrich, K. Lautenbach:
Synchronisationsgraphen
Acta Informatica 2 1973

[GL2] H. Genrich, K. Lautenbach:
System Modelling with High-Level Petri Nets
Theoretical Computer Science 13 1981

[Ha1] M. Hack:
Analysis of Production Schemata by Petri Nets
MIT MAC-TR-94 1972

[Ha2] M. Hack:
Petri net languages
Computation Structures Group Memo 124 Project MAC
MIT 1975

[Ho] D. Hogrefe:
Estelle, LOTOS und SDL
Standard-Spezifikationssprachen für verteilte Systeme
Springer Verlag 1989

[HU] J.E. Hopcroft, J.D. Ullman:
Einführung in die Automatentheorie, Formale Sprachen
und Komplexitätstheorie
Addison-Wesley 1988

[Is1] ISO 7498 Information Processing Systems
Open Systems Interconnection - Basic Reference Model

[Is2] ISO 8348 OSI Network Service Definition

[Is3] ISO 8072 OSI Transport Service Definition

[Is4] ISO 8073 OSI Transport Protocol Specification

[Je] K. Jensen:
Coloured Petri Nets
Basic concepts, analysis methods and practical use
Springer 1992

[Kl] W. Klug:
OSI-Vermittlungsdienst und sein Verhältnis zum
ISDN-D-Kanalprotokoll
Spezifikation und Analyse mit Produktnetzen
Arbeitspapiere der GMD 676 1992

[Ko] S.R. Kosaraju:
Limitations on Dijkstra´s Semaphore Primitives and
Petri Nets
Hopkins Computer Research Report 25 1973

[Kr]   B. Krämer et. al.:
            Stärken und Schwächen formaler Beschreibungstechniken
            für verteilte Systeme
            report zum 3. GI/ITG Fachgespräch
            "Formale Beschreibungstechniken für verteilte Systeme"
            München, 1993

[La1]   K. Lautenbach:
            Exakte Bedingungen der Lebendigkeit für eine Klasse von
            Petri-Netzen
            Berichte der GMD Nr. 82   1973

[La2]   K. Lautenbach:
            Untersuchung der Anwendbarkeit von Invarianten auf die
            Verifikation eines Kommunikationsprotokolls gegen die
            berandenden Dienste
            Arbeitspapiere der GMD 441 1990

[Ma]   Record of the Project MAC conference on concurrent
            systems and parallel computation
            Woods Hole   Massachusetts   ACM   1970

[Mi]   R. Milner:
            Operational and Algebraic Semantics of Concurrent
            Processes
            Handbook of Theoretical Computer Science Vol. B
            Elsevier   1990

[Ne]   M. Nebel:
            Ein Produktnetz zur Verifikation von SmartCard-
            Anwendungen in der STARCOS-Umgebung
            GMD - Studien 234 1994

[Ni1]   U. Nitsche:
            Erreichbarkeitsanalyse von Produktnetzen
            Arbeitspapiere der GMD 521 1991

[Ni2]   U. Nitsche:
            Propositional Linear Temporal Logic and Language
            Homomorphisms
            Logical Foundations of Computer Science   St. Petersburg
            Springer LNCS 813 1994

[Ni3]   U. Nitsche:
A Verification Method Based on Homomorphic
Model Abstraction
ACM Symposium on Principles of Distributed Computing
Los Angeles   1994   ACM Press

[Ni4]   U. Nitsche:
Simple Homomorphisms and Linear Temporal Logic
Arbeitspapiere der GMD   1994

[No]   H. Noltemeier:
Graphentheorie mit Algorithmen und Anwendungen
de Gruyter   1976

[Oc1]   P. Ochsenschläger:
Projektionen und reduzierte Erreichbarkeitsgraphen
Arbeitspapiere der GMD   349   1988

[Oc2]   P. Ochsenschläger:
Modulhomomorphismen
Arbeitspapiere der GMD   494   1990

[Oc3]   P. Ochsenschläger:
Die Produktnetzmaschine
Petri Net Newsletter   39   1991

[Oc4]   P .Ochsenschläger:
Modulhomomorphismen II
Arbeitspapiere der GMD   597   1991

[Oc5]   P. Ochsenschläger:
Verifikation kooperierender Systeme
mittels schlichter Homomorphismen
Arbeitspapiere der GMD   688   1992

[Oc6]   P. Ochsenschläger:
Verifikation verteilter Systeme mit Produktnetzen
PIK   16 1993

[Oc7]   P. Ochsenschläger:
Verifikation von SmartCard-Anwendungen
mit Produktnetzen
4. GMD-SmartCard Workshop   Darmstadt   1994

[Oc8]   P. Ochsenschläger:
Kompositionelle Verifikation kooperierender Systeme
Arbeitspapiere der GMD   885   1994

[Oc9]   P. Ochsenschläger:
        Verification of Cooperating Systems by Simple
        Homomorphisms Using the Product Net Machine
        Workshop Algorithmen und Werkzeuge für Petrinetze
        Humboldt-Universität Berlin 1994

[OP]   P. Ochsenschläger, R. Prinoth:
        Formale Spezifikation und dynamische Analyse verteilter
        Systeme mit Produktnetzen
        KiVS´93 München   Springer Verlag   1993

[Pe]   C.A. Petri:
        Kommunikation mit Automaten
        Rheinisch-Westfälisches Institut für Instrumentelle
        Mathematik an der Universität Bonn Schrift Nr. 2   1962

[Per]   D. Perrin:
        Finite Automata
        Handbook of Theoretical Computer Science Vol. B
        Elsevier   1990

[Pet]   R. Péter:
        Recursive Functions in Computer Theory
        Halsted Press Chichester 1981

[PKGP] R. Prinoth (ed.), M. Korpi, E. Giessler, M. Prinoth:
        ISDN in OSI - a Basis for Multimedia Applications
        vde-Verlag Berlin Offenbach   1991

[Po]   Postel:
        A graph model analysis of computer communications
        protocols
        California University   1974

[Pr1]   R. Prinoth:
        Entwurf eines Kommunikationsprotokolls mit Hilfe
        verallgemeinerter färbbarer Petri-Netze
        Mitteilungsblatt der Fachgruppe Methoden und Modelle
        für die Entwicklung von Informationssystemen im
        Fachausschuß 5/7 der GI   1979

[Pr2]   R. Prinoth:
        Färbbarkeitskonzepte und Systemmodellierung
        GMD-interner Bericht   1979

[Pr3]   R. Prinoth
An Algorithm to construct Distributed Systems from State-
Machines
Protocol Specification,Testing, and Verification II
North-Holland   1982

[Pr4]   R. Prinoth:
Beschreibungsmittel und Konzepte zur Realisierung
verteilter Systeme
Überlegungen anhand von Produktnetzen
GMD - Studien 192 1991

[Pr5]   R. Prinoth:
Product Nets and the OSI network service
concepts and examples
Arbeitspapiere der GMD   694 1992

[Pr6]   R. Prinoth:
Protokolldesign - Verifikation und Implemen-
tationsaspekte aufgezeigt an einem Auf-Abbauprotokoll
Arbeitspapiere der GMD   809 1993

[Pr7]   R. Prinoth:
Strukturierter Entwurf eines Protokolls zum Auf- und
Abbau von Verbindungen und dessen Analyse
PIK   2/94   1994

[Ra]   C. Ramchandani:
Analysis of Asynchronous Concurrent Systems by
Petri Nets
MIT   Project MAC   1974

[Rd]   P. Rady:
Ein Application Programming Interface (API) für ISDN-
Endgeräte Spezifikation und Analyse mit Produktnetzen
Diplomarbeit am Fachbereich Informatik der
Universität Frankfurt/M.   1993

[Re]   W. Reisig:
Petrinetze
Springer Verlag   1982

[Sc]   S. Schremmer:
ISDN-D-Kanalprotokoll der Schicht 3
Spezifikation und Analyse mit Produktnetzen
Arbeitspapiere der GMD   640 1992

[Sn]   N.V. Stenning:
A Data Transfer Protocol
Computer Networks 1   1976

[St]   P.H. Starke:
Analyse von Petri-Netz-Modellen
Teubner Verlag   1990

[Ta]   D. Taubner:
Finite Representations of CCS and TCSP Programs by
Automata and Petri Nets
Springer LNCS 369 1976

[Th]   G. Thieler-Mevissen:
Korrektheit des Netzmodells für den CCR-Algorithmus
Entwurf eines Verfahrens zur parametrisierten
Ereichbarkeitsanalyse
Arbeitspapiere der GMD   301   1988

Sachwortverzeichnis